"十二五"普通高等教育本科国家级规划教材
普通高等教育土建学科专业"十二五"规划教材

高校土木工程专业指导委员会规划推荐教材
(经典精品系列教材)

工程地质学

(第二版)

石振明　孔宪立　主编
胡德富　杨桂林　胡展飞　张　雷　编

中国建筑工业出版社

图书在版编目（CIP）数据

工程地质学/石振明，孔宪立主编．—2版．—北京：中国建筑工业出版社，2011.1

"十二五"普通高等教育本科国家级规划教材．普通高等教育土建学科专业"十二五"规划教材．高校土木工程专业指导委员会规划推荐教材．（经典精品系列教材）

ISBN 978-7-112-12823-5

Ⅰ.①工… Ⅱ.①石…②孔… Ⅲ.①工程地质 Ⅳ.①P642

中国版本图书馆CIP数据核字（2010）第264859号

"十二五"普通高等教育本科国家级规划教材
普通高等教育土建学科专业"十二五"规划教材
高校土木工程专业指导委员会规划推荐教材
（经典精品系列教材）

工 程 地 质 学
（第二版）

石振明　孔宪立　主编
胡德富　杨桂林　胡展飞　张　雷　编

*

中国建筑工业出版社出版、发行（北京海淀三里河路9号）
各地新华书店、建筑书店经销
北京红光制版公司制版
北京富生印刷厂印刷

*

开本：787×960毫米　1/16　印张：19¼　字数：388千字
2011年2月第二版　2017年1月第三十二次印刷
定价：**33.00元**
ISBN 978-7-112-12823-5
（20095）

版权所有　翻印必究
如有印装质量问题，可寄本社退换
（邮政编码 100037）

本书系统地阐述了工程地质的基本原理、地质作用、土木工程及道路、港口等工程中的工程地质问题及其勘察评价等，全书共分8章，并附有工程地质实验内容。书中叙述了工程地质和水文地质的基本知识、岩土工程特性、不良地质现象、工程地质原位测试和勘察以及各类地质问题对工程影响的分析、评价和对策。

本书可作为高等学校土木工程专业的工程地质教科书，也可适用于港口、道路等专业。还可供工程地质、水文地质专业技术人员及土建工程设计和科研人员参阅。

为更好地支持本课程的教学，我们向使用本书的教师免费提供教学课件，有需要者请与出版社联系，邮箱：jzsgjskj@163.com。

* * *

责任编辑：朱首明　刘平平
责任设计：李志立
责任校对：陈晶晶　张艳侠

出 版 说 明

1998年教育部颁布普通高等学校本科专业目录，将原建筑工程、交通土建工程等多个专业合并为土木工程专业。为适应大土木的教学需要，高等学校土木工程学科专业指导委员会编制出版了《高等学校土木工程专业本科教育培养目标和培养方案及课程教学大纲》，并组织我国土木工程专业教育领域的优秀专家编写了《高校土木工程专业指导委员会规划推荐教材》。该系列教材2002年起陆续出版，共40余册，十余年来多次修订，在土木工程专业教学中起到了积极的指导作用。

本系列教材从宽口径、大土木的概念出发，根据教育部有关高等教育土木工程专业课程设置的教学要求编写，经过多年的建设和发展，逐步形成了自己的特色。本系列教材投入使用之后，学生、教师以及教育和行业行政主管部门对教材给予了很高评价。本系列教材曾被教育部评为面向21世纪课程教材，其中大多数曾被评为普通高等教育"十一五"国家级规划教材和普通高等教育土建学科专业"十五"、"十一五"、"十二五"规划教材，并有11种入选教育部普通高等教育精品教材。2012年，本系列教材全部入选第一批"十二五"普通高等教育本科国家级规划教材。

2011年，高等学校土木工程学科专业指导委员会根据国家教育行政主管部门的要求以及新时期我国土木工程专业教学现状，编制了《高等学校土木工程本科指导性专业规范》。在此基础上，高等学校土木工程学科专业指导委员会及时规划出版了高等学校土木工程本科指导性专业规范配套教材。为区分两套教材，特在原系列教材丛书名《高校土木工程专业指导委员会规划推荐教材》后加上经典精品系列教材。各位主编将根据教育部《关于印发第一批"十二五"普通高等教育本科国家级规划教材书目的通知》要求，及时对教材进行修订完善，补充反映土木工程学科及行业发展的最新知识和技术内容，与时俱进。

高等学校土木工程学科专业指导委员会
中国建筑工业出版社
2013年2月

第二版前言

本教材第一版自2001年12月出版以来，已发行10万余册，得到各高校广大师生的认可，并被教育部评为普通高等教育"十一五"国家级规划教材。在使用过程中，有许多同行提出了许多宝贵意见，在此深表谢意。在进入21世纪后的十年中，我国各种技术标准都进行了修订，并颁发了一些新的标准、规范、规程，工程地质学的研究与应用也有许多进展，因此非常有必要对本教材进行修订。

本次修订，依然保持原教材的结构、特点、内容，主要在以下三个方面进行了修订：一是对不符合现有规范、标准的内容进行修改、订正；二是对每章课后思考题的数量、内容进行了修订，以更有利于学生预习、复习；三是对原版本中的错漏之处给予了订正。在修订本教材的过程中，得到了中国建筑工业出版社的大力支持，在此也表示诚挚的谢意。

本书本次修订，由同济大学石振明和孔宪立负责完成，除原编写组成员外，同济大学的陈建峰、叶为民、黄雨等也做了许多工作，在此表示感谢。

本书由同济大学石振明和孔宪立主编，由中国地质大学张咸恭教授主审。编著人员分工如下：第1章、第6章—孔宪立，第2、3章—胡德富、石振明，第4章—杨桂林，第5章—胡展飞，第7章—石振明、胡展飞，第8章—石振明，附录—张雷，石振明。

限于作者的水平与经验有限，本教材难免还存在疏漏和错误之处，敬请广大读者批评指正。

第一版前言

本书主要用作高等学校土木工程专业的工程地质课程教材，也可适用于港口与海岸工程以及桥隧、道路等专业的教材。由于土木工程的工程地质涉及范围相当广泛，包括建（构）筑物的地基、选址选线、边坡与边岸、地下工程的围岩介质与环境，以及各类工程的岩土工程等，皆与工程地质条件密切相关，加之我国国土辽阔，地质条件复杂，岩土的性质各异，使得工程地质这门工程技术基础课显得更为实用。在土木工程的工程地质勘察行业中也有称其为岩土工程勘察，强调了岩土与工程的密切关系。可见，工程地质在设计与施工中占有相当重要的地位。本书主要介绍地质基础理论与知识、岩土的工程性质、工程地质勘察、不良地质现象及其对各类工程的影响和整治等理论和技术，并着重考虑了基础工程、地下工程、建筑工程、港口、道路交通与市政建设等建设工程需要，强调地质与工程的结合以及定性与定量的综合分析。在注意学科本身的系统性时，还力求充分反映近年国内外工程地质理论和实践的发展水平。

本书是根据1999年全国土木工程专业教学指导委员会修订教材要求，并在原《工程地质学》（1997年版）的基础上修订而成的。书中由原单一的建筑工程专业拓展为土木工程专业，并兼顾了港口海岸工程以及桥隧、道路交通等专业教学所需。全书加强了地质基础、地质条件对工程的影响以及处理对策的理论和知识。注意启发学生独立思考和动手能力。在编写过程中得到许多教师和勘察设计部门的关心与支持，提出许多宝贵意见，在此表示谢意。

本书由同济大学孔宪立和石振明主编，由中国地质大学张咸恭教授主审。编著人员分工如下：第1章、第6章——孔宪立，第2、3章——胡德富，第4章——杨桂林，第5章——胡展飞，第7章——胡展飞、石振明，第8章——石振明，附录——张雷、石振明。本书有不妥和错误之处，恳请读者批评指正。

目　　录

第1章　绪论……………………………………………………………………(1)
第2章　岩石的成因类型及其工程地质特征…………………………………(4)
　　§2.1　主要造岩矿物…………………………………………………………(5)
　　§2.2　岩石……………………………………………………………………(8)
　　§2.3　地质年代及其特征……………………………………………………(25)
　　思考题…………………………………………………………………………(30)
第3章　地质构造及其对工程的影响…………………………………………(31)
　　§3.1　水平构造和单斜构造…………………………………………………(31)
　　§3.2　褶皱构造………………………………………………………………(32)
　　§3.3　断裂构造………………………………………………………………(37)
　　§3.4　不整合…………………………………………………………………(44)
　　§3.5　岩石与岩体的工程地质性质…………………………………………(45)
　　思考题…………………………………………………………………………(57)
第4章　土的工程性质与分类…………………………………………………(59)
　　§4.1　土的组成与结构、构造………………………………………………(59)
　　§4.2　土的物理力学性质及其指标…………………………………………(76)
　　§4.3　土的工程分类…………………………………………………………(94)
　　§4.4　土的成因类型特征……………………………………………………(97)
　　§4.5　特殊土的主要工程性质………………………………………………(101)
　　思考题…………………………………………………………………………(119)
第5章　地下水…………………………………………………………………(120)
　　§5.1　地下水概述……………………………………………………………(120)
　　§5.2　地下水类型及其主要特征……………………………………………(124)
　　§5.3　地下水的性质…………………………………………………………(130)
　　§5.4　地下水对建筑工程的影响……………………………………………(133)
　　思考题…………………………………………………………………………(140)
第6章　不良地质现象的工程地质问题………………………………………(141)
　　§6.1　风化作用………………………………………………………………(141)
　　§6.2　河流地质作用…………………………………………………………(145)
　　§6.3　滑坡与崩塌……………………………………………………………(151)
　　§6.4　泥石流…………………………………………………………………(163)

§6.5　岩溶与土洞 ……………………………………………………………… (166)
§6.6　地震及其效应 …………………………………………………………… (173)
§6.7　不良地质现象对地基稳定性的影响 …………………………………… (183)
§6.8　不良地质现象对地下工程选址的影响 ………………………………… (191)
§6.9　不良地质现象对道路选线的影响 ……………………………………… (197)
§6.10　不良地质现象对海港建设的影响 …………………………………… (203)
思考题 …………………………………………………………………………… (205)

第7章　工程地质原位测试 …………………………………………………… (207)
§7.1　静力载荷试验（PLT） …………………………………………………… (207)
§7.2　静力触探试验（CPT） …………………………………………………… (213)
§7.3　圆锥动力触探（DPT） …………………………………………………… (223)
§7.4　标准贯入试验（SPT） …………………………………………………… (226)
§7.5　十字板剪切试验（VST） ………………………………………………… (231)
§7.6　扁铲侧胀试验 …………………………………………………………… (234)
§7.7　旁压试验 ………………………………………………………………… (240)
§7.8　波速测试 ………………………………………………………………… (243)
§7.9　现场大型直剪试验 ……………………………………………………… (244)
§7.10　块体基础振动试验 …………………………………………………… (247)
思考题 …………………………………………………………………………… (251)

第8章　工程地质勘察 ………………………………………………………… (252)
§8.1　建筑工程地质勘察的内容和方法 ……………………………………… (252)
§8.2　建筑工程地质勘察的报告书和图件 …………………………………… (263)
§8.3　道路工程地质勘察 ……………………………………………………… (270)
§8.4　桥梁工程地质勘察 ……………………………………………………… (273)
§8.5　隧道工程地质勘察 ……………………………………………………… (275)
§8.6　港口工程地质勘察 ……………………………………………………… (278)
思考题 …………………………………………………………………………… (282)

附录　工程地质学实验内容与要求 ………………………………………… (284)

主要参考文献 ………………………………………………………………… (294)

主 要 符 号

A——土的活动性指数；触探头锥底截面面积

A_r——取土器的面积比

$a_{0.1\sim0.2}$——土的压缩系数（在 $0.1\sim0.2$MPa 压力下）

B——基础宽度；载荷板边长或直径

BQ——岩体基本质量指标

C_c——土的压缩指数；土的曲率系数

C_h——水平固结系数

CPT——静力触探试验

C_u——土的不均匀系数；土的十字板剪切强度；土的不排水抗剪强度

c——岩土的内聚力（黏聚力）

C_v——变异系数

D——基础埋置深度

DPT——动力触探试验

d_{10}——土的有效粒径

d_{30}——土的中间粒径

d_{50}——土的平均粒径

d_{60}——土的限定粒径

E——地震能量；岩土的静弹性模量

E_0——土的变形模量

E_D——扁铲侧胀的扁胀模量

E_m——旁压模量

E_s——土的压缩模量

e——土的孔隙比

f——岩石的坚固性系数；地基承载力设计值

f_0——地基承载力基本值

f_k——地基承载力标准值

f_s——静力触探侧壁摩阻力

d_s——土的颗粒相对密度

h_c——毛细管上升最大高度

I——水力坡度

I_{cr}——临界水力坡度

I_D——扁胀指数

I_L——土的液性指数

I_P——土的塑性指数

J_v——岩体体积裂隙数

K——岩石松散（涨余）系数；地震系数；安全系数；岩土的渗透系数；十字板常数

K_D——扁铲水平应力指数

K_v——岩体的完整性系数

K_Z——地基抗压刚度

M——弯矩；地震震级

m_Z——地基土台与振动的当量质量

N——标准贯入试验锤击数

N_r、N_g、N_c——承载力系数

N_{10}——轻型动力触探锤击数

N_p——无因次极限抗力系数

OCR——土的超固结比

P——总压力；总荷载；洞室山体压力

PLT——静力载荷试验

p_0——载荷试验比例界限压力

p_e——土的膨胀力

p_f——旁压试验临塑压力

p_l——旁压试验极限压力

p_s——静力触探比贯入阻力

p_{sh}——土的湿陷起始压力

p_u——载荷试验极限压力

q_c——静力触探锥尖阻力

q_d——动力触探贯入阻力

q_u——土的无侧限抗压强度
R——地基承载力容许值；岩石单轴极限抗压强度；影响半径
R_c——岩石饱和单轴极限抗压强度
R_f——土的静力触探摩阻比
RQD——岩体质量指标
S——岩土的抗剪强度
S_r——土的饱和度
S_t——土的灵敏度
SPT——标准贯入试验
s——载荷试验沉降量
s_c——地基分级变形量
s_e——地基膨胀变形量
s_{es}——地基胀缩变形总量
s_s——地基收缩变形量
U_D——扁胀孔压指数
VST——十字板剪切试验
V_s、V_P、V_R——剪切波波速、压缩波波速、瑞利波波速
υ——地下水渗流速度
W_u——土的有机质含量
w——土的含水量
w_L——土的液限
w_P——土的塑限
w_{oy}——土的最优含水量
γ——岩土的天然重度
γ'——土的浮重度
γ_d——土的干重度
γ_w——水的重度
Δ_s——黄土的总湿陷量
Δ_{zs}——黄土的计算自重湿陷量
δ——变异系数
δ_{ef}——土的自由膨胀率
δ_{ep}——土的膨胀率（在一定压力下）
δ_s——土的湿陷系数；土的线收缩率
δ_{zs}——土的自重湿陷系数
λ_c——土的压实系数
λ_s——土的收缩系数
μ——土的泊松比
ρ——土的密度
ρ_c——土的黏土颗粒含量
σ——法向应力（正应力）；均方差
τ——剪应力；抗剪强度
φ——岩土的内摩擦角
ψ——滑坡传递系数
ψ_w——土的湿度系数

第1章 绪 论

地球是太阳系族中的一个成员，它围绕太阳和自身发生旋转运动。地球体的表层称为地壳，它是人类赖以生活和活动的场所，在太阳的光热、大气、水、生物以及地球内部岩浆活动的作用下，地壳成为各种地质作用进行的场所，人类目前所能开采的矿产资源都埋藏于地壳上部的岩石圈内。一切工程建（构）筑物都建筑在地壳上，地壳也是建筑材料和矿产资源的主要来源地。故地壳是地球科学研究的主要对象，它构成人类生存和工程建筑的环境和物质基础。

工程地质学是介于地学与工程学之间的一门边缘交叉学科，它研究土木工程中的地质问题，也就是研究在工程建筑设计、施工和运营的实施过程中合理地处理和正确地使用自然地质条件和改造不良地质条件等地质问题。可见，工程地质学是为了解决地质条件与人类工程活动之间矛盾的一门实用性很强的学科。

在工程地质学中由于地质因素对工程建筑的利用和改造有影响，因而把这些地质因素综合称为工程地质条件，以明确地质条件与工程有关。建筑场地及其邻近地区的地形地貌、地层岩性、地质构造、水文地质、自然地质作用与现象等都是工程地质条件所包含的因素。对土建工程来说，房屋和厂房的破坏往往是发生不均匀沉降和不良地质现象如滑坡、地震等影响所引起的。因此，研究组成建筑物地基的地层、岩土性质（包括其物理、力学性质等）是最基本的，而且还要研究建筑物场地的自然地质条件和不良地质现象的影响。工程地质条件因地而异，千变万化。平原地区与山区的工程地质条件就差异很大。例如，在平原地区，一般土层较厚，且简单和均匀。如图 1-1，建筑物的基础下为厚层平卧的黏性土层。在此地质

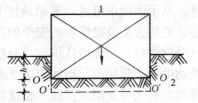

图 1-1 简单地质条件的地基
h—基坑深度；s—建筑物沉降量；
1—建筑物；2—黏土层

条件下，建筑物的重量作用于地基黏土层而引起基础沉降，由于黏土层厚度较大，且地层平坦，黏土层物理力学性质均匀。若建筑物荷重均匀，则建筑物的沉降是由于土层的压密而引起的，沉降量 s 则由 $O\text{-}O$ 沉至 $O'\text{-}O'$ 水平面，建筑物发生均匀沉降。若建筑物荷重不超过地基土层的承载能力，建筑物虽然发生较大的沉降量，地基仍是稳定的，不会导致建筑物的灾难性破坏。但是若建筑物的荷重大大地超出土层的承载能力，则地基将会破坏，土体从基础下挤出，建筑物的安全就受到威胁。因而，对于工程地质的任务来说，须查明土层的分布、厚度、均匀性和其物理力学性质以及地下水等的工程地质条件，并评估地基承载能力和建

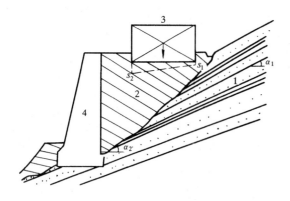

图 1-2 斜坡上建筑的稳定分析图
1—砂页岩；2—坡残积黏土；3—建筑物；4—挡土墙

筑物沉降量以及土体被挤出的可能性。这是地质条件最简单的场址勘察需求。对于山区的建筑场址，地质条件就比较复杂。例如，有一建筑物建于山坡之坡脚处（图1-2），建筑物的地基为残坡积黏土层盖于砂页岩互层岩体之上，而其间的相接触之面是倾斜的，倾斜面倾角 $\alpha_2 = 40°$，砂页岩互层的地层倾角 $\alpha_1 = 30°$，在该场址的地质条件下，将会出现如下三个问题：①建筑物基础的不均匀沉降问题，因为基础下黏土层的厚度靠山坡一侧薄，而另一侧厚。当建筑物荷载作用于黏土层地基内，将会产生靠山坡一侧基础沉降 s_1 将比另一侧的沉降 s_2 要小，建筑物可能产生不均匀沉降。导致建筑物倾斜或开裂；②黏土层在基岩面上的稳定问题，基岩面是倾斜的，向坡外倾斜角 40°，若排水不当，雨水湿润基岩面的黏土层后，黏土层的强度降低，导致黏土层沿基岩面位移。那么，建筑物将发生破坏；③砂页岩层向坡外倾角为 30°，它的角度小于基岩面的倾角。这可能导致砂页岩层雨后向基岩面方向滑移，而造成基岩滑坡。这也造成建筑物破坏的条件。从上两例中可见，平原地区与山区的地质条件不同，会产生各种的地质灾害，它将会危及建筑物的安全的。但是，地质条件恶劣并不可怕，只要我们能将它勘察清楚，正确地认识它，分析它，及早给予预防和治理，则我们仍能保证建筑物的安全和使用。例如图1-2所示，采用了挡墙和加强排水等措施，就是为了建筑物安全与使用的保证。在这样的地质条件下对工程地质研究任务来说，除了研究上述平原地区所必需的地质条件和评估地基的承载能力和变形外，尚需勘察清楚建筑物场址四周的地质环境，例如是否会造成影响建筑物稳定的滑坡、崩塌、岩土体的深部滑移、断层、溶洞等的有害地质现象。要对这些有害地质现象进行研究分析，提出评价和治理的意见，以确保建筑物在地质上的稳定。

组成建筑物地基的岩土层以及建筑物周围的地质环境绝大部分是自然的产物，也有少部分是人类活动所造成的，例如地基可能有杂填土，或地质环境恶化可能由于人为开挖或水的排灌不合理而造成斜坡发生滑坡等地质现象。但是，一旦建筑场地确定，建筑设计者只能按照这场地的地质条件和地质环境进行设计，就没有充分的选择余地了。为此，在建筑场址选择上，必须事先将该地的工程地质条件勘察清楚，进行研究分析，才能确定场址位置。选取较优的地质条件是最好的方案。当场址确定后，设计者必须按当地的地质条件和地质环境来设计了。这时如发现地质问题就只能进行整治处理。可见，工程地质工作是很重要的，是设计之先驱，没有足够考虑工程地质条件而进行设计，这是盲目的设计，会导致建设费用增高、工程量增大、施工期限拖长，而在个别的情况下，建筑物将发生变形或破坏，甚至废弃使用。

在我国的技术分工中，工程地质勘察不是由土木工程设计人员进行，而是由工程地质技术人员进行的。但是土木工程人员应当对于工程地质勘察的任务、内容和方法有足够的知识基础。只有具备了工程地质方面的基础知识才能够正确地提出勘察任务和要求，才能正确地利用工程地质勘察的成果，才能较完整地考虑建筑中的地质条件和地质环境的因素，保证设计和施工人员合理地进行设计和施工。

工程地质学的内容是相当广泛的。本书的编写只着重在土木工程方面所涉及的最基本的工程地质问题理论和知识。其内容有：岩石和地质构造、土的工程特征、地下水、不良地质现象的工程地质问题、工程地质原位测试、工程地质勘察以及工程地质实验等。

对土木工程专业的同学在学习本课程时的要求如下：

(1) 系统地掌握工程地质的基本理论和知识，能正确运用勘察数据和资料进行设计与施工。

(2) 能根据工程地质的勘察成果，能运用已学过的工程地质理论和知识，进行一般的工程地质问题分析及对不良地质现象采取处理措施。

(3) 了解工程地质勘察的基本内容、方法和过程，各个工程地质数据的来源、作用以及应用条件，对一些中小型工程能够进行一般的工程地质勘察。

(4) 把学到的工程地质学知识与专业知识和其他课程知识密切联系起来，去解决工程实际中的工程地质问题。

第2章 岩石的成因类型及其工程地质特征

地球是宇宙间沿着近似圆形的轨道绕太阳公转的一个行星。根据现有资料知道：地球的赤道半径（a）为 6378.16km，两极半径（b）为 6356.8km。地球的扁平率 $\left(\dfrac{a-b}{a}\right) = \dfrac{1}{298}$。

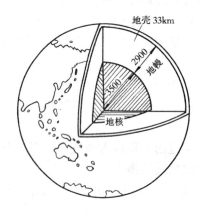

图 2-1 地球内部构造

地球的内部构造根据资料分析，从周边到中心是由化学成分、密度、压力、温度等不同的圈层所组成，具有同心圆状的圈层构造。依各圈层的特点可分为：地壳、地幔、地核（图 2-1）。

地壳：地球的固体外壳叫做地壳。由各种化学成分组成，厚薄不匀，造成地球表面的高低不平，大陆上厚的 70 多公里，海洋里薄的仅 10 多公里，平均厚度在 33km 左右。组成地球的化学成分有 100 多种，其中含量最多的是如表2-1所列几种：

以上几种元素占地壳重量的 98% 以上。硅铝主要分布在地壳上部，即为硅铝层，其厚度不一，大陆上厚，海洋底薄，太平洋底大部缺失。硅镁成分主要分布在地壳下部，即为硅镁层，其中铁的成分有所增加，铝的成分有所减少。

地幔：处于地壳和地核中间，也称中间层或过渡层，根据化学成分的不同分两层：地幔上层——化学成分主要是硅氧，其中铁、镁、钙显著增加，硅铝的成分有所减少，也称橄榄层。地幔下层——主要是金属氧化物和硫化物组成。

地核：主要化学成分是铁、镍，所以又称铁镍核心。

地壳主要化学成分表　　　　表 2-1

元 素	成分（%）	元 素	成分（%）	元 素	成分（%）
O	49.13	Fe	4.20	Mg	2.35
Si	26.00	Ca	3.45	K	2.35
Al	7.45	Na	2.40	H	1.00

§2.1 主要造岩矿物

组成地壳的岩石，都是在一定的地质条件下，由一种或几种矿物自然组合而成的矿物集合体。矿物的成分、性质及其在各种因素影响下的变化，都会对岩石的强度和稳定性产生影响。

自然界有各种各样的岩石，按成因，可分为岩浆岩、沉积岩和变质岩三大类。由于岩石是由矿物组成的，所以要认识岩石，分析岩石在各种自然条件下的变化，进而对岩石的工程地质性质进行评价，就必须先从矿物讲起。

2.1.1 矿物的基本概念

地壳中的化学元素，除极少数呈单质存在者外，绝大多数的元素都以化合物的形态存在于地壳中。这些存在于地壳中的具有一定化学成分和物理性质的自然元素或化合物，称为矿物。其中构成岩石的矿物，称为造岩矿物。如常见的石英（SiO_2）、正长石（$KAlSi_3O_8$）、方解石（$CaCO_3$）等。

造岩矿物绝大部分是结晶质。结晶质的基本特点是组成矿物的元素质点（离子、原子或分子），在矿物内部按一定的规律排列，形成稳定的结晶格子构造（图 2-2），在生长过程中如条件适宜，能生成具有一定几何外形的晶体（图 2-3）。如食盐的正立方晶体，石英的六方双锥晶体等。矿物的外形特征和许多物理性质，都是矿物的化学成分和内部构造的反映。

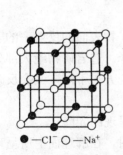

●—Cl^- ○—Na^+

图 2-2 食盐晶格构造

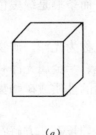 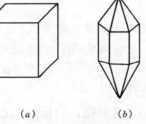 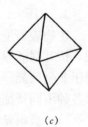

(a)　　　　　(b)　　　　　(c)

图 2-3 矿物晶体

(a) 食盐晶体；(b) 石英晶体；(c) 金刚石晶体

自然界的矿物，它一方面不断地在各种地质过程中形成，同时又经受着各种地质作用而在不断地发生变化，只是在一定的物理和化学条件下才是相对稳定的。当外界条件改变到一定程度后，矿物原来的成分、内部构造和性质就会发生变化，形成新的次生矿物。

2.1.2 矿物的物理性质

矿物的物理性质，决定于矿物的化学成分和内部构造。由于不同矿物的化学成分或内部构造不同,因而反映出不同的物理性质。所以,矿物的物理性质,是鉴别矿物的重要依据。

矿物的物理性质是多种多样的。为便于用肉眼鉴别常见的造岩矿物,这里主要介绍矿物的颜色、条痕、光泽、硬度、解理和断口。

1. 颜色

矿物的颜色,是矿物对可见光波的吸收作用产生的。按成色原因,有自色、他色、假色之分。

自色 是矿物固有的颜色,颜色比较固定。对造岩矿物来说,由于成分复杂,颜色变化很大。一般来说,含铁、锰多的矿物,如黑云母、普通角闪石、普通辉石等,颜色较深,多呈灰绿、褐绿、黑绿以至黑色;含硅、铝、钙等成分多的矿物,如石英、长石、方解石等,颜色较浅,多呈白、灰白、淡红、淡黄等各种浅色。

他色 是矿物混入了某些杂质所引起的,与矿物的本身性质无关。他色不固定,随杂质的不同而异。如纯净的石英晶体是无色透明的,混入杂质就呈紫色、玫瑰色、烟色。由于他色不固定,对鉴定矿物没有很大意义。

假色 是由于矿物内部的裂隙或表面的氧化薄膜对光的折射、散射所引起的。如方解石解理面上常出现的虹彩;斑铜矿表面常出现斑驳的蓝色和紫色。

2. 条痕色

矿物在白色无釉的瓷板上划擦时留下的粉末的颜色,称为条痕色或条痕。条痕可消除假色,减弱他色,常用于矿物鉴定。某些矿物的条痕色与矿物的颜色是不同的,如黄铁矿为浅铜黄色,而条痕是绿黑色。

3. 光泽

矿物表面呈现的光亮程度,称为光泽。矿物的光泽是矿物表面的反射率的表现,按其强弱程度,分金属光泽、半金属光泽和非金属光泽。造岩矿物绝大部分属于非金属光泽。由于矿物表面的性质或矿物集合体的集合方式不同,又会反映出各种不同特征的光泽。

(1) 玻璃光泽 反光如镜,如长石、方解石解理面上呈现的光泽。

(2) 珍珠光泽 光线在解理面间发生多次折射和内反射,在解理面上所呈现的像珍珠一样的光泽,如云母等。

(3) 丝绢光泽 纤维状或细鳞片状矿物,由于光的反射互相干扰,形成丝绢般的光泽,如纤维石膏和绢云母等。

(4) 油脂光泽 矿物表面不平,致使光线散射,如石英断口上呈现的光泽。

(5) 蜡状光泽 像石蜡表面呈现的光泽,如蛇纹石、滑石等致密块体矿物表面的光泽。

(6) 土状光泽 矿物表面暗淡如土,如高岭石等松细粒块体矿物表面所呈现的光泽。

4. 硬度

矿物抵抗外力刻划、研磨的能力，称为硬度。由于矿物的化学成分或内部构造不同，所以不同的矿物常具有不同的硬度。硬度是矿物的一个重要鉴定特征。在鉴别矿物的硬度时，是用两种矿物对刻的方法来确定矿物的相对硬度。硬度对比的标准，从软到硬依次由下列 10 种矿物组成，称为摩氏硬度计。可以看出，摩氏硬度只反映矿物相对硬度的顺序，它并不是矿物绝对硬度的等级。

(1) 滑石　　　　　(6) 正长石
(2) 石膏　　　　　(7) 石英
(3) 方解石　　　　(8) 黄玉
(4) 萤石　　　　　(9) 刚玉
(5) 磷灰石　　　　(10) 金刚石

矿物硬度的确定，是根据两种矿物对刻时互相是否刻伤的情况而定。如将需要鉴定的矿物与标准硬度矿物中的磷灰石对刻，结果被磷灰石所刻伤而自己又能刻伤萤石，说明它的硬度大于萤石而小于磷灰石，在 4～5 之间，即可定为 4.5。常见的造岩矿物的硬度，大部分在 2～6.5 左右，大于 6.5 的只有石英、橄榄石、石榴子石等少数几种。野外工作中，常用指甲（2～2.5）、铁刀刃（3～5.5）、玻璃（5～5.5）、钢刀刃（6～6.5）鉴别矿物的硬度。

矿物的硬度，对岩石的强度有明显影响。风化、裂隙、杂质等会影响矿物的硬度。所以在鉴别矿物的硬度时，要注意在矿物的新鲜晶面或解理面上进行。

5. 解理、断口

矿物受打击后，能沿一定方向裂开成光滑平面的性质，称为解理。裂开的光滑平面称为解理面。不具方向性的不规则破裂面，称为断口。

不同的晶质矿物，由于其内部构造不同，在受力作用后开裂的难易程度、解理数目以及解理面的完全程度也有差别。根据解理出现方向的数目，有一个方向的解理，如云母等；有两个方向的解理，如长石等；有三个方向的解理，如方解石等。根据解理的完全程度，可将解理分为以下几种：

(1) 极完全解理　极易裂开成薄片，解理面大而完整，平滑光亮，如云母。
(2) 完全解理　常沿解理方向开裂成小块，解理面平整光亮，如方解石。
(3) 中等解理　既有解理面，又有断口，如正长石。
(4) 不完全解理　常出现断口，解理面很难出现，如磷灰石。

矿物解理的完全程度和断口是互相消长的，解理完全时则不显断口。反之，解理不完全或无解理时，则断口显著。如不具解理的石英，则只呈现贝壳状的断口。

解理是造岩矿物的另一个鉴定特征。矿物解理的发育程度，对岩石的力学强度产生影响。此外，如滑石的滑腻感，方解石遇盐酸起泡等，都可作为鉴别这种矿物的特征。

2.1.3 常见的主要造岩矿物

矿物的鉴定主要是运用矿物的形态以及矿物的物理性质等特征来鉴定的。一般可以先从形态着手，然后再进行光学性质、力学性质及其他性质的鉴别。

对矿物的物理性质进行测定时，应找矿物的新鲜面，这样试验的结果才会正确，因风化面上的物理性质已改变了原来矿物的性质，不能反映真实情况。

在使用矿物硬度计鉴定矿物硬度时，可以先用小刀（其硬度在 5 度左右），如果矿物的硬度大于小刀，这时再用硬度大于小刀的标准硬度矿物来刻划被测定的矿物，以便能较快的进行。

在自然界中也有许多矿物，它们之间在形态、颜色、光泽等方面有相同之处，但一种矿物确具有它自己的特点，鉴别时应利用这个特点，即可较正确地鉴别矿物。

常见的主要造岩矿物及其物理性质，见表 2-2。

§2.2 岩 石

自然界有各种各样的岩石，按成因可分为岩浆岩、沉积岩和变质岩三大类。

2.2.1 岩 浆 岩

地壳下部，由于放射性元素的集中，不断地蜕变而放出大量的热能，使物质处于高温（1000℃以上）、高压（上部岩石的重量产生的巨大压力）的过热可塑状态。成分复杂，但主要是硅酸盐，并含有大量的水汽和各种其他的气体。当地壳变动时，上部岩层压力一旦减低，过热可塑性状态的物质就立即转变为高温的熔融体，称为岩浆。它的化学成分很复杂，主要有 SiO_2、TiO_2、Al_2O_3、Fe_2O_3、FeO、MgO、MnO、CaO、K_2O、Na_2O 等。依其含 SiO_2 量的多少，分为基性岩浆和酸性岩浆。基性岩浆的特点是富含钙、镁和铁，而贫钾和钠，黏度较小，流动性较大。酸性岩浆富含钾、钠和硅，而贫镁、铁、钙，黏度大，流动性较小。岩浆内部压力很大，不断向地壳压力低的地方移动，以致冲破地壳深部的岩层，沿着裂缝上升。上升到一定高度，温度、压力都要减低。当岩浆的内部压力小于上部岩层压力时，迫使岩浆停留下，冷凝成岩浆岩。

依冷凝成岩浆岩的地质环境的不同，将岩浆岩分三大类：

（1）深成岩：岩浆侵入地壳某深处（约距地表 3km）冷凝而成的岩石。由于岩浆压力和温度较高，温度降低缓慢，组成岩石的矿物结晶良好。

（2）浅成岩：岩浆沿地壳裂缝上升距地表较浅处冷凝而成的岩石。由于岩浆压力小，温度降低较快，组成岩石的矿物结晶较细小。

（3）喷出岩（火山岩）：岩浆沿地表裂缝一直上升喷出地表，这种活动叫火

表 2-2

常见矿物的主要特征表

类别	矿物名称	化学成分	形状	颜色	条痕	光泽	硬度	解理	断口	相对密度（比重）*	其他	主要鉴定特征
硫化物	黄铁矿	FeS_2	立方体或块状、粒状	铜黄色	绿黑	金属	5~6	无	参差状	4.9~5.2		形状、光泽、颜色、条痕
氧化物	赤铁矿	Fe_2O_3	块状、鲕状、肾状	红褐色	樱红	半金属	5~6	无		4.9~5.3		条痕、颜色、比重
氧化物	石英	SiO_2	柱状、块状	乳白或无色	无	玻璃、油脂	7	无	贝壳	2.6	晶面有平行条纹	形状、光泽、断口、颜色
碳酸盐及硫酸盐	方解石	$CaCO_3$	菱形、粒状	白或无色	无	玻璃	3	三组完全		2.7	遇稀盐酸起泡	形状、硬度、解理与酸作用
碳酸盐及硫酸盐	白云石	$CaCO_3 \cdot MgCO_3$	块状或菱形	白带灰色	白	玻璃	3~4	三组完全		2.8~2.9	粉末遇酸起泡	形状、解理与酸作用
碳酸盐及硫酸盐	石膏	$CaSO_4 \cdot 2H_2O$	板状、纤维状	白色	白	丝绢	2	中等	平坦	2.3	晶面有平行条纹	形状、硬度、解理
硅酸盐	橄榄石	$(MgFe)_2SiO_4$	粒状	橄榄绿色	无	玻璃	6~7	无	贝壳	3.3~3.5		颜色、硬度、形状
硅酸盐	辉石	$Ca_2Na(Mg,Fe)_4(AlFe)[(Si,Al)_2O_6]$	短柱状	黑绿色	灰绿色	玻璃	5~6	两组解理交成93°（87°）	平坦	3.3~3.6		形状、颜色、光泽
硅酸盐	角闪石	$Ca_2Na(Mg,Fe)_4(AlFe)[(Si,Al)_2O_{11}]_2(OH)_2$	长柱状	绿黑	浅绿	玻璃	6	两组解理交成124°（56°）	锯齿	3.1~3.6		形状、颜色、光泽
硅酸盐	斜长石	$NaAlSi_3 \cdot O_8$ 和 $Ca,Al_2Si_2O_8$ 混合	板状、柱状	灰白色	白	玻璃	6	中等		2.6~2.7	解理面上常有平行双晶纹	解理、光泽、硬度、颜色

续表

类别	矿物名称	化学成分	形状	颜色	条痕	光泽	硬度	解理	断口	相对密度(比重)*	其他	主要鉴定特征
硅酸盐类	正长石	$KAlSi_3O_8$	板状、短柱状	肉红	白	玻璃	6	中等		2.6	解理面成直角	解理、光泽、颜色
	白云母	$KAl_2[AlSi_3O_{10}](OH)_2$	片状、鳞片状	白或无色	无	玻璃珍珠	2~3	一组完全		3~3.2	薄片具有弹性	解理、颜色、光泽、形状
	黑云母	$[K(MgFe)_3(OH)_2(AlSi_3O_{10})]$	片状、鳞片状	黑或棕黑	无	玻璃珍珠	2~3	一组完全		2.7~3.1	薄片具有弹性	颜色、形状
	绿泥石	$(Mg,Fe,Al)[(Si,Al)_4O_{10}](OH)_8$	板状、鳞片状	绿色	无	玻璃珍珠	2~3	一组完全		2.8	薄片具有挠性、无弹性	颜色、硬度、薄片弯曲无弹性
	蛇纹石	$[Mg_6(OH)_8(Si_4O_{10})]$	纤维状、板状	浅绿至深绿	白	油脂、丝绢	3~4	中等		2.5~2.7	集合体成纤维状夹石棉脉	形状、光泽、颜色、硬度
	石榴子石	$Mg_3Al_2(SiO_4)_3$	粒状	黄、浅、褐		脂肪	6.7~7.5	中等		3.5~4.2	粒状集合体	颜色、形状、颜色、硬度、比重
盐类	滑石	$Mg_3[Si_4O_{10}](OH)_2$	板状、鳞片状	白、黄、绿色白浅绿	白	油脂	1	一组中等		2.7~2.8	滑感	形状、光泽、硬度、滑感
	高岭石	$Al_4[Si_4O_{10}](OH)_8$	土状	白、黄色	白	土状	1	无			吸水性 可塑性，摸之有滑感	形状、光泽、吸水
	蒙脱石	$(Al_2Mg_3)[Si_4O_{10}](OH)_2$	土状、显微鳞片状	白、浅粉红	白	土状	1	无			剧烈吸水膨胀，可塑性	形状、刷烈膨胀性、吸水

* 按规定应称"相对密度"但《岩土工程勘察规范》GB 50021—94 故保留了"比重"这个术语。

山喷发,对地表产生的一切影响叫火山作用,形成的岩石叫喷出岩。在地表的条件下,温度降低迅速,矿物来不及结晶或结晶较差。肉眼不易看清楚。

岩浆岩的产状是反映岩体空间位置与围岩的相互关系及其形态特征。由于岩浆本身成分的不同,受地质条件的影响,岩浆岩的产状大致有下列几种(图2-4):

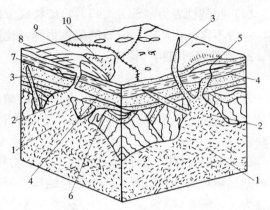

图 2-4 岩浆岩产状
1—岩基;2—岩株;3—岩墙;4—岩盘;
5—火山口;6—岩脉;7—岩床;
8—火山颈;9—火山锥;10—熔岩流

1) 岩基:深成巨大的侵入岩体,范围很大,常与硅铝层连在一起。形状不规则,表面起伏不平。与围岩成不谐和接触,露出地面大小决定当地的剥蚀深度。

2) 岩株:与围岩接触较陡,面积达几平方公里或几十平方公里,其下部与岩基相连,比岩基小。

3) 岩盘:岩浆冷凝成为上凸下平呈透镜状的侵入岩体,底部通过颈体和更大的侵入体连通,直径可大至几千米。

4) 岩床:岩浆沿着成层的围岩方向侵入,表面无凸起,略为平整,范围一米至几米。

5) 岩脉:沿围岩裂隙冷凝成的狭长形的岩浆体,与围岩成层方向相交成垂直或近于垂直。另外,垂直或大致垂直地面者,称为岩墙。

1. 岩浆岩的矿物成分

组成岩浆岩的矿物,根据颜色,可分为浅色矿物和深色矿物两类:

浅色矿物:有石英、正长石、斜长石及白云母等。

深色矿物:有黑云母、角闪石、辉石及橄榄石等。

岩浆岩的矿物成分,是岩浆化学成分的反映。岩浆的化学成分相当复杂,但对岩石的矿物成分影响最大的是 SiO_2。根据 SiO_2 的含量,岩浆岩可分为下面几类:

(1) 酸性岩类(SiO_2 含量 $>65\%$)矿物成分以石英、正长石为主,并含有少量的黑云母和角闪石。岩石的颜色浅,比重轻。

(2) 中性岩类(SiO_2 含量 $52\%\sim65\%$)矿物成分以正长石、斜长石、角闪石为主,并含有少量的黑云母及辉石。岩石的颜色比较深,比重比较大。

(3) 基性岩类(SiO_2 含量 $45\%\sim52\%$)矿物成分以斜长石、辉石为主,含有少量的角闪石及橄榄石。岩石的颜色深,比重也比较大。

(4) 超基性岩类（$SiO_2 < 45\%$）矿物成分以橄榄石、辉石为主，其次有角闪石，一般不含硅铝矿物。岩石的颜色很深，比重很大。

2. 岩浆岩的结构和构造

(1) 结构

岩浆岩的结构，是指组成岩石的矿物的结晶程度、晶粒的大小、形状及其相互结合的情况。岩浆岩的结构特征，是岩浆成分和岩浆冷凝时物理环境的综合反映。

1) 全晶质结构　岩石全部由结晶的矿物颗粒组成（图 2-5）。其中同一种矿物的结晶颗粒大小近似者，称为等粒结构。等粒结构按结晶颗粒的绝对大小，可以分为：

粗粒结构　矿物的结晶颗粒大于 5mm；

中粒结构　矿物的结晶颗粒 2~5mm；

细粒结构　矿物的结晶颗粒 0.2~2mm；

微粒结构　矿物的结晶颗粒小于 0.2mm。

岩石中的同一种主要矿物，其结晶颗粒如大小悬殊，则称为似斑状结构。其中晶形比较完好的粗大颗粒称为斑晶，小的结晶颗粒称为石基。全晶质结构主要为深成岩和浅成岩的结构，部分喷出岩有时也具有这种结构。

图 2-5　岩浆岩按结晶程度划分的三种结构

1—全晶质结构；2—半晶质结构；
3—非晶质结构（玻璃质结构）

2) 半晶质结构　岩石由结晶的矿物颗粒和部分未结晶的玻璃质组成（图 2-5）。结晶的矿物如颗粒粗大，晶形完好，就称为斑状结构。半晶质结构主要为浅成岩具有的结构，有时在部分喷出岩中也能看到这种结构。

3) 非晶质结构　又称为玻璃质结构。岩石全部由熔岩冷凝的玻璃质组成（图 2-5）。非晶质结构为部分喷出岩具有的结构。

(2) 构造

岩浆岩的构造，是指矿物在岩石中的组合方式和空间分布情况。构造的特征，主要取决于岩浆冷凝时的环境。岩浆岩最常见的构造主要的有：

1) 块状构造　矿物在岩石中分布杂乱无章，不显层次，呈致密块状。如花岗岩、花岗斑岩等一系列深成岩与浅成岩的构造。

2) 流纹状构造　由于熔岩流动，由一些不同颜色的条纹和拉长的气孔等定向排列所形成的流动状构造。这种构造仅出现于喷出岩中，如流纹岩所具的构造。

3) 气孔状构造　岩浆凝固时，挥发性的气体未能及时逸出，以致在岩石中留下许多圆形、椭圆形或长管形的孔洞。气孔状构造常为玄武岩等喷出岩所具有。

4）杏仁状构造　岩石中的气孔，为后期矿物（如方解石、石英等）充填所形成的一种形似杏仁的构造。如某些玄武岩和安山岩的构造。气孔状构造和杏仁状构造，多分布于熔岩的表层。

3. 常见的岩浆岩

（1）岩浆岩的分类及其鉴定方法

自然界中的岩浆岩是多种多样的，它们彼此之间存在着成分、结构、构造、产状及成因等多方面的差异。但是它们之间存在着一定的过渡关系，这就说明它们有着内在联系。为了把它们的共性、特殊性和彼此之间的内在联系总结出来，就必须对岩浆岩进行分类，根据岩浆岩的形成条件、产状、矿物成分和结构、构造等方面，将岩浆岩分为三大类：即深成岩、浅成岩、喷出岩，每类中又根据成分的不同又可分出具体的各类，见表2-3。

岩浆岩的分类表　　　　　表2-3

化学成分		含 Si、Al 为主		含 Fe、Mg 为主		
酸基性		酸性	中性	基性	超基性	
颜色		浅色的（浅灰、浅红、黄色）		深色的（深灰、绿色、黑色）		产状
矿物成分 成因及结构		含正长石	含斜长石	不含长石		
		石英云母角闪石	黑云母角闪石辉石	角闪石辉石黑云母	辉石角闪石橄榄石	橄榄石、辉石
深成的	等粒状，有时为斑状，所有矿物皆能用肉眼鉴别	花岗岩	正长岩	闪长岩	辉长岩	橄榄岩、辉岩	岩基、岩株
浅成的	斑状（斑晶较大且可分辨出矿物名称）	花岗斑岩	正长斑岩	玢岩	辉绿岩	未遇到	岩脉岩床岩盘
喷出的	玻璃状，有时为细粒斑状，矿物难用肉眼鉴别	流纹岩	粗面岩	安山岩	玄武岩	未遇到	熔岩流
	玻璃状或碎屑状	黑曜岩、浮石、火山凝灰岩、火山碎屑岩、火山玻璃					火山喷出的堆积物

岩浆岩的肉眼鉴定方法：

1）确定岩浆岩的产状：对岩石标本鉴定之前，首先了解它的野外产状。

2）结合产状：观察岩石的结构、构造，如等粒块状为深成的花岗岩。

3）确定矿物成分：根据矿物的颜色、晶形、解理等特征，初步确定几种主要的造岩矿物，判断出哪些是主要矿物，哪些是次要矿物，大致目估各种矿物的颗粒大小及百分含量。在观察矿物成分时首先观察与鉴定浅色矿物，如有石英，当数量较多时，则该岩石为酸性岩，再看长石存在的情况，如不含长石，即为无长石的岩石应属超基性岩类。此时，若暗色矿物以橄榄石为主的为橄榄岩，若以辉石为主的则为辉岩。如果岩石含长石，必须定出是正长石还是斜长石，确定主次，以区分酸性、中性或基性岩。

矿物总的看有两种颜色，即深色和浅色，根据矿物的种类及多少就决定了岩石整体的颜色，这样根据岩石的颜色初步确定岩石是基性的、中性的或酸性岩类。按次序说，观察岩石整体的颜色要优先于岩石的结构构造、矿物成分及其他特征。

鉴定岩浆岩时，必须注意岩石的风化面的颜色，往往风化面的颜色不代表岩石的本色，风化严重的岩石必须打开新鲜面进行观察，这样才能确定其真正的本色。

在现场对岩石鉴定时，只是初步的鉴定，要准确地定出岩石名称，必须结合室内仪器鉴定，只有经室内外综合研究，最后才能作出正确的分类定名。

（2）常见的岩浆岩

1）酸性岩类

花岗岩　是深成侵入岩。多呈肉红色、灰色或灰白色。矿物成分主要的为石英和正长石，其次有黑云母、角闪石和其他矿物。全晶质等粒结构（也有不等粒或似斑状结构），块状构造。根据所含深色矿物的不同，可进一步分为黑云母花岗岩、角闪石花岗岩等。花岗岩分布广泛，性质均匀坚固，是良好的建筑石料。

花岗斑岩　是浅成侵入岩。成分与花岗岩相似，所不同的是具斑状结构，斑晶为长石或石英，石基多由细小的长石、石英及其他矿物组成。

流纹岩　是喷出岩，呈岩流产出。常呈灰白、紫灰或浅黄褐色。具典型的流纹构造，斑状结构，细小的斑晶常由石英或长石组成。在流纹岩中很少出现黑云母和角闪石等深色矿物。

2）中性岩类

正长岩　是深成侵入岩。肉红色、浅灰或浅黄色。全晶质等粒结构，块状构造。主要矿物成分为正长石，其次为黑云母和角闪石，一般石英含量极少。其物理力学性质与花岗岩相似，但不如花岗岩坚硬，且易风化。

正长斑岩　是浅成侵入岩，与正长岩所不同的是具斑状结构，斑晶主要是正长石，石基比较致密。一般呈棕灰色或浅红褐色。

粗面岩　是喷出岩。常呈浅灰、浅褐黄或淡红色。斑状结构，斑晶为正长石，石基多为隐晶质，具细小孔隙，表面粗糙。

闪长岩　是深成侵入岩。灰白、深灰至黑灰色。主要矿物为斜长石和角闪石，其次有黑云母和辉石。全晶质等粒结构，块状构造。闪长岩结构致密，强度高，且具有较高的韧性和抗风化能力，是良好的建筑石料。

闪长玢岩　是浅成侵入岩。灰色或灰绿色。成分与闪长岩相似，具斑状结构，斑晶主要为斜长石，有时为角闪石。岩石中常有绿泥石、高岭石和方解石等次生矿物。

安山岩　是喷出岩。灰色、紫色或灰紫色。斑状结构，斑晶常为斜长石。气孔状或杏仁状构造。

3）基性岩类

辉长岩　是深成侵入岩。灰黑至黑色。全晶质等粒结构，块状构造。主要矿物为斜长石和辉石，其次有橄榄石、角闪石和黑云母。辉长岩强度高，抗风化能力强。

辉绿岩　是浅成侵入岩。灰绿或黑绿色。具特殊的辉绿结构（辉石充填于斜长石晶体格架的空隙中），成分与辉长岩相似，但常含有方解石、绿泥石等次生矿物。强度也高。

玄武岩　是喷出岩。灰黑至黑色。成分与辉长岩相似。呈隐晶质细粒或斑状结构，气孔或杏仁状构造。玄武岩致密坚硬、性脆，强度很高。

2.2.2 沉 积 岩

沉积岩是在地表和地表下不太深的地方，由松散堆积物在温度不高和压力不大的条件下形成的。它是地壳表面分布最广的一种层状的岩石。

出露地表的各种岩石，经长期的日晒雨淋，风化破坏，就逐渐地松散分解，或成为岩石碎屑，或成为细粒黏土矿物，或者成为其他溶解物质。这些先成岩石的风化产物，大部分被流水等运动介质搬运到河、湖、海洋等低洼的地方沉积下来，成为松散的堆积物。这些松散的堆积物经长期压密、胶结、重结晶等复杂的地质过程，就形成了沉积岩。此外如沉积过程中的生物活动和火山喷出物的堆积，在沉积岩的形成中也有重要的意义。

1. 沉积岩的物质组成和分类

（1）沉积岩的物质组成

沉积岩主要由下面的一些物质组成：

1）碎屑物质　由先成岩石经物理风化作用产生的碎屑物质组成。其中大部分是化学性质比较稳定，难溶于水的原生矿物的碎屑，如石英、长石、白云母等；一部分则是岩石的碎屑。此外，还有其他方式生成的一些物质，如火山喷发产生的火山灰等。

2）黏土矿物　主要是一些由含铝硅酸盐类矿物的岩石，经化学风化作用形成的次生矿物。如高岭石、微晶高岭石及水云母等。这类矿物的颗粒极细（<0.005mm），具有很大的亲水性、可塑性及膨胀性。

3）化学沉积矿物　是由纯化学作用或生物化学作用，从溶液中沉淀结晶产生的沉积矿物。如方解石、白云石、石膏、石盐、铁和锰的氧化物或氢氧化物等。

4）有机质及生物残骸　由生物残骸或有机化学变化而成的物质。如贝壳、泥炭及其他有机质等。

在沉积岩的组成物质中，黏土矿物、方解石、白云石、有机质等，是沉积岩所特有的，是物质组成上区别于岩浆岩的一个重要特征。

（2）沉积岩的分类

根据物质组成的特点，沉积岩一般分为下面三类：

1）碎屑岩类　主要由碎屑物质组成的岩石。其中由先成岩石风化破坏产生的碎屑物质形成的，称为沉积碎屑岩，如砾岩、砂岩及粉砂岩等；由火山喷出的碎屑物质形成的，称为火山碎屑岩，如火山角砾岩、凝灰岩等。

2）黏土岩类　主要由黏土矿物及其他矿物的黏土粒组成的岩石，如泥岩、页岩等。

3）化学及生物化学岩类　主要由方解石、白云石等碳酸盐类的矿物及部分有机物组成的岩石，如石灰岩、白云岩等。

2. 沉积岩的结构和构造

（1）沉积岩的结构

沉积岩的结构，按组成物质、颗粒大小及其形状等方面的特点，一般分为碎屑结构、泥质结构、结晶结构及生物结构四种。

1）碎屑结构　由碎屑物质被胶结物胶结而成。

按碎屑粒径的大小，可分为：

砾状结构　碎屑粒径大于 2mm。碎屑形成后未经搬运或搬运不远而留有棱角者，称为角砾状结构；碎屑经过搬运呈浑圆状或具有一定磨圆度者，称为砾状结构。

砂质结构　碎屑粒径介于 0.05～2mm 之间。其中由 0.5～2mm 的为粗粒结构，如粗粒砂岩；由 0.25～0.5mm 的为中粒结构，如中粒砂岩；由 0.05～0.25mm 的为细粒结构，如细粒砂岩。

粉砂质结构　碎屑粒径由 0.005～0.05mm，如粉砂岩。

按胶结物的成分，可分为：

A. 硅质胶结　由石英及其他二氧化硅胶结而成。颜色浅，强度高。

B. 铁质胶结　由铁的氧化物及氢氧化物胶结而成。颜色深，呈红色，强度次于硅质胶结。

C. 钙质胶结　由方解石等碳酸钙一类的物质胶结而成。颜色浅，强度比较低，容易遭受侵蚀。

D. 泥质胶结　由细粒黏土矿物胶结而成。颜色不定，胶结松散，强度最低，容易遭受风化破坏。

2）泥质结构　几乎全部由小于 0.005mm 的黏土质点组成。是泥岩、页岩等黏土岩的主要结构。

3）结晶结构　由溶液中沉淀或经重结晶所形成的结构。由沉淀生成的晶粒极细，经重结晶作用晶粒变粗，但一般多小于 1mm，肉眼不易分辨。结晶结构为石灰岩、白云岩等化学岩的主要结构。

4) 生物结构　由生物遗体或碎片所组成，如贝壳结构、珊瑚结构等。是生物化学岩所具有的结构。

(2) 沉积岩的构造

沉积岩的构造，是指其组成部分的空间分布及其相互间的排列关系。沉积岩最主要的构造是层理构造。层理是沉积岩成层的性质。由于季节性气候的变化，沉积环境的改变，使先后沉积的物质在颗粒大小、形状、颜色和成分上发生相应变化，从而显示出来的成层现象，称为层理构造。

由于形成层理的条件不同，层理有各种不同的形态类型，如常见的有水平层理（图2-6a）、斜层理（图2-6b）、交错层理（图2-6c）等。根据层理可以推断沉积物的沉积环境和搬运介质的运动特征。

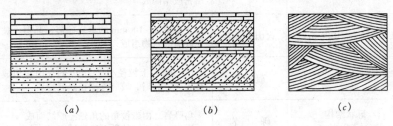

图 2-6　层理类型
(a) 水平层理；(b) 斜层理；(c) 交错层理

层与层之间的界面，称为层面。在层面上有时可以看到波痕、雨痕及泥面干裂的痕迹。上下两个层面间成分基本均匀一致的岩石，称为岩层。它是层理最大的组成单位。一个岩层上下层面之间的垂直距离称为岩层的厚度。在短距离内岩层厚度的减小称为变薄；厚度变薄以至消失称为尖灭；两端尖灭就成为透镜体；大厚度岩层中所夹的薄层，称为夹层（图2-7）。

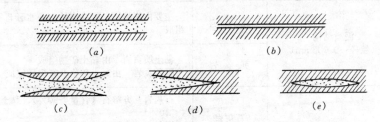

图 2-7　岩层的几种形态
(a) 正常层；(b) 夹层；(c) 变薄；(d) 尖灭；(e) 透镜体

沉积岩内岩层的变薄、尖灭和透镜体，可使其强度和透水性在不同的方向发生变化；松软夹层，容易引起上覆岩层发生顺层滑动。

在沉积岩中还可看到许多化石，它们是经石化作用保存下来的动植物的遗骸和遗迹，如三叶虫、树叶等，常沿层理面平行分布。根据化石可以推断岩石形成的地理环境和确定岩层的地质年代。

沉积岩的层理构造、层面特征和含有化石，是沉积岩在构造上区别于岩浆岩的重要特征。

3. 常见的沉积岩

(1) 常见的沉积岩的分类

常见的沉积岩分类，见表2-4。

沉积岩分类简表　　　　　　表 2-4

岩类	结构		岩石分类名称	主要亚类及其组成物质
碎屑岩类	火山碎屑岩	粒径>100mm	火山集块岩	主要由大于100mm的熔岩碎块、火山灰尘等经压密胶结而成
		粒径2～100mm	火山角砾岩	主要由2～100mm的熔岩碎屑、晶屑、玻屑及其他碎屑混入物组成
		粒径<2mm	凝灰岩	由50%以上粒径小于2mm的火山灰组成，其中有岩屑、晶屑、玻屑等细粒碎屑物质
	沉积碎屑岩 碎屑结构	砾状结构（粒径>2.00mm）	砾岩	角砾岩　由带棱角的角砾经胶结而成 砾岩　由浑圆的砾石经胶结而成
		砂质结构（粒径0.05～2.00mm）	砂岩	石英砂岩　石英（含量>90%）、长石和岩屑(<10%) 长石砂岩　石英（含量<75%）、长石（>25%）、岩屑（<10%） 岩屑砂岩　石英（含量<75%）、长石（<10%）、岩屑（>25%）
		粉砂结构（粒径0.005～0.05mm）	粉砂岩	主要由石英、长石的粉、黏粒及黏土矿物组成
黏土岩类	泥质结构（粒径<0.005mm）		泥岩	主要由高岭石、微晶高岭石及水云母等黏土矿物组成
			页岩	黏土质页岩　由黏土矿物组成 碳质页岩　由黏土矿物及有机质组成
化学及生物化学岩类	结晶结构及生物结构		石灰岩	石灰岩　方解石（含量>90%）、黏土矿物(<10%) 泥灰岩　方解石（含量50%～75%）、黏土矿物(25%～50%)
			白云岩	白云岩　白云石（含量90%～100%）、方解石(<10%) 灰质白云岩　白云石（含量50%～75%）、方解石(25%～50%)

(2) 常见的沉积岩

1) 碎屑岩类

A. 火山碎屑岩　火山碎屑岩是由火山喷发的碎屑物质在地表经短距离搬运，或就地沉积而成。由于它在成因上具有火山喷出与沉积的双重性，所以是介于喷出岩和沉积岩之间的过渡类型。

火山集块岩　主要由粒径大于 100mm 的粗火山碎屑物质组成，胶结物主要为火山灰或熔岩，有时为碳酸钙、二氧化硅或泥质。

火山角砾岩　火山碎屑占 90% 以上，粒径一般为 2～100mm，多呈棱角状，常为火山灰或硅质胶结。颜色常呈暗灰、蓝灰或褐灰色。

凝灰岩　一般由小于 2mm 的火山灰及细碎屑组成。碎屑主要是晶屑、玻屑及岩屑。胶结物为火山灰等。凝灰岩孔隙性高，重度小，易风化。

B. 沉积碎屑岩　沉积碎屑岩又称为正常碎屑岩。是由先成岩石风化剥蚀的碎屑物质，经搬运、沉积、胶结而成的岩石。常见的有：

砾岩及角砾石　砾状结构，由 50% 以上大于 2mm 的粗大碎屑胶结而成。由浑圆状砾石胶结而成的称为砾岩；由棱角状的角砾胶结而成的称为角砾岩。角砾岩的岩性成分比较单一，砾岩的岩性成分一般比较复杂，经常由多种岩石的碎屑和矿物颗粒组成。胶结物的成分有钙质、泥质、铁质及硅质等。

砂岩　砂质结构，由 50% 以上粒径介于 0.05～2mm 的砂粒胶结而成。按砂粒的矿物组成，可分为石英砂岩、长石砂岩和岩屑砂岩等。按砂粒粒径的大小，可分为粗粒砂岩、中粒砂岩和细粒砂岩。胶结物的成分对砂岩的物理力学性质有重要影响。根据胶结物的成分。又可将砂岩分为硅质砂岩、铁质砂岩、钙质砂岩及泥质砂岩几个亚类。硅质砂岩的颜色浅，强度高，抵抗风化的能力强。泥质砂岩一般呈黄褐色，吸水性大，易软化，强度和稳定性差。铁质砂岩常呈紫红色或棕红色，钙质砂岩呈白色或灰白色，强度和稳定性介于硅质与泥质砂岩之间。

砂岩分布很广，易于开采加工，是工程上广泛采用的建筑石料。

粉砂岩　粉砂质结构，常有清晰的水平层理。矿物成分与砂岩近似，但黏土矿物的含量一般较高，主要由粉砂胶结而成。结构较疏松，强度和稳定性不高。

2）黏土岩类

页岩　是由黏土脱水胶结而成，以黏土矿物为主，大部分有明显的薄层理，呈页片状。可分为硅质页岩、黏土质页岩、砂质页岩、钙质页岩及碳质页岩。除硅质页岩强度稍高外，其余岩性软弱，易风化成碎片，强度低，与水作用易于软化而丧失稳定性。

泥岩　成分与页岩相似，常成厚层状。以高岭石为主要成分的泥岩，常呈灰白色或黄白色，吸水性强，遇水后易软化。以微晶高岭石为主要成分的泥岩，常呈白色、玫瑰色或浅绿色，表面有滑感，可塑性小，吸水性高，吸水后体积急剧膨胀。

黏土岩夹于坚硬岩层之间，形成软弱夹层，浸水后易于软化滑动。

3）化学及生物化学岩类

石灰岩 简称灰岩。矿物成分以方解石为主，其次含有少量的白云石和黏土矿物。常呈深灰、浅灰色，纯质灰岩呈白色。由纯化学作用生成的具有结晶结构，但晶粒极细。经重结晶作用即可形成晶粒比较明显的结晶灰岩。由生物化学作用生成的灰岩，常含有丰富的有机物残骸。石灰岩中一般都含有一些白云石和黏土矿物，当黏土矿物含量达25%～50%时，称为泥灰岩；白云石含量达25%～50%时，称为白云质灰岩。

石灰岩分布相当广泛，岩性均一，易于开采加工，是一种用途很广的建筑石料。

白云岩 主要矿物成分为白云石，也含有方解石和黏土矿物。结晶结构。纯质白云岩为白色，随所含杂质的不同，可出现不同的颜色。性质与石灰岩相似，但强度和稳定性比石灰岩为高，是一种良好的建筑石料。

白云岩的外观特征与石灰岩近似，在野外难于区别，可用盐酸起泡程度辨认。

2.2.3 变 质 岩

变质岩是由原来的岩石（岩浆岩、沉积岩和变质岩）在地壳中受到高温、高压及化学成分加入的影响，在固体状态下发生矿物成分及结构构造变化后形成的新的岩石。所以，变质岩不仅具有自身独特的特点，而且还常保留着原来岩石的某些特征。

1. 变质作用的因素

在变质因素的影响下，促使岩石在固体状态下改变其成分、结构和构造的作用，称为变质作用。引起变质作用的主要因素是：高温、高压和新的化学成分的加入。

（1）高温

大部分的变质作用都是在高温条件下进行的。因为温度升高后，一方面能促使岩石发生重结晶，形成新的结晶结构，如石灰岩发生重结晶作用后晶粒增大，成为大理岩；另一方面还能促进矿物间的化学反应，产生新的变质矿物。

引起变质作用的热源：一是炽热岩浆带来的热量；二是地壳深处的高温；三是构造运动所产生的热。

（2）高压

引起岩石发生变质的高压，一是上覆岩层重量产生的静压力；二是构造运动或岩浆活动所引起的横向挤压力。在静压力的长期作用下，能使岩石的孔隙性减小，因而使岩石变得更加致密坚硬。同时在一定温度的作用下，会使岩石的塑性增强，比重增大，形成像石榴子石等体积小而比重大的变质矿物。由构造运动产生的定向横压力，有时比静压力更大。它一方面使岩石和矿物发生变形和破裂，形成各种破碎构造；同时在与静压力的综合作用下，有利于片状、柱状矿物定向生长；随着温度的升高。促进新的矿物组合和发生重结晶作用，而形成变质岩特有的片理构造。

(3) 新的化学成分的加入

在岩石发生变质作用的过程中，新的化学成分主要来自岩浆活动带来的含有复杂化学元素的热液和挥发性气体。在温度和压力的综合作用下，这些具有化学活动性的成分，容易与围岩发生反应，产生各种新的变质矿物，甚至会使岩石的化学成分发生深刻的变化。

岩石发生变质，经常是上述因素综合作用的结果。但由于变质前原来岩石的性质不同，变质过程中变质作用的主要因素和变质的程度不同，因而形成了各种不同特征的变质岩。

2. 变质岩的一般特征

(1) 矿物成分

变质岩的矿物成分，除保留有原来岩石的矿物，如石英、长石、云母、角闪石、辉石、方解石、白云石等外，由于发生了变质作用而产生了许多新的变质矿物，如石榴子石、滑石、绿泥石、蛇纹石等。根据变质岩特有的变质矿物，可把变质岩与其他岩石区别开来。

(2) 结构和构造

变质岩的结构和岩浆岩类似，几乎全部是结晶结构。但变质岩的结晶结构主要是经过重结晶作用形成的，所以在描述变质岩的结构时，一般应加"变晶"二字以示区别。如粗粒变晶结构，斑状变晶结构等。如果变质作用进行得不彻底，在形成的变质岩中还残留有变质前原来岩石的结构特征时，则称为变余结构。

变质岩的构造，主要的是片理构造和块状构造。其中片理构造是变质岩所特有的，是从构造上区别于其他岩石的一个显著标志。比较典型的片理构造有下面几种：

1) 板状构造 片理厚，片理面平直，重结晶作用不明显，颗粒细密，光泽微弱，沿片理面裂开则呈厚度一致的板状，如板岩。

2) 千枚状构造 片理薄，片理面较平直，颗粒细密，沿片理面有绢云母出现，容易裂开呈千枚状，呈丝绢光泽，如千枚岩。

3) 片状构造 重结晶作用明显，片状、板状或柱状矿物沿片理面富集，平行排列，片理很薄，沿片理面很容易剥开呈不规则的薄片，光泽很强，如云母片岩等。

4) 片麻状构造 颗粒粗大，片理很不规则，粒状矿物呈条带状分布，少量片状、柱状矿物相间断续平行排列，沿片理面不易裂开，如片麻岩。

变质岩除上述片理构造外，如果岩石主要由粒状矿物组成时，则成致密块状构造，如大理岩和石英岩等。

3. 常见的变质岩

(1) 常见的变质岩分类，见表2-5。

变 质 岩 分 类 简 表 表 2-5

岩类	构造	岩石名称	主要亚类及其矿物成分	原 岩
片理状岩类	片麻状构造	片麻岩	花岗片麻岩 长石、石英、云母为主，其次为角闪石，有时含石榴子石 角闪石片麻岩 长石、石英、角闪石为主，其次为云母，有时含石榴子石	中酸性岩浆岩、黏土岩、粉砂岩、砂岩
	片状构造	片 岩	云母片岩 云母、石英为主，其次有角闪石等	黏土岩、砂岩、中酸性火山岩
			滑石片岩 滑石、绢云母为主，其次有绿泥石、方解石等	超基性岩、白云质泥灰岩
			绿泥石片岩 绿泥石、石英为主，其次有滑石、方解石等	中基性火山岩、白云质泥灰岩
	千枚状构造	千枚岩	以绢云母为主，其次有石英、绿泥石等	黏土岩、黏土质粉砂岩、凝灰岩
	板状构造	板岩	黏土矿物、绢云母、石英、绿泥石、黑云母、白云母等	黏土岩、黏土质粉砂岩、凝灰岩
块状岩类	块状构造	大理岩	方解石为主，其次有白云石等	石灰岩、白云岩
		石英岩	石英为主，有时含有绢云母、白云母等	砂岩、硅质岩
		蛇纹岩	蛇纹石、滑石为主，其次有绿泥石、方解石等	超基性岩

(2) 常见的变质岩

1) 片理状岩类

片麻岩 具典型的片麻状构造，变晶或变余结构，因发生重结晶，一般晶粒粗大，肉眼可以辨识。片麻岩可以由岩浆岩变质而成，也可由沉积岩变质形成。主要矿物为石英和长石，其次有云母、角闪石、辉石等。此外有时尚含有少许石榴子石等变质矿物。岩石颜色视深色矿物含量而定，石英、长石含量多时色浅，黑云母、角闪石等深色矿物含量多时色深。片麻岩进一步的分类和命名，主要根据矿物成分，如角闪石片麻岩、斜长石片麻岩等。

片麻岩强度较高，如云母含量增多，强度相应降低。因具片理构造，故较易风化。

片岩 具片状构造，变晶结构。矿物成分主要是一些片状矿物，如云母、绿泥石、滑石等，此外尚含有少许石榴子石等变质矿物。进一步的分类和命名是根据矿物成分，如云母片岩、绿泥石片岩、滑石片岩等。

片岩的片理一般比较发育，片状矿物含量高，强度低，抗风化能力差，极易风化剥落，岩体也易沿片理倾向坍落。

千枚岩 多由黏土岩变质而成。矿物成分主要为石英、绢云母、绿泥石等。结晶程度比片岩差，晶粒极细，肉眼不能直接辨别，外表常呈黄绿、褐红、灰黑等色。由于含有较多的绢云母，片理面常有微弱的丝绢光泽。

千枚岩的质地松软，强度低，抗风化能力差，容易风化剥落，沿片理倾向容易产生塌落。

2) 块状岩类

大理岩　由石灰岩或白云岩经重结晶变质而成，等粒变晶结构，块状构造。主要矿物成分为方解石，遇稀盐酸强烈起泡，可与其他浅色岩石相区别。大理岩常呈白色、浅红色、淡绿色、深灰色以及其他各种颜色，常因含有其他带色杂质而呈现出美丽的花纹。

大理岩强度中等，易于开采加工，色泽美丽，是一种很好的建筑装饰石料。

石英岩　结构和构造与大理岩相似。一般由较纯的石英砂岩变质而成，常呈白色，因含杂质，可出现灰白色、灰色、黄褐色或浅紫红色。强度很高，抵抗风化的能力很强，是良好的建筑石料，但硬度很高，开采加工相当困难。

2.2.4　三大类岩石的肉眼鉴别

鉴别岩石有各种不同的方法，但最基本的是根据岩石的外观特征，用肉眼和简单工具（如小刀、放大镜等）进行的鉴别方法。

1. 岩浆岩的鉴别方法

根据岩石的外观特征对岩浆岩进行鉴定时，首先要注意岩石的颜色，其次是岩石的结构和构造，最后分析岩石的主要矿物成分。

（1）先看岩石整体颜色的深浅。岩浆岩颜色的深浅，是岩石所含深色矿物多少的反映。一般来说，从酸性到基性（超基性岩分布很少），深色矿物的含量是逐渐增加的，因而岩石的颜色也随之由浅变深。如果岩石是浅色的，那就可能是花岗岩或正长岩等酸性或偏于酸性的岩石。但不论是酸性岩或基性岩，因产出部位不同，还有深成岩、浅成岩和喷出岩之分，究竟属于哪一种岩石，需要进一步对岩石的结构和构造特征进行分析。

（2）分析岩石的结构和构造。岩浆岩的结构和构造特征，是岩石生成环境的反映。如果岩石是全晶质粗粒、中粒或似斑状结构，说明很可能是深成岩。如果是细粒、微粒或斑状结构，则可能是浅成岩或喷出岩。如果斑晶细小或为玻璃质结构，则为喷出岩。如果具有气孔、杏仁或流纹状构造，则为喷出岩无疑。

（3）分析岩石的主要矿物成分，确定岩石的名称。这里可以举例说明。假定需要鉴别的，是一块含有大量石英，颜色浅红，具全晶质中粒结构和块状构造的岩石。浅红色属浅色，浅色岩石一般是酸性或偏于酸性的，这就排除了基性或偏于基性的不少深色岩石。但酸性的或偏于酸性的岩石中，又有深成的花岗岩和正长岩、浅成的花岗斑岩和正长岩以及喷出的流纹岩和粗面岩。但它是全晶质中粒结构和块状构造，因此可以肯定，是深成岩。这就进一步排除了浅成岩和喷出岩。但究竟是花岗岩还是正长岩，这就需要对岩石的主要矿物成分作仔细地分析之后，才能得出结论。在花岗岩和正长岩的矿物组成中，都含有正长石，同时也都含有黑云母和角闪石等深色矿物。但花岗岩属于酸性岩，酸性岩除含有正长石、黑云母和角闪石外，一般都含有大量的石英。而正长岩属于中性岩，除含有大量的正长石和少许的黑云母与角闪石外,一般不含石英或仅含有少许的石英。矿物成分的这一重要区别,说明被鉴别的这块岩石是花岗岩。

2. 沉积岩的鉴别方法

鉴别沉积岩时,可以先从观察岩石的结构开始,结合岩石的其他特征,先将所属的大类分开,然后再作进一步分析,确定岩石的名称。

从沉积岩的结构特征来看,如果岩石是由碎屑和胶结物两部分组成,或者碎屑颗粒很细而不易与胶结物分辨,但触摸有明显含砂感的,一般是属于碎屑岩类的岩石。如果岩石颗粒十分细密,用放大镜也看不清楚,但断裂面暗淡呈土状,硬度低,触摸有滑腻感的,一般多是黏土类的岩石。具结晶结构的可能是化学岩类。

(1) 碎屑岩　鉴别碎屑岩时,可先观察碎屑粒径的大小,其次分析胶结物的性质和碎屑物质的主要矿物成分。根据碎屑的粒径,先区分是砾岩、砂岩还是粉砂岩。根据胶结物的性质和碎屑物质的主要矿物成分,判断所属的亚类,并确定岩石的名称。

例如有一块由碎屑和胶结物质两部分组成的岩石,碎屑粒径介于 $0.25\sim0.5\mathrm{mm}$ 之间,点盐酸起泡强烈,说明这块岩石是钙质胶结的中粒砂岩。进一步分析碎屑的主要矿物成分,发现这块岩石除含有大量的石英外,还含有约 30% 左右的长石。最后可以确定,这块岩石是钙质中粒长石砂岩。

(2) 黏土岩　常见的黏土岩,主要的有页岩和泥岩两种。他们在外观上都有黏土岩的共同特征,但页岩层理清晰,一般沿层理能分成薄片,风化后呈碎片状,可以与层理不清晰、风化后呈碎块状的泥岩相区别。

(3) 化学岩　常见的化学岩,主要的有石灰岩、白云岩和泥灰岩等。它们的外观特征都很类似,所不同的,主要是方解石、白云石及黏土矿物的含量有差别。所以在鉴别化学岩时,要特别注意对盐酸试剂的反应。石灰岩遇盐酸强烈起泡,泥灰岩遇盐酸也起泡,但由于泥灰岩的黏土矿物含量高,所以泡沫混浊,干后往往留有泥点。白云岩遇盐酸不起泡,或者反应微弱,但当粉碎成粉末之后,则发生显著泡沸现象,并常伴有咝咝的响声。

3. 变质岩的鉴别方法

鉴别变质岩时,可以先从观察岩石的构造开始。根据构造,首先将变质岩区分为片理构造和块状构造的两类。然后可进一步根据片理特征和主要矿物成分,分析所属的亚类,确定岩石的名称。

例如有一块具片理构造的岩石,其片理特征既不同于板岩的板状构造,也不同于云母片岩的片状构造,而是一种粒状的浅色矿物与片状的深色矿物,断续相间成条带状分布的片麻构造,因此可以判断,这块岩石属于片麻岩。是什么片麻岩呢,经分析,浅色的粒状矿物主要是石英和正长石,片状的深色矿物是黑云母,此外还含有少许的角闪石和石榴子石,可以肯定,这块岩石是花岗片麻岩。

块状构造的变质岩,其中常见的主要是大理岩和石英岩。两者都是具变晶结构的单矿岩,岩石的颜色一般都比较浅。但大理岩主要由方解石组成,硬度低,遇盐酸起泡;而石英岩几乎全部由石英颗粒组成,硬度很高。

归纳起来,三大类岩石的主要区别参见表2-6。

岩浆岩、沉积岩和变质岩的地质特征表 表2-6

地质特征\岩类	岩浆岩	沉积岩	变质岩
主要矿物成分	全部为从岩浆中析出的原生矿物,成分复杂,但较稳定。浅色的矿物有石英、长石、白云母等;深色的矿物有黑云母、角闪石、辉石、橄榄石等	次生矿物占主要地位,成分单一,一般多不固定。常见的有石英、长石、白云母、方解石、白云石、高岭石等	除具有变质前原来岩石的矿物,如石英、长石、云母、角闪石、辉石、方解石、白云石、高岭石等外,尚有经变质作用产生的矿物,如石榴子石、滑石、绿泥石、蛇纹石等
结构	以结晶粒状、斑状结构为特征	以碎屑、泥质及生物碎屑结构为特征。部分为成分单一的结晶结构,但肉眼不易分辨	以变晶结构等为特征
构造	具块状、流纹状、气孔状、杏仁状构造	具层理构造	多具片理构造
成因	直接由高温熔融的岩浆经岩浆作用而形成	主要由先成岩石的风化产物,经压密、胶结、重结晶等成岩作用而形成	由先成的岩浆岩、沉积岩和变质岩,经变质作用而形成

§2.3 地质年代及其特征

2.3.1 地 质 年 代

地球形成到现在已有60亿年以上的历史,在这漫长的岁月里,地球经历了一连串的变化,这些变化在整个地球历史中可分为若干发展阶段。地球发展的时间段落称为地质年代。地质年代在工程实践中常被用到,当需要了解一个地区的地质构造,岩层的相互关系,以及阅读地质资料或地质图时都必须具备地质年代的知识。

岩层的地质年代有两种,一种是绝对地质年代,另一种是相对地质年代。绝对地质年代是指组成地壳的岩层从形成到现在有多少"年"。它能说明岩层形成的确切时间,但不能反映岩层形成的地质过程。相对地质年代能说明岩层形成的先后顺序及其相对的新老关系,如哪些岩层是先形成的,是老的;哪些岩层是后形成的,是新的,它并不包含用"年"表示的时间概念。可以看出,相对地质年代虽然不能说明岩层形成的确切时间,但能反映岩层形成的自然阶段,从而说明地壳发展的历史过程。所以在地质工作中,一般以应用相对地质年代为主。

1. 岩层相对地质年代的确定方法

(1) 沉积岩相对地质年代的确定方法

1) 地层对比法　以地层的沉积顺序为对比的基础。沉积地层在形成过程中，先沉积的岩层在下面，后沉积的岩层在上面，形成沉积岩的自然顺序。根据这种上新下老的正常层位关系，就可以确定岩层的相对地质年代（图 2-8）。但在构造变动复杂的地区，由于岩层的正常层位发生了变化，运用地层对比的方法来确定岩层的相对地质年代，就比较困难（图 2-9）。

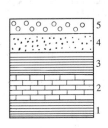

图 2-8　正常层位

1～5—代表岩层由老至新

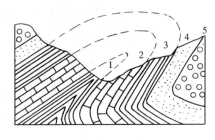

图 2-9　变动层位

1～5—代表岩层由老至新

2) 地层接触关系法　沉积地层在形成过程中，如地壳发生升降运动，产生沉积间断，在岩层的沉积顺序中，缺失沉积间断期的岩层，上下岩层之间的这种接触关系，称为不整合接触。不整合接触面上下的岩层，由于在时间上发生了阶段性的变化，岩性及古生物等都有显著不同。因此，不整合接触就成为划分地层相对地质年代的一个重要依据。不整合接触面以下的岩层先沉积，年代比较老；不整合接触面以上的岩层后沉积，年代比较新。地层的不整合接触，下一节还要作进一步的讨论。

3) 岩性对比法　岩性对比法以岩石的组成、结构、构造等岩性方面的特点为对比的基础。认为在一定区域内同一时期形成的岩层，其岩性特点基本上是一致的或近似的。此法同样具有一定的局限性，因为同一地质年代的不同地区，其沉积物的组成、性质并不一定都是相同的；而同一地区在不同的地质年代，也可能形成某些性质类似的岩层。所以岩性对比的方法也只能适用于一定的地区。

4) 古生物化石法　按照生物演化的规律，从古到今，生物总是由低级到高级，由简单向复杂逐渐发展的。所以在地质年代的每一个阶段中，都发育有适应当时自然环境的特有生物群。因此，在不同地质年代沉积的岩层中，会含有不同特征的古生物化石。含有相同化石的岩层，无论相距多远，都是在同一地质年代中形成的。所以，只要确定出岩层中所含标准化石的地质年代，那么这些岩层的地质年代，自然也就跟着确定了。

上面所讲的几种方法，各有优点，但也都存在着不足的地方。实践中应结合具体情况综合分析，才能正确地划分地层的地质年代。

(2) 岩浆岩相对地质年代的确定方法

岩浆岩不含古生物化石，也没有层理构造，但它总是侵入或喷出于周围的沉积岩层之中。因此，可以根据岩浆岩体与周围已知地质年代的沉积岩层的接触关系，来确定岩浆岩的相对地质年代。

1) **侵入接触** 岩浆侵入体侵入于沉积岩层之中，使围岩发生变质现象，说明岩浆侵入体的形成年代，晚于发生变质的沉积岩层的地质年代（图 2-10a）。

2) **沉积接触** 岩浆岩形成之后，经长期风化剥蚀，后来在剥蚀面上又产生新的沉积，剥蚀面上部的沉积岩层无变质现象，而在沉积岩的底部往往存在有由岩浆岩组成的砾岩或风化剥蚀的痕迹。这说明岩浆岩的形成年代，早于沉积岩的地质年代（图 2-10b）。

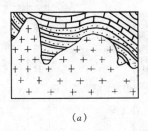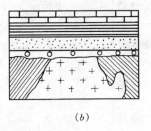

(a) (b)

图 2-10 岩浆岩与沉积岩的接触关系
(a) 侵入接触；(b) 沉积接触

对于喷出岩，可根据其中夹杂的沉积岩，或上覆下伏的沉积岩层的年代，确定其相对地质年代。

2. 地层年代的单位与地层单位

划分地层年代和地层单位的主要依据，是地壳运动和生物的演变。地壳发生大的构造变动之后，自然地理条件将发生显著变化，各种生物也将随之演变，以适应新的生存环境，这样就形成了地壳发展历史的阶段性。人们根据几次大的地壳运动和生物界大的演变，把地壳发展的历史过程分为五个称为"代"的大阶段，每个代又分为若干"纪"，纪内因生物发展及地质情况不同，又进一步细分为若干"世"及"期"，以及一些更细的段落，这些统称为地质年代。在每一个地质年代中，都划分有相应的地层。地质年代和地层的单位、顺序和名称，对应列表如下（表 2-7）。

地质年代单位与相对应
的地层单位表　　表 2-7

使用范围	地质年代单位	地层单位
国际性	代 纪 世	界 系 统
全国性或 大区域性	（世） 期	（统） 阶 带
地方性	时（时代，时期）	群 组 段 （带）

地 质 年 代 表 表 2-8

宙	代	纪	世	代号	距今大约年代（百万年）	主要生物进化 动物	主要生物进化 植物
显生宙	新生代 Kz	第四纪	全新世	Q	— 1 —	人类出现	现代植物时代
			更新世		— 2.5 —		
		新近纪	上新世	N	— 5 —	哺乳动物时代	被子植物时代 草原面积扩大
			中新世		— 24 —		
		古近纪	渐新世	E	— 37 —		
			始新世		— 58 —	灵长类出现	被子植物繁殖
			古新世		— 65 —		
	中生代 Mz	白垩纪		K	— 137 —	爬行动物时代 鸟类出现 恐龙繁殖	裸子植物时代 被子植物出现 裸子植物繁殖
		侏罗纪		J	— 203 —		
		三叠纪		T	— 251 —	恐龙、哺乳类出现	
	古生代 Pz	二叠纪		P	— 295 —	两栖动物 爬行类出现 两栖类繁殖	孢子植物时代 裸子植物出现 大规模森林出现 小型森林出现 陆生维管植物
		石炭纪		C	— 355 —		
		泥盆纪		D	— 408 —	鱼类时代 陆生无脊椎动物发展和两栖类出现	
		志留纪		S	— 435 —		
		奥陶纪		O	— 495 —	海生无脊椎动物时代 带壳动物爆发	
		寒武纪		∈	— 540 —		
元古宙	新元古	震旦纪		Z	— 650 — — 1000 — — 1800 —	软躯体动物爆发	
	中元古			Pt	— 2500 —	低等无脊椎动物出现	高级藻类出现 海生藻类出现
	古元古				— 2800 — — 3200 —		
太古宙	新太古 中太古 古太古 始太古			Ar	— 3600 — 4600	原核生物（细菌、蓝藻）出现 （原始生命蛋白质出现）	

地壳运动和生物演化在代、纪、世期间世界各地有普遍性的显著变化，所以在代、纪、世是国际通用的地质年代单位。次一级的单位只具有区域性或地区性的意义。

地质年代表参见表2-8。

地球自形成以来，处于不断的运动之中，而地壳则受到各种内外力的影响，在不断地改变着地球的面貌。地壳运动控制着海陆分布，影响着各种地质作用的产生和发展，如岩浆活动、火山作用、地震以及岩层褶曲与断裂等。这些运动通称地质构造运动。

地壳分裂为板块的活动以及宇宙间引力的活动，使地壳产生水平运动和垂直运动。

水平运动使地壳产生拉张、挤压，引起各种断裂和褶皱构造，使地表起伏，故又称造山运动。垂直运动是长期交替的升降运动，引起大范围的隆起或拗陷，产生海陆变迁，亦称造陆运动。地壳运动的产生和发展是不均衡的，各地区的影响也是不同的，它可以从各地质时期的岩层褶皱、断裂以及岩浆活动、火山作用等反映出来。

2.3.2 第四纪地质特征

地质年代中第四纪时期是距今最近的地质年代。在第四纪历史上发生了两大变化即人类的出现和冰川作用。这反映了第四纪时所特有的自然地理环境，构造运动和火山活动等特点。而第四纪时期沉积的历史相对较短，一般又未经固结硬化成岩作用，因此在第四纪形成的各种沉积物通常是松散的、软弱的、多孔的，与岩石的性质有着显著的差异，有时就笼统称之为土。

第四纪沉积物是坚硬岩石经长期地质作用后的产物，广泛分布于地球的陆地和海洋，它是由岩石碎屑、矿物颗粒组成，其间孔隙中充填着水和气体，因而构成为由固相、液相、气相组成的三相体系。

第四纪沉积物的形成是由地壳表层坚硬岩石在漫长的地质年代里，经过风化、剥蚀等外力作用，破碎成大小不等的岩石碎块或矿物颗粒，这些岩石碎块在斜坡重力作用、流水作用、风力吹扬作用、波蚀作用、冰川作用以及其他外力作用下被搬运到适当的环境下沉积成各种类型的土体。由于土体在形成过程中，岩石碎屑物被搬运，沉积通常按颗粒大小、形状及矿物成分作有规律的变化，并在沉积过程中常因分选作用和胶结作用而使土体在成分、结构、构造和性质上表现有规律性的变化。

工程地质学中所说的土体，它与人们通常所称的土壤不同。凡第四纪松散物质沉积成土后，再在一个相当长的稳定环境中经受生物化学及物理化学的成壤作用所形成的土体，统称为土壤。而未经受成壤作用的松散物质受到外力的剥蚀，侵蚀而再破碎、搬运、沉积等地质作用，时代较老的土体受上覆沉积物的自重压力和地下水作用下，经受压密固结作用，逐渐形成具有一定强度和稳定性的土体，这就是工程地质学中所说的土体，是人类活动和工程建设研究的对象。当然土体形成后，又可在适当条件下被风化、剥蚀、搬运、沉积，如此周而复始，不断循环。

一般说来，处于相似的地质环境中形成的第四纪沉积物，具有很大一致性的工程地质特征。因此，对第四纪沉积物形成的地质作用、沉积环境、物质组成等的地质成因研究是很有必要的。并根据地质成因类型划分，可将第四纪沉积物的土体分为：残积土、坡积土、洪积土、冲积土、湖积土、海积土、风积土及冰积土等。

第四纪沉积物的成因类型及其特征在第4章中详述。

思 考 题

2.1 矿物硬度的概念及其判定方法？
2.2 解理与断口的概念及其关系？
2.3 如何从矿物的形态、矿物的物理性质特征去鉴定和掌握常见的主要造岩矿物？
2.4 酸性岩浆与基性岩浆的特点分别是什么？
2.5 岩浆岩、沉积岩和变质岩的结构和构造是如何描述的？
2.6 如何从岩石的生成条件、组成矿物以及岩石的结构构造等特征去鉴别和掌握岩浆岩、沉积岩和变质岩？
2.7 岩层相对年代的确定方法有哪些？
2.8 地质年代是怎样划分的？地质年代表的内容是什么？
2.9 土体是怎样形成的？它与土的区别是什么？

第3章 地质构造及其对工程的影响

地质构造是地壳运动的产物。由于地壳中存在有很大的应力,组成地壳的上部岩层,在地应力的长期作用下就会发生变形,形成构造变动的形迹,如在野外经常见到的岩层褶曲和断层等。我们把构造变动在岩层和岩体中遗留下来的各种构造形迹,称为地质构造。

地质构造的规模,有大有小。除上面所说的褶曲和断层外,大的如构造带,可以纵横数千公里,小的则如前边讲过的岩石的片理等。尽管规模大小不同,但它们都是地壳运动造成的永久变形和岩石发生相对位移的踪迹,因而它们在形成、发展和空间分布上,都存在有密切的内部联系。

在漫长的地质历史过程中,地壳经历了长期、多次复杂的构造运动。在同一区域,往往会有先后不同规模和不同类型的构造体系形成,它们互相干扰,互相穿插,使区域地质构造会显得十分复杂。但大型的复杂的地质构造,总是由一些较小的简单的基本构造形态按一定方式组合而成的。本章着重就一些简单的和典型的基本构造形态进行讨论。

§3.1 水平构造和单斜构造

未经构造变动的沉积岩层,其形成时的原始产状是水平的,先沉积的老岩层在下,后沉积的新岩层在上,称为水平构造。但是地壳在发展过程中,经历了长期复杂的运动过程,岩层的原始产状都发生了不同程度的变化。这里所说的水平构造,只是相对而言,就其分布来说,也只是局限于受地壳运动影响轻微的地区。

原来水平的岩层,在受到地壳运动的影响后,产状

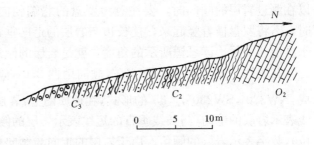

图 3-1 单斜构造(北京西山野溪南剖面)
O_2—中奥陶纪石灰岩;C_2—中石炭纪砂页岩;
C_3—上石炭纪砾岩

发生变动。其中最简单的一种形式,就是岩层向同一个方向倾斜,形成单斜构造(图3-1)。单斜构造往往是褶曲的一翼、断层的一盘或者是局部地层不均匀的上升或下降所引起。

3.1.1 岩层产状

岩层在空间的位置，称为岩层产状。倾斜岩层的产状，是用岩层层面的走向、倾向和倾角三个产状要素（图 3-2）来表示的。

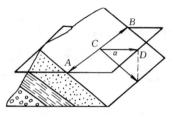

图 3-2 岩层产状要素
AB—走向；CD—倾向；α—倾角

走向 岩层层面与水平面交线的方位角，称为岩层的走向。岩层的走向表示岩层在空间延伸的方向。

倾向 垂直走向顺倾斜面向下引出一条直线，此直线在水平面的投影的方位角，称为岩层的倾向。岩层的倾向，表示岩层在空间的倾斜方向。

倾角 岩层层面与水平面所夹的锐角，称为岩层的倾角。岩层的倾角表示岩层在空间倾斜角度的大小。

可以看出，用岩层产状的三个要素，能表达经过构造变动后的构造形态在空间的位置。

3.1.2 岩层产状的测定及表示方法

岩层产状测量，是地质调查中的一项重要工作，在野外是用地质罗盘直接在岩层的层面上测量的。

测量走向时，使罗盘的长边紧贴层面，将罗盘放平，水准泡居中，读指北针所示的方位角，就是岩层的走向。测量倾向时，将罗盘的短边紧贴层面，水准泡居中，读指北针所示的方位角，就是岩层的倾向。因为岩层的倾向只有一个，所以在测量岩层的倾向时，要注意将罗盘的北端朝向岩层的倾斜方向。测量倾角时，需将罗盘横着竖起来，使长边与岩层的走向垂直，紧贴层面，等倾斜器上的水准泡居中后，读悬锤所示的角度，就是岩层的倾角。

在表达一组走向为北西 320°，倾向南西 230°，倾角 35°的岩层产状时，一般写成：NW320°，SW230°，∠35°的形式，在地质图上，岩层的产状用符号"35"表示，长线表示岩层的走向，与长线垂直的短线表示岩层的倾向（长短线所示的均为实测方位），数字表示岩层的倾角。由于岩层的走向与倾向相差90°，所以在野外测量岩层的产状时，往往只记录倾向和倾角。如上述岩层的产状，可记录为 SW230°∠35°的形式。如需知道岩层的走向时，只需将倾向加减 90°即可，后面将要讲到的褶曲的轴面、裂隙面和断层面等，其产状意义、测量方法和表达形式与岩层相同。

§3.2 褶 皱 构 造

组成地壳的岩层，受构造应力的强烈作用，使岩层形成一系列波状弯曲而未丧失其连续性的构造,称为褶皱构造。褶皱构造是岩层产生的塑性变形,是地壳表层广泛发育的基本构造之一。

3.2.1 褶曲

褶皱构造中的一个弯曲,称为褶曲。褶曲是褶皱构造的组成单位。每一个褶曲,都有核部、翼、轴面、轴及枢纽等几个组成部分,一般称为褶曲要素(图3-3)。

核部 褶曲的中心部分。通常把位于褶曲中央最内部的一个岩层称为褶曲的核。

翼 位于核部两侧,向不同方向倾斜的部分,称为褶曲的翼。

轴面 从褶曲顶平分两翼的面,称为褶曲的轴面。轴面在客观上并不存在,而是为了标定褶曲方位及产状而划定的一个假想面。褶曲的轴面可以是一个简单的平面,也可以是一个复杂的曲面。轴面可以是直立的、倾斜的或平卧的。

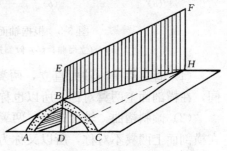

图 3-3 褶曲要素
ABC 所包围的内部岩层-核;
ABH、CBH—翼;DEFH—轴面;
DH—轴;BH—枢纽

轴 轴面与水平面的交线,称为褶曲的轴。轴的方位,表示褶曲的方位。轴的长度,表示褶曲延伸的规模。

枢纽 轴面与褶曲同一岩层层面的交线,称为褶曲的枢纽。褶曲的枢纽有水平的,有倾斜的,也有波状起伏的。枢纽可以反映褶曲在延伸方向产状的变化情况。

3.2.2 褶曲的类型

褶曲的基本形态是背斜和向斜(图3-4)。

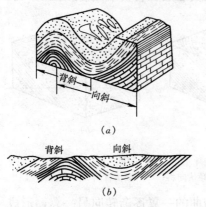

图 3-4 背斜与向斜
(a) 未剥蚀;(b) 经剥蚀

1. 背斜褶曲

是岩层向上拱起的弯曲。背斜褶曲的岩层,以褶曲轴为中心向两翼倾斜。当地面受到剥蚀而出露有不同地质年代的岩层时,较老的岩层出现在褶曲的轴部,从轴部向两翼,依次出现的是较新的岩层。

2. 向斜褶曲

是岩层向下凹的弯曲。在向斜褶曲中,岩层的倾向与背斜相反,两翼的岩层都向褶曲的轴部倾斜。如地面遭受剥蚀,在褶曲轴部出露的是较新的岩层,向两翼依次出露的是较老的岩层。

不论是背斜褶曲,还是向斜褶曲,如果按褶曲的轴面产状,可将褶曲分为如图 3-5 所示的几个形态类型:

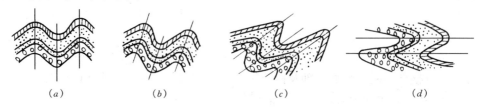

图 3-5 根据轴面产状划分的褶曲形态类型
(a) 直立褶曲;(b) 倾斜褶曲;(c) 倒转褶曲;(d) 平卧褶曲

(1) 直立褶曲 轴面直立,两翼向不同方向倾斜,两翼岩层的倾角基本相同,在横剖面上两翼对称,所以也称为对称褶曲。

(2) 倾斜褶曲 轴面倾斜,两翼向不同方向倾斜,但两翼岩层的倾角不等,在横剖面上两翼不对称,所以又称为不对称褶曲。

(3) 倒转褶曲 轴面倾斜程度更大,两翼岩层大致向同一方向倾斜,一翼层位正常,另一翼老岩层覆盖于新岩层之上,层位发生倒转。

(4) 平卧褶曲 轴面水平或近于水平,两翼岩层也近于水平,一翼层位正常,另一翼发生倒转。

在褶曲构造中,褶曲的轴面产状和两翼岩层的倾斜程度,常和岩层的受力性质及褶皱的强烈程度有关。在褶皱不太强烈和受力性质比较简单的地区,一般多形成两翼岩层倾角舒缓的直立褶曲或倾斜褶曲;在褶皱强烈和受力性质比较复杂的地区,一般两翼岩层的倾角较大,褶曲紧闭,并常形成倒转或平卧褶曲。

如按褶曲的枢纽产状,又可分为:

(1) 水平褶曲 褶曲的枢纽水平展布,两翼岩层平行延伸(图 3-6)。

(2) 倾伏褶曲 褶曲的枢纽向一端倾伏,两翼岩层在转折端闭合(图 3-7)。

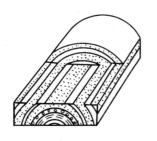

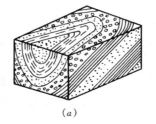

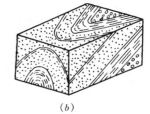

(a) (b)

图 3-6 水平褶曲

图 3-7 倾伏褶曲
(a) 倾伏向斜;(b) 倾伏背斜

当褶曲的枢纽倾伏时,在平面上会看到,褶曲的一翼逐渐转向另一翼,形成一条圆滑的曲线。在平面上,褶曲从一翼弯向另一翼的曲线部分,称为褶曲的转折端,在倾伏背斜的转折端,岩层向褶曲的外方倾斜(外倾转折)。在倾伏向斜的转折端，岩层向褶曲的内方倾斜（内倾转折）。在平面上倾伏褶曲的两翼岩层在转折端闭合，是区别于水平褶曲的一个显著标志。

褶曲构造延伸的规模，长的可以从几十千米到数百千米以上，但也有比较短的。按褶曲的长度和宽度的比例，长宽比大于10∶1，延伸的长度大而分布宽度小的，称为线形褶曲。褶曲向两端倾伏，长宽比介于10∶1～3∶1之间，成长圆形的，如是背斜，称为短背斜；如是向斜，称为短向斜。长宽比小于3∶1的圆形背斜称为穹隆；向斜称为构造盆地。两者均为构造形态，不能与地形上的隆起和盆地相混淆。

3.2.3 褶皱构造

褶皱是褶曲的组合形态，两个或两个以上褶曲构造的组合，称为褶皱构造。在褶皱比较强烈的地区，单个的褶曲比较少见，一般的情况都是线形的背斜与向斜相间排列，以大体一致的走向平行延伸，有规律的组合成不同形式的褶皱构造。图 3-8 所示的，就是一个舒缓开阔的褶皱构造的实际例子。如果褶皱剧烈，或在早期褶皱的基础上再经褶皱变动，就会形成更为复杂的褶皱构造。我国的一些著名山脉，如昆仑山、祁连山、秦岭等，都是这种复杂的褶皱构造山脉。

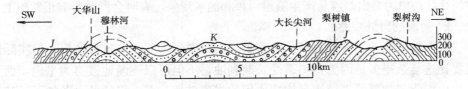

图 3-8 吉林穆林河至梨树沟地质剖面
J—侏罗纪煤系；K—白垩纪砾岩及砂岩

3.2.4 褶皱构造的工程地质评价和野外观察

1. 褶皱构造的工程地质评价

如果从路线所处的地质构造条件来看，也可能是一个大的褶皱构造，但从工程所遇到的具体构造问题来说，则往往是一个一个的褶曲或者是大型褶皱构造的一部分。局部构成了整体，整体与局部存在着密切的联系，通过整体能更好地了解局部构造相互间的关系及其空间分布的来龙去脉。有了这种观点，对于了解某些构造问题在路线通过地带的分布情况，进而研究地质构造复杂地区路线的合理布局，无疑是重要的。

不论是背斜褶曲还是向斜褶曲，在褶曲的翼部遇到的，基本上是单斜构造，也就是倾斜岩层的产状与路线或隧道轴线走向的关系问题。倾斜岩层对建筑物的地基，一般来说，没有特殊不良的影响，但对于深路堑、挖方高边坡及隧道工程等，则需要根据具体情况作具体的分析。

对于深路堑和高边坡来说，路线垂直岩层走向，或路线与岩层走向平行但岩层倾向与边坡倾向相反时，只就岩层产状与路线走向的关系而言，对路基边坡的稳定性是有利的；不利的情况是路线走向与岩层的走向平行，边坡与岩层的倾向一致，特别在云母片岩、绿泥石片岩、滑石片岩、千枚岩等松软岩石分布地区，坡面容易发生风化剥蚀，产生严重碎落坍塌，对路基边坡及路基排水系统会造成经常性的危害；最不利的情况是路线与岩层走向平行，岩层倾向与路基边坡一致，而边坡的坡角大于岩层的倾角，特别在石灰岩、砂岩与黏土质页岩互层，且有地下水作用时，如路堑开挖过深，边坡过陡，或者由于开挖使软弱构造面暴露，都容易引起斜坡岩层发生大规模的顺层滑动，破坏路基稳定。

对于隧道工程来说，从褶曲的翼部通过一般是比较有利的。如果中间有松软岩层或软弱构造面时，则在顺倾向一侧的洞壁，有时会出现明显的偏压现象，甚至会导致支撑破坏，发生局部坍塌。

在褶曲构造的轴部，从岩层的产状来说，是岩层倾向发生显著变化的地方，就构造作用对岩层整体性的影响来说，又是岩层受应力作用最集中的地方，所以在褶曲构造的轴部，不论公路、隧道或桥梁工程，容易遇到工程地质问题，主要是由于岩层破碎而产生的岩体稳定问题和向斜轴部地下水的问题。这些问题在隧道工程中往往显得更为突出，容易产生隧道塌顶和涌水现象，有时会严重影响正常施工。

2. 褶曲的野外观察

在一般情况下，人们容易认为背斜为山，向斜为谷。有这种情形，但实际情况要比这复杂得多。因为背斜遭受长期剥蚀，不但可以逐渐地被夷为平地，而且往往由于背斜轴部的岩层遭到构造作用的强烈破坏，在一定的外力条件下，甚至可以发展成为谷地，所以向斜山与背斜谷（图 3-9）的情况在野外也是比较常见的。因此，不能够完全以地形的起伏情况作为识别褶曲构造的主要标志。

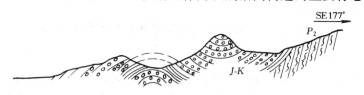

图 3-9　褶曲构造与地形

褶曲的规模，有比较小的，但也有很大的。小的褶曲，可以在小范围内，通过几个出露在地面的基岩露头进行观察。规模大的褶曲，一则分布的范围大，二则常受地形高低起伏的影响，既难一览无余，也不可能通过少数几个露头就能窥其全貌。对于这样的大型褶曲构造，在野外就需要采用穿越的方法和追索的方法进行观察。

穿越法，就是沿着选定的调查路线，垂直岩层走向进行观察。用穿越的方法，便于了解岩层的产状、层序及其新老关系。如果在路线通过地带的岩层呈有规律的重复出现，则必为褶曲构造。再根据岩层出露的层序及其新老关系，判断是背斜还是向斜。然后进一步分析两翼岩层的产状和两翼与轴面之间的关系，这样就可以判断褶曲的形态类型。

追索法，就是平行岩层走向进行观察的方法。平行岩层走向进行追索观察，便于查明褶曲延伸的方向及其构造变化的情况，当两翼岩层在平面上彼此平行展布时为水平褶曲，如果两翼岩层在转折端闭合或呈"S"形弯曲时，则为倾伏褶曲。

穿越法和追索法，不仅是野外观察褶曲的主要方法，同时也是野外观察和研究其他地质构造现象的一种基本的方法。在实践中一般以穿越法为主，追索法为辅，根据不同情况，穿插运用。

§3.3 断 裂 构 造

构成地壳的岩体，受力作用发生变形，当变形达到一定程度后，使岩体的连续性和完整性遭到破坏，产生各种大小不一的断裂，称为断裂构造。

断裂构造是地壳上层常见的地质构造，包括断层和裂隙等。

断裂构造的分布也很广，特别在一些断裂构造发育的地带，常成群分布，形成断裂带。

根据岩体断裂后两侧岩块相对位移的情况，断裂构造可分为裂隙和断层两类。

3.3.1 裂 隙

裂隙也称为节理。是存在于岩体中的裂缝，是岩体受力断裂后两侧岩块没有显著位移的小型断裂构造。

1. 裂隙的类型

自然界的岩体中几乎都有裂隙存在，按成因可以归纳为构造裂隙和非构造裂隙两类。

构造裂隙，是岩体受地应力作用随岩体变形而产生的裂隙。由于构造裂隙在成因上与相关构造（如褶曲、断层等）和应力作用的方向及性质有密切联系，所以它在空间分布上具有一定的规律性。按裂隙的力学性质，构造裂隙可分为下面两种：

（1）张性裂隙　在褶曲构造中，张性裂隙主要发育在背斜和向斜的轴部。裂隙张开较宽，断裂面粗糙一般很少有擦痕，裂隙间距较大且分布不匀，沿走向和倾向都延伸不远。

（2）扭（剪）性裂隙　一般多是平直闭合的裂隙，分布较密、走向稳定，延伸较深、较远，裂隙面光滑，常有擦痕。扭性裂隙常沿剪切面成群平行分布，形成扭裂带，将岩体切割成板状。有时两组裂隙在不同的方向同时出现，交叉成"X"形，将岩体切割成菱形块体。扭性裂隙常出现在褶曲的翼部和断层附近。

非构造裂隙是由成岩作用、外动力、重力等非构造因素形成的裂隙。如岩石在形成过程中产生的原生裂隙、风化裂隙，以及沿沟壁岸坡发育的卸荷裂隙等。其中具有普遍意义的是风化裂隙。风化裂隙主要发育在岩体靠近地面的部分，一般很少达到地面下 10~15m 的深度。裂隙分布零乱，没有规律性，使岩石多成碎块，沿裂隙面岩石的结构和矿物成分也有明显变化。

2. 裂隙的工程地质评价

岩体中的裂隙，在工程上除有利于开挖外，对岩体的强度和稳定性均有不利的影响。

岩体中存在裂隙，破坏了岩体的整体性，促进岩体风化速度，增强岩体的透水性，因而使岩体的强度和稳定性降低。当裂隙主要发育方向与路线走向平行，倾向与边坡一致时，不论岩体的产状如何，路堑边坡都容易发生崩塌等不稳定现象。在路基施工中，如果岩体存在裂隙，还会影响爆破作业的效果。所以，当裂隙有可能成为影响工程设计的重要因素时，应当对裂隙进行深入的调查研究，详细论证裂隙对岩体工程建筑条件的影响，采取相应措施，以保证建筑物的稳定和正常使用。

3. 裂隙调查、统计和表示方法

为了反映裂隙的分布规律及其对岩体稳定性的影响，需要进行野外调查和室内资料整理工作，并用统计图的形式把岩体裂隙的分布情况表示出来。调查裂隙时，应先在工点选择一具有代表性的基岩露头，对一定面积内的裂隙，按表 3-1 所列内容进行测量，同时要注意研究裂隙的成因和填充情况。测量裂隙产状的方法和测量岩层产状的方法相同。为测量方便起见，常用一硬纸片，当裂隙面出露不佳时，可将纸片插入裂隙，用测得的纸片产状，代替裂隙的产状。

裂隙野外测量记录表 表 3-1

编号	裂隙产状			长度	宽度	条数	填充情况	裂隙成因类型
	走向	倾向	倾角					
1	NW370°	NE37°	18°			22	裂隙面夹泥	扭性裂隙
2	NW332°	NE62°	10°			15	裂隙面夹泥	扭性裂隙
3	NE7°	NW277°	80°			2	裂隙面夹泥	张性裂隙
4	NE15°	NW285°	60°			4	裂隙面夹泥	张性裂隙

统计裂隙，有各种不同的图式。裂隙玫瑰图就是其中比较常用的一种。裂隙玫瑰图可以用裂隙走向编制，也可以用裂隙倾向编制。其编制方法如下：

(1) 裂隙走向玫瑰图　在一任意半径的半圆上，画上刻度网。把所测得的裂隙按走向以每 5°或每 10°分组，统计每一组内的裂隙数并算出其平均走向。自圆心沿半径引射线，射线的方位代表每组裂隙平均走向的方位，射线的长度代表每组裂隙的条数。然后用折线把射线的端点连接起来，即得裂隙走向玫瑰图 (图 3-10a)。

图中的每一个"玫瑰花瓣"，代表一组裂隙的走向，"花瓣"的长度，代表这

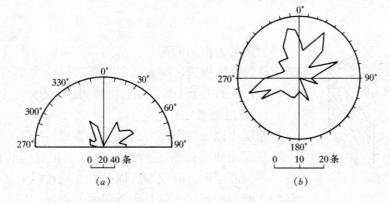

图 3-10 裂隙玫瑰图
(a) 裂隙走向玫瑰图；(b) 裂隙倾向玫瑰图

个方向上裂隙的条数，"花瓣"越长，反映沿这个方向分布的裂隙越多。从图上可以看出，比较发育的裂隙有：走向 330°、30°、60°、300°及走向东西的共五组。

（2）裂隙倾向玫瑰图　先将测得的裂隙，按倾向以每 5°或每 10°分组，统计每一组内裂隙的条数，并算出其平均倾向。用绘制走向玫瑰图的方法，在注有方位的圆周上，根据平均倾向和裂隙的条数，定出各组相应的点子。用折线将这些点子连接起来，即得裂隙倾向玫瑰图（图 3-10b）。

如果用平均倾角表示半径方向的长度，用同样方法可以编制裂隙倾角玫瑰图。同时也可看出，裂隙玫瑰图编制方法简单，但最大的缺点是不能在同一张图上把裂隙的走向、倾向和倾角同时表示出来。

裂隙的发育程度，在数量上有时用裂隙率表示。裂隙率是指岩石中裂隙的面积与岩石总面积的百分比。裂隙率越大，表示岩石中的裂隙越发育。反之，则表明裂隙不发育。公路工程地质常用的裂隙发育程度的分级，见表 3-2。

裂隙发育程度分级表　　　　　　　　　　表 3-2

发育程度等级	基 本 特 征	附　　注
裂隙不发育	裂隙 1～2 组，规则，构造型，间距在 1m 以上，多为密闭裂隙。岩体被切割成巨块状	对基础工程无影响，在不含水且无其他不良因素时，对岩体稳定性影响不大
裂隙较发育	裂隙 2～3 组，呈 X 型，较规则，以构造型为主，多数间距大于 0.4m，多为密闭裂隙，少有填充物。岩体被切割成大块状	对基础工程影响不大，对其他工程可能产生相当影响
裂隙发育	裂隙 3 组以上，不规则，以构造型或风化型为主，多数间距小于 0.4m，大部分为张开裂隙，部分有填充物。岩体被切割成小块状	对工程建筑物可能产生很大影响
裂隙很发育	裂隙 3 组以上，杂乱，以风化型和构造型为主，多数间距小于 0.2m，以张开裂隙为主，一般均有填充物。岩体被切割成碎石状	对工程建筑物产生严重影响

注：裂隙宽度：<1mm 的为密闭裂隙；1～3mm 的为微张裂隙；3～5mm 的为张开裂隙；>5mm 的为宽张裂隙。

3.3.2 断层

岩体受力作用断裂后，两侧岩块沿断裂面发生了显著位移的断裂构造，称为断层。断层规模大小不一，小的几米，大的上千千米，相对位移从几厘米到几十千米。

1. 断层要素

断层由以下几个部分组成（图3-11）：

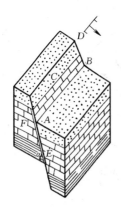

图 3-11 断层要素
AB—断层线；C—断层面；α—断层倾角；
E—上盘；F—下盘；
DB—总断距

断层面和破碎带　两侧岩块发生相对位移的断裂面，称为断层面。断层面可以是直立的，但大多数是倾斜的。断层的产状，就是用断层面的走向、倾向和倾角表示的。规模大的断层，经常不是沿着一个简单的面发生，而往往是沿着一个错动带发生，称为断层破碎带。其宽度从数厘米到数十米不等。断层的规模越大，破碎带也就越宽，越复杂。由于两侧岩块沿断层面发生错动，所以在断层面上常留有擦痕，在断层带中常形成糜棱岩，断层角砾和断层泥等。

断层线　断层面与地面的交线，称为断层线。断层线表示断层的延伸方向，其形状决定于断层面的形状和地面的起伏情况。

上盘和下盘　断层面两侧发生相对位移的岩块，称为断盘。当断层面倾斜时，位于断层面上部的称为上盘；位于断层面下部的称为下盘。当断层面直立时，常用断块所在的方位表示，如东盘、西盘等。如以断盘位移的相对关系为依据，则将相对上升的一盘称为上升盘，相对下降的一盘称为下降盘。上升盘和上盘，下降盘和下盘并不完全一致，上升盘可以是上盘，也可以是下盘。同样，下降盘可以是下盘，也可以是上盘，两者不能混淆。

断距　断层两盘沿断层面相对移动开的距离。

2. 断层的基本类型

断层的分类方法很多，所以有各种不同的类型。根据断层两盘相对位移的情况，可以分为下面三种。

（1）正断层（图 3-12a）　上盘沿断层面相对下降，下盘相对上升的断层。正断层一般是由于岩体受到水平张应力及重力作用，使上盘沿断层面向下错动而成。一般规模不大，断层线比较平直，断层面倾角较陡，常大于45°。

（2）逆断层（图 3-12b）　上盘沿断层面相对上升，下盘相对下降的断层。逆断层一般是由于岩体受到水平方向强烈挤压力的作用，使上盘沿断面向上错动而成。断层线的方向常和岩层走向或褶皱轴的方向近于一致，和压应力作用的方向垂直。断层面从陡倾角至缓倾角都有。其中断层面倾角大于45°的称为冲断层；介于25°～45°之间的称为逆掩断层（图3-12d）小于25°的称为辗掩断层。逆掩断层和辗掩断层常是规模很大的区域性断层。

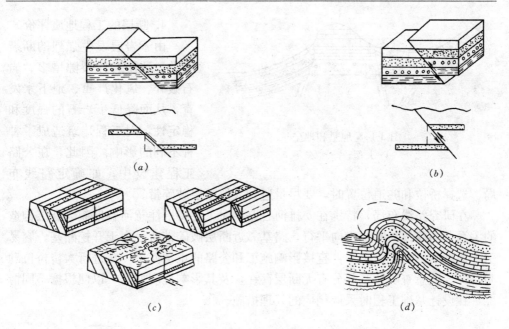

图 3-12 断层的类型
(a) 正断层；(b) 逆断层；(c) 平推断层；(d) 逆掩断层

(3)平推断层（图 3-12c） 由于岩体受水平扭应力作用,使两盘沿断层面发生相对水平位移的断层。平推断层的倾角很大,断层面近于直立,断层线比较平直。

上面介绍的,主要是一些受单向应力作用而产生的断裂变形,是断层构造的三个基本类型。由于岩体的受力性质和所处的边界条件十分复杂,所以实际情况还要复杂得多。

3. 断层的组合形式

断层的形成和分布,不是孤立的现象。它受着区域性或地区性地应力场的控制,并经常与相关构造相伴生,很少孤立出现。在各构造之间,总是依一定的力学性质,以一定的排列方式有规律地组合在一起,形成不同形式的断层带。断层带也叫断裂带,是局限于一定地带内的一系列走向大致平行的断层组合,如阶状断层（图 3-13）、地堑、地垒（图 3-14）和迭瓦式构造（图 3-15）等,就是分布比较广泛的几种断层的组合形式。

在地形上,地堑常形成狭长的凹陷地带,如我国山西的汾河河谷,陕西的渭河河谷等,都是有名的地堑构造。地垒多形成块状山地,如天山、阿尔泰山等,都广泛发育有地垒构造。

在断层分布密集的断层带内,岩层一般都受到强烈破坏,产状紊乱,岩层破碎,地下水多,沟谷斜坡崩塌、滑坡、泥石流等不良地质现象发育。

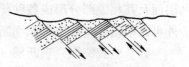

图 3-13 阶状断层

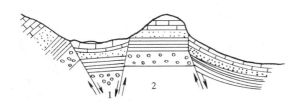

图 3-14 地堑和地垒
1—地堑；2—地垒

4. 断层的工程地质评价

由于岩层发生强烈的断裂变动，致使岩体裂隙增多、岩石破碎、风化严重、地下水发育，从而降低了岩石的强度和稳定性，对工程建筑造成了种种不利的影响。因此，在公路工程建设中，如确定路线布局、选择桥位和隧道位置时，要尽量避开大的断层破碎带。

在研究路线布局，特别在安排河谷路线时，要特别注意河谷地貌与断层构造的关系。当路线与断层走向平行，路基靠近断层破碎带时，由于开挖路基，容易引起边坡发生大规模坍塌，直接影响施工和公路的正常使用。在进行大桥桥位勘测时，要注意查明桥基部分有无断层存在，及其影响程度如何，以便根据不同情况，在设计基础工程时采取相应的处理措施。

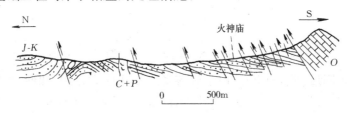

图 3-15 河北兴隆火神庙地区迭瓦式构造
O—奥陶纪石灰岩；C+P—石炭二叠纪砾岩、砂岩、页岩夹煤层；J-K—侏罗纪白垩纪火山岩

在断层发育地带修建隧道，是最不利的一种情况。由于岩层的整体性遭到破坏，加之地面水或地下水的侵入，其强度和稳定性都是很差的，容易产生洞顶坍落，影响施工安全。因此，当隧道轴线与断层走向平行时，应尽量避免与断层破碎带接触。隧道横穿断层时，虽然只有个别段落受断层影响，但因地质及水文地质条件不良，必须预先考虑措施，保证施工安全。特别当断层破碎带规模很大，或者穿越断层带时，会使施工十分困难，在确定隧道平面位置时，要尽量设法避开。

5. 断层的野外识别

从上述情况可以看出，断层的存在，在许多情况下对工程建筑是不利的。为了采取措施，防止其对工程建筑物的不良影响，首先必须识别断层的存在。

当岩层发生断裂并形成断层后，不仅会改变原有地层的分布规律，还常在断层面及其相关部分形成各种伴生构造，并形成与断层构造有关的地貌现象。在野外可以根据这些标志来识别断层。

（1）地貌特征　当断层（张性断裂或压性断裂）的断距较大时，上升盘的前缘可能形成陡峭的断层崖，如经剥蚀，则会形成断层三角面地形（图 3-16）；断

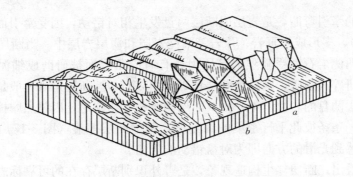

图 3-16 断层三角面形成示意图
a—断层崖剥蚀成冲沟；b—冲沟扩大，形成三角面；
c—继续侵蚀，三角面消失

层破碎带岩石破碎，易于侵蚀下切，可能形成沟谷或峡谷地形。此外，如山脊错断、错开，河谷跌水瀑布，河谷方向发生突然转折等，很可能都是断裂错动在地貌上的反映。在这些地方应特别注意观察，分析有无断层存在。

（2）地层特征　如岩层发生重复（图 3-17a）或缺失（图 3-17b），岩脉被错断（图 3-17c），或者岩层沿走向突然发生中断，与不同性质的岩层突然接触等地层方面的特征，则进一步说明断层存在的可能性很大。

（3）断层的伴生构造现象　断层的伴生构造是断层在发生、发展过程中遗留下来的形迹。常见的有岩层牵引弯曲、断层角砾、糜棱岩、断层泥和断层擦痕等。

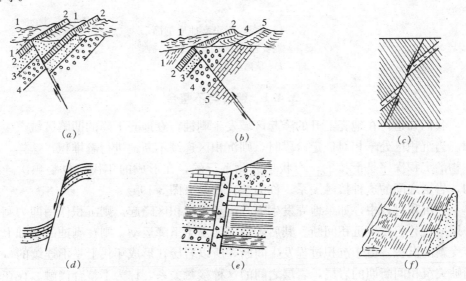

图 3-17 断层现象
(a) 岩层重复；(b) 岩层缺失；(c) 岩脉错断；(d) 岩层牵引弯曲；(e) 断层角砾；(f) 断层擦痕

岩层的牵引弯曲，是岩层因断层两盘发生相对错动，因受牵引而形成的弯曲（图 3-17d），多形成于页岩、片岩等柔性岩层和薄层岩层中。当断层发生相对位移时，其两侧岩石因受强烈的挤压力，有时沿断层面被研磨成细泥，称为断层泥；如被研碎成角砾，则称为断层角砾（图 3-17e）。断层角砾一般是胶结的，其成分与断层两盘的岩性基本一致。断层两盘相互错动时，因强烈摩擦而在断层面上产生的一条条彼此平行密集的细刻槽，称为断层擦痕（图 3-17f）。顺擦痕方向抚摸，感到光滑的方向即为对盘错动的方向。

可以看出，断层伴生构造现象，是野外识别断层存在的可靠标志。此外，如泉水、温泉呈线状出露的地方，也要注意观察，是否有断层存在。

§3.4 不 整 合

在野外，我们有时可以发现，形成年代不相连续的两套岩层重叠在一起的现象，这种构造形迹，称为不整合（图 3-18）。不整合不同于褶皱和断层，它是一种主要由地壳的升降运动产生的构造形态。

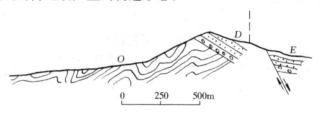

图 3-18 南岭五里亭地质剖面
O—奥陶纪泥板岩；D—泥盆纪砾岩、砂岩；
E—早第三纪红色砂岩

3.4.1 整合与不整合

我们知道，在地壳上升的隆起区域发生剥蚀，在地壳下降的凹陷区域产生沉积。当沉积区处于相对稳定阶段时，则沉积区连续不断地进行着堆积，这样，堆积物的沉积次序是衔接的，产状是彼此平行的，在形成的年代上也是顺次连续的，岩层之间的这种接触关系，称为整合接触（图 3-19a）。

在沉积过程中，如果地壳发生上升运动，沉积区隆起，则沉积作用即为剥蚀作用所代替，发生沉积间断。其后若地壳又发生下降运动，则在剥蚀的基础上又接受新的沉积。由于沉积过程发生间断，所以岩层在形成年代上是不连续的，中间缺失沉积间断期的岩层，岩层之间的这种接触关系，称为不整合接触。存在于接触面之间因沉积间断而产生的剥蚀面，称为不整合面。在不整合面上，有时可以发现砾石层或底砾岩等下部岩层遭受外力剥蚀的痕迹。

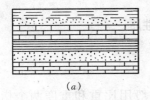 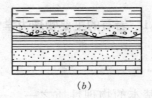 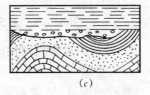

图 3-19 沉积岩的接触关系
(a) 整合；(b) 平行不整合；(c) 角度不整合

3.4.2 不整合的类型

不整合有各种不同的类型，但基本的有平行不整合和角度不整合两种。

1. 平行不整合（图 3-19b）

不整合面上下两套岩层之间的地质年代不连续，缺失沉积间断期的岩层，但彼此间的产状基本上是一致的，看起来貌似整合接触，所以又称为假整合。我国华北地区的石炭二迭纪地层，直接覆盖在中奥陶纪石灰岩之上，虽然两者的产状是彼此平行的，但中间缺失志留纪到泥盆纪的岩层，是一个规模巨大的平行不整合。

2. 角度不整合（图 3-19c）

角度不整合又称为斜交不整合，简称不整合。角度不整合不仅不整合面上下两套岩层间的地质年代不连续，而且两者的产状也不一致，下伏岩层与不整合面相交有一定的角度。这是由于不整合面下部的岩层，在接受新的沉积之前发生过褶皱变动的缘故。角度不整合是野外常见的一种不整合。在我国华北震旦亚界与前震旦亚界之间，岩层普遍存在有角度不整合现象，这说明在震旦亚代之前，华北地区的构造运动是比较频繁而强烈的。

3.4.3 不整合的工程地质评价

不整合接触中的不整合面，是下伏古地貌的剥蚀面，它一则常有比较大的起伏，同时常有风化层或底砾存在，层间结合差，地下水发育，当不整合面与斜坡倾向一致时，如开挖路基，经常会成为斜坡滑移的边界条件，对工程建筑不利。

§3.5 岩石与岩体的工程地质性质

岩石的工程地质性质，包括物理性质和力学性质两个主要方面。影响岩石工程性质的因素，主要受矿物成分、岩石的结构和构造以及风化作用等控制。岩体是工程影响范围内的地质体，它包含有岩石块、层理、裂隙和断层等。而对于岩体工程性质，主要决定于岩体内部裂隙系统的性质及其分布情况，当然岩石本身的性质亦起着重要的作用。下面主要介绍有关岩石与岩体工程地质的一些常用指标，供分析和评价岩石和岩体工程性质时参考。

3.5.1 岩石的主要物理力学性质

1. 岩石的主要物理性质

（1）重量

岩石的重量，是岩石最基本的物理性质之一。一般用比重和重度两个指标表示。

比重　岩石的比重，是岩石固体（不包括孔隙）部分单位体积的重量。在数值上，等于岩石固体颗粒的重量与同体积的水在4℃时重量的比。

岩石比重的大小，决定于组成岩石的矿物的比重及其在岩石中的相对含量。组成岩石的矿物的比重大、含量多，则岩石的比重就大。常见的岩石，其比重一般介于2.4～3.3之间。

重度（重力密度）　也称容重，是指岩石单位体积的重量，在数值上它等于岩石试件的总重量（包括孔隙中的水重）与其总体积（包括孔隙体积）之比。

岩石重度的大小，决定于岩石中矿物的比重，岩石的孔隙性及其含水情况。岩石孔隙中完全没有水存在时的重度，称为干重度。干重度的大小决定于岩石的孔隙性及矿物的比重。岩石中的孔隙全部被水充满时的重度，则称为岩石的饱和重度。

一般来讲，组成岩石的矿物如比重大，或岩石的孔隙性小，则岩石的重度就大。在相同条件下的同一种岩石，如重度大，说明岩石的结构致密、孔隙性小，因而岩石的强度和稳定性也比较高。

（2）孔隙性

岩石的孔隙性，反映岩石中各种孔隙（包括细微的裂隙）的发育程度，对岩石的强度和稳定性产生重要的影响。岩石的孔隙性用孔隙度表示。孔隙度在数值上等于岩石中各种孔隙的总体积与岩石总体积的比。用百分数表示。

岩石孔隙度的大小，主要决定于岩石的结构和构造，同时也受外力因素的影响。未受风化或构造作用的侵入岩和某些变质岩，其孔隙度一般是很小的，而砾岩、砂岩等一些沉积岩类的岩石，则经常具有较大的孔隙度。

（3）吸水性

岩石的吸水性，反映岩石在一定条件下的吸水能力，一般用吸水率表示。岩石的吸水率，是指岩石在通常大气压下的吸水能力。在数值上等于岩石的吸水重量与同体积干燥岩石重量的比，用百分数表示。

岩石的吸水率，与岩石孔隙度的大小、孔隙张开程度等因素有关。岩石的吸水率大，则水对岩石颗粒间结合物的浸湿、软化作用就强，岩石强度和稳定性受水作用的影响也就越显著。

（4）软化性

岩石受水作用后，强度和稳定性发生变化的性质，称为岩石的软化性。岩石的软化性主要决定于岩石的矿物成分、结构和构造特征。黏土矿物含量高、孔隙度大、吸水率高的岩石，与水作用容易软化而丧失其强度和稳定性。

岩石软化性的指标是软化系数。在数值上，它等于岩石在饱和状态下的极限抗压强度和在风干状态下极限抗压强度的比，用小数表示。其值越小，表示岩石在水作用下的强度和稳定性越差。未受风化作用的岩浆岩和某些变质岩，软化系数大都接近于1，是弱软化的岩石，其抗水、抗风化和抗冻性强；软化系数小于0.75的岩石，认为是软化性强的岩石，工程性质比较差。

(5) 抗冻性

岩石孔隙中有水存在时，水一结冰，体积膨胀，就产生巨大的压力。由于这种压力的作用，会促使岩石的强度降低和稳定性破坏。岩石抵抗这种压力作用的能力，称为岩石的抗冻性。在高寒冰冻地区，抗冻性是评价岩石工程性质的一个重要指标。

岩石的抗冻性，有不同的表示方法，一般用岩石在抗冻试验前后抗压强度的降低率表示。抗压强度降低率小于20%～25%的岩石，认为是抗冻的，大于25%的岩石，认为是非抗冻性的。

一些常见岩石的物理性质的主要指标，见表3-3。

常见岩石的主要物理性质 表3-3

岩石名称	比重	天然重度 kN/m³	天然重度 g/cm³	孔隙度（%）	吸水率（%）	软化系数
花岗岩	2.50～2.84	22.56～27.47	2.30～2.80	0.04～2.80	0.10～0.70	0.75～0.97
闪长岩	2.60～3.10	24.72～29.04	2.52～2.96	0.25 左右	0.30～0.38	0.60～0.84
辉长岩	2.70～3.20	25.02～29.23	2.55～2.98	0.28～1.13		0.44～0.90
辉绿岩	2.60～3.10	24.82～29.14	2.53～2.97	0.29～1.13	0.80～5.00	0.44～0.90
玄武岩	2.60～3.30	24.92～30.41	2.54～3.10	1.28 左右	0.30 左右	0.71～0.92
砂岩	2.50～2.75	21.58～26.49	2.20～2.70	1.60～28.30	0.20～7.00	0.44～0.97
页岩	2.57～2.77	22.56～25.70	2.30～2.62	0.40～10.00	0.51～1.44	0.24～0.55
泥灰岩	2.70～2.75	24.04～26.00	2.45～2.65	1.00～10.00		0.44～0.54
石灰岩	2.48～2.76	22.56～26.49	2.30～2.70	0.53～27.00	0.10～4.45	0.58～0.94
片麻岩	2.63～3.01	25.51～29.43	2.60～3.00	0.30～2.40	0.10～0.70	0.91～0.97
片岩	2.75～3.02	26.39～28.65	2.69～2.92	0.02～1.85	0.10～0.70	0.49～0.80
板岩	2.84～2.86	26.49～27.27	2.70～2.78	0.45 左右	0.10～0.30	0.52～0.82
大理岩	2.70～2.87	25.80～26.98	2.63～2.75	0.10～6.00	0.10～0.80	
石英岩	2.63～2.84	25.51～27.47	2.60～2.80	0.00～8.70	0.10～1.45	0.96

2. 岩石的主要力学性质

岩石在外力作用下，首先发生变形，当外力继续增加到某一数值后，就会产生破坏。所以在研究岩石的力学性质时，既要考虑岩石的变形特性，也要考虑岩石的强度特性。

(1) 岩石的变形

岩石受力作用后产生变形，在弹性变形范围内，岩石的变形性能一般用弹性模量和泊桑比两个指标表示。

弹性模量是应力和应变之比。国际制以"帕斯卡"为单位，用符号 Pa 表示（$1Pa=1N/m^2$）。岩石的弹性模量越大，变形越小，说明岩石抵抗变形的能力越高。岩石在轴向压力作用下，除产生纵向压缩外，还会产生横向膨胀。这种横向应变与纵向应变的比，称为岩石的泊桑比，用小数表示。泊桑比越大，表示岩石受力作用后的横向变形越大。岩石的泊桑比一般在 0.2～0.4 之间。

严格来讲，岩石并不是理想的弹性体，因而表达岩石变形特性的物理量也不是一个常数。通常所提供的弹性模量和泊松比的数值，只是在一定条件下的平均值。

(2) 岩石的强度

岩石抵抗外力破坏的能力，称为岩石的强度。岩石的强度单位用 Pa 表示。岩石的强度，和应变形式有很大关系。岩石受力作用破坏，有压碎、拉断和剪断等形式，所以其强度可分为抗压强度、抗拉强度和抗剪强度等。

抗压强度　是指岩石在单向压力作用下抵抗压碎破坏的能力。在数值上等于岩石受压达到破坏时的极限应力。岩石抗压强度的大小，直接和岩石的结构和构造有关，同时受矿物成分和岩石生成条件的影响，差别很大。一些岩石的极限抗压强度值，参见表3-4。

常见岩石的极限抗压强度　　　　表 3-4

岩石名称及主要特征	极限抗压强度	
	MPa	kg/cm²
胶结不良的砾岩，各种不坚固的页岩	<20	<200
中等坚硬的泥灰岩、凝灰岩、页岩，软而有裂缝的石灰岩	20～39	200～400
钙质砾岩，裂隙发育、风化强烈的泥质砂岩，坚固的泥灰岩、页岩	39～59	400～600
泥质灰岩，泥质砂岩，砂质页岩	59～79	600～800
强烈风化的软弱花岗岩、正长岩、片麻岩、致密的石灰岩	79～98	800～1000
白云岩，坚固的石灰岩、大理岩，钙质致密砂岩，坚固的砂质页岩	98～118	1000～1200
粗粒花岗岩、正长岩，非常坚固的白云岩，硅质坚固的砂岩	118～137	1200～1400
片麻岩，粗面岩，非常坚固的石灰岩，轻微风化的玄武岩、安山岩	137～157	1400～1600
中粒花岗岩、正长岩、辉绿岩，坚固的片麻岩、粗面岩	157～177	1600～1800
非常坚固的细粒花岗岩、花岗片麻岩、闪长岩，最坚固的石灰岩	177～196	1800～2000
玄武岩，安山岩，坚固的辉长岩、石英岩，最坚固的闪长岩、辉绿岩	196～245	2000～2500
非常坚固的辉长岩、辉绿岩、石英岩、玄武岩	>245	>2500

抗剪强度　是指岩石抵抗剪切破坏的能力。在数值上等于岩石受剪破坏时的极限剪应力。在一定压应力下岩石剪断时，剪断面上的最大剪应力，称为抗剪断强度。因坚硬岩石有牢固的结晶联结或胶结联结，所以岩石的抗剪断强度一般都比较高。抗剪强度是沿岩石裂隙面或软弱面等发生剪切滑动时的指标，其强度大

大低于抗剪断强度。

抗拉强度　抗拉强度，在数值上等于岩石单向拉伸时，拉断破坏时的最大张应力。岩石的抗拉强度远小于抗压强度。

抗压强度　是岩石力学性质中的一个重要指标。岩石的抗压强度最高，抗剪强度居中，抗拉强度最小。抗剪强度约为抗压强度的 10%～40%；抗拉强度仅是抗压强度的 2%～16%。岩石越坚硬，其值相差越大，软弱的岩石差别较小。岩石的抗剪强度和抗压强度，是评价岩石（岩体）稳定性的指标，是对岩石（岩体）的稳定性进行定量分析的依据。由于岩石的抗拉强度很小，所以当岩层受到挤压形成褶皱时，常在弯曲变形较大的部位受拉破坏，产生张性裂隙。

3. 影响岩石工程性质的因素

从岩石工程性质的介绍中可以看出，影响岩石工程性质的因素是多方面的，但归纳起来，主要的有两个方面：一是岩石的地质特征，如岩石的矿物成分、结构、构造及成因等；另一个是岩石形成后所受外部因素的影响，如水的作用及风化作用等。现就上述因素对岩石工程性质的影响，作一些说明。

(1) 矿物成分

岩石是由矿物组成的，岩石的矿物成分对岩石的物理力学性质产生直接的影响，这是容易理解的。例如辉长岩的比重比花岗岩大，这是因为辉长岩的主要矿物成分辉石和角闪石的比重比石英和正长石大的缘故。又比如石英岩的抗压强度比大理岩要高得多，这是因为石英的强度比方解石高的缘故。这说明，尽管岩类相同，结构和构造也相同，如果矿物成分不同，岩石的物理力学性质会有明显的差别。但也不能简单地认为，含有高强度矿物的岩石，其强度一定就高。因为当岩石受力作用后，内部应力是通过矿物颗粒的直接接触来传递的，如果强度较高的矿物在岩石中互不接触，则应力的传递必然会受到中间低强度矿物的影响，岩石不一定就能显示出高的强度。因此，只有在矿物分布均匀，高强度矿物在岩石的结构中形成牢固的骨架时，才能起到增高岩石强度的作用。

从工程要求来看，岩石的强度相对来说都是比较高的。所以在对岩石的工程性质进行分析和评价时，我们更应该注意那些可能降低岩石强度的因素。如花岗岩中的黑云母含量是否过高，石灰岩、砂岩中黏土类矿物的含量是否过高等。因为黑云母是硅酸盐类矿物中硬度低、解理最发育的矿物之一，它一则容易遭受风化而剥落，同时也易于发生次生变化，最后成为强度较低的铁的氧化物和黏土类矿物。石灰岩和砂岩当黏土类矿物的含量大于 20% 时，就会直接降低岩石的强度和稳定性。

(2) 结构

岩石的结构特征，是影响岩石物理力学性质的一个重要因素。根据岩石的结构特征，可将岩石分为两类：一类是结晶联结的岩石，如大部分的岩浆岩、变质岩和一部分沉积岩；另一类是由胶结物联结的岩石，如沉积岩中的碎屑岩等。

结晶联结是由岩浆或溶液中结晶或重结晶形成的。矿物的结晶颗粒靠直接接触产生的力牢固地固结在一起,结合力强,孔隙度小,结构致密、容重大、吸水率变化范围小,比胶结联结的岩石具有较高的强度和稳定性。但就结晶联结来说,结晶颗粒的大小则对岩石的强度有明显影响。如粗粒花岗岩的抗压强度,一般在118~137MPa之间,而细粒花岗岩有的则可达196~245MPa。又如大理岩的抗压强度一般在79~118MPa之间,而最坚固的石灰岩则可达196MPa左右,有的甚至可达255MPa。这充分说明,矿物成分和结构类型相同的岩石,矿物结晶颗粒的大小对强度的影响是显著的。

胶结联结是矿物碎屑由胶结物联结在一起的。胶结联结的岩石,其强度和稳定性主要决定于胶结物的成分和胶结的形式,同时也受碎屑成分的影响,变化很大。就胶结物的成分来说,硅质胶结的强度和稳定性高,泥质胶结的强度和稳定性低,钙质和铁质胶结的介于两者之间。如泥质砂岩的抗压强度,一般只有59~79MPa,钙质胶结的可达118MPa,而硅质胶结的则可达137MPa,高的甚至可达206MPa。

胶结联结的形式,有基底胶结、孔隙胶结和接触胶结三种(图3-20)。肉眼不易分辨,但对岩石的强度有重要影响。基底胶结的碎屑物质散布于胶结物中,碎屑颗粒互不接触。所以基底胶结的岩石孔隙度小,强度和稳定性完全取决于胶结物的成分。当胶结物和碎屑的性质相同时(如硅质),经重结晶作用可以转化为结晶联结,强度和稳定性将会随之增高。孔隙胶结的碎屑颗粒互相间直接接触,胶结物充填于碎屑间的孔隙中,所以其强度与碎屑和胶结物的成分都有关系。接触胶结则仅在碎屑的相互接触处有胶结物联结,所以接触胶结的岩石,一般孔隙度都比较大、容重小、吸水率高、强度低、易透水。如果胶结物为泥质,与水作用则容易软化而丧失岩石的强度和稳定性。

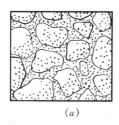 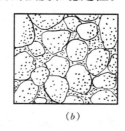 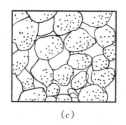

(a) (b) (c)

图3-20 胶结联结的三种形式
(a)基底胶结;(b)孔隙胶结;(c)接触胶结

(3)构造

构造对岩石物理力学性质的影响,主要是由矿物成分在岩石中分布的不均匀性和岩石结构的不连续性所决定的。前者如某些岩石所具的片状构造、板状构造、千枚状构造、片麻状构造以及流纹状构造等。岩石的这些构造,往往使矿物成分在岩石中的分布极不均匀。一些强度低、易风化的矿物,多沿一定方向富集,或成条带状分布,或者成为局部的聚集体,从而使岩石的物理力学性质在局部发生很大变化。观察和实验证明,岩石受力破坏和岩石遭受风化,首先都是从岩石的这些缺陷中开始发生的。另一种情况是,不同的矿物成分虽然在岩石中的分布是均匀的,但由于存在着层理、裂隙和各种成因的孔隙,致使岩石结构的连续性与整体性受到一定程度的影响,从而使岩石的强度和透水性在不同的方向上发生明显的差异。一般来说,垂直层面的抗压强度大于平行层面的抗压强度,平行层面的透水性大于垂直层面的透水性。假如上述两种情况同时存在,则岩石的强度和稳定性将会明显降低。

(4) 水

岩石被水饱和后会使岩石的强度降低,这已为大量的实验资料所证实。当岩石受到水的作用时,水就沿着岩石中可见和不可见的孔隙、裂隙浸入。浸湿岩石全部自由表面上的矿物颗粒,并继续沿着矿物颗粒间的接触面向深部浸入,削弱矿物颗粒间的联结,结果使岩石的强度受到影响。如石灰岩和砂岩被水饱和后其极限抗压强度会降低 $25\%\sim45\%$。就是像花岗岩、闪长岩及石英岩等一类的岩石,被水饱和后,其强度也均有一定程度的降低。降低程度在很大程度上取决于岩石的孔隙度。当其他条件相同时,孔隙度大的岩石,被水饱和后其强度降低的幅度也大。

和上述的几种影响因素比较起来,水对岩石强度的影响,在一定程度内是可逆的,当岩石干燥后其强度仍然可以得到恢复。但是如果发生干湿循环,化学溶解或使岩石的结构状态发生改变,则岩石强度的降低,就转化成为不可逆的过程了。

(5) 风化

风化,是在温度、水、气体及生物等综合因素影响下,改变岩石状态、性质的物理化学过程。它是自然界最普遍的一种地质现象。

风化作用促使岩石的原有裂隙进一步扩大,并产生新的风化裂隙,使岩石矿物颗粒间的联结松散和使矿物颗粒沿解理面崩解。风化作用的这种物理过程,能促使岩石的结构、构造和整体性遭到破坏,孔隙度增大,重度减小,吸水性和透水性显著增高,强度和稳定性将大为降低。随着化学过程的加强,则会引起岩石中的某些矿物发生次生变化,从根本上改变岩石原有的工程性质。

3.5.2 岩体的工程地质性质

岩石和岩体虽都是自然地质历史的产物,然而两者的概念是不同的,所谓岩体是指包括各种地质界面——如层面、层理、节理、断层、软弱夹层等结构面的单一或多种岩石构成的地质体,它被各种结构面所切割,由大小不同的、形状不一的岩块(即结构体)所组合而成。所以岩体是指某一地点一种或多种岩石中的各种结构面、结构体的总体。因此岩体不能以小型的完整单块岩石作为代表,例如,坚硬的岩层,其完整的单块岩石的强度较高,而当岩层被结构面切割成碎裂状块体时，构成的岩体之强度则较小，所以岩体中结构面的发育程度、性质、充填情况以及连通程度等，对岩体的工程地质特性有很大的影响。

作为工业与民用建筑地基、道路与桥梁地基、地下洞室围岩、水工建筑地基的岩体，作为道路工程边坡、港口岸坡、桥梁岸坡、库岸边坡的岩体等，都属于工程岩体。在工程施工过程中和在工程使用与运转过程中，这些岩体自身的稳定性和承受工程建筑运转过程传来的荷载作用下的稳定性，直接关系着施工期间和运转期间部分工程甚至整个工程的安全与稳定，关系着工程的成功与失败，故岩体稳定性分析与评价是工程建设中十分重要的问题。

影响岩体稳定性的主要影响因素有：区域稳定性、岩体结构特征、岩体变形特性与承载能力、地质构造及岩体风化程度等。

1. 岩体结构分析

（1）结构面

1) 结构面类型 存在于岩体中的各种地质界面（结构面）包括：各种破裂面（如劈理、节理、断层面、顺层裂隙或错动面、卸荷裂隙、风化裂隙等）、物质分异面（如层理、层面、沉积间断面、片理等）以及软弱夹层或软弱带、构造岩、泥化夹层、充填夹泥（层）等，所以"结构面"这一术语，具有广义的性质。不同成因的结构面，其形态与特征、力学特性等也往往不同。按地质成因，结构面可分为原生的、构造的、次生的三大类。

A. 原生结构面是成岩时形成的，分为沉积的、火成的和变质的三种类型。

沉积结构面如层面、层理、沉积间断面和沉积软弱夹层等。

一般的层面和层理结合是良好的，层面的抗剪强度并不低，但由于构造作用产生的顺层错动或风化作用会使其抗剪强度降低。

软弱夹层是指介于硬层之间强度低，又易遇水软化，厚度不大的夹层；风化之后称为泥化夹层，如泥岩、页岩、泥灰岩等。

火成结构面是岩浆岩形成过程中形成的，如原生节理（冷凝过程形成）、流纹面、与围岩的接触面、火山岩中的凝灰岩夹层等，其中的围岩破碎带或蚀变带、凝灰岩夹层等均属于火成软弱夹层。

变质结构面如片麻理、片理、板理都是变质作用过程中矿物定向排列形成的结构面，如片岩或板岩的片理或板理均易脱开。其中云母片岩、绿泥石片岩、滑石片岩等片理发育，易风化并形成软弱夹层。

B. 构造结构面 是在构造应力作用下，于岩体中形成的断裂面、错动面（带）、破碎带的统称。其中劈理、节理、断层面、层间错动面等属于破裂结构面。断层破碎带、层间错动破碎带均易软化、风化，其力学性质较差，属于构造软弱带。

C. 次生结构面 是在风化、卸荷、地下水等作用下形成的风化裂隙、破碎带、卸荷裂隙、泥化夹层、夹泥层等。风化带上部的风化裂隙发育，往深部渐减。

泥化夹层是某些软弱夹层（如泥岩、页岩、千枚岩、凝灰岩、绿泥石片岩、层间错动带等）在地下水作用下形成的可塑黏土，因其摩阻力甚低，工程上要给以很大的注意。

2）结构面的特征　结构面的规模、形态、连通性、充填物的性质，以及其密集程度均对结构面的物理力学性质有很大影响。

A. 结构面的规模　不同类型的结构面，其规模可很大，如延展数十千米，宽度达数十米的破碎带；规模可以较小，如延展数十厘米至数十米的节理，甚至是很微小的不连续裂隙，对工程的影响是不一样的，对具体工程要具体分析，有时小的结构面对岩体稳定也可起控制作用。

B. 结构面的形态　各种结构面的平整度、光滑度是不同的。有平直的（如层理、片理、劈理）、波状起伏的（如波痕的层面、揉曲片理、冷凝形成的舒缓结构面）、锯齿状或不规则的结构面。这些形态对抗剪强度有很大影响，平滑的与起伏粗糙的面相比，后者有较高的强度。

结构面的抗剪强度一般通过室内外试验测定其指标摩擦角（φ）及内聚力（c）值。

C. 结构面的密集程度　这是反映岩体完整的情况，通常以线密度（条/m）或结构面的间距表示。见表3-5。

节理发育程度分级　　　　表 3-5

分　　级	Ⅰ	Ⅱ	Ⅲ	Ⅳ
节理间距（m）	>2	0.5～2	0.1～0.5	<0.1
节理发育程度	不 发 育	较 发 育	发 育	极 发 育
岩体完整性	完　　整	块　　状	碎　　裂	破　　碎

D. 结构面的连通性　是指在某一定空间范围内的岩体中，结构面在走向、倾向方向的连通程度，如图3-21所示。

结构面的抗剪强度与连通程度有关，其剪切破坏的性质亦有区别；要了解地下岩体的连通性往往很困难，一般通过勘探平硐、岩芯、地面开挖面的统计做出判断。风化裂

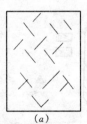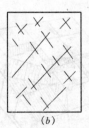

(a)　　　　(b)　　　　(c)

图 3-21　岩体内结构面连通性
(a) 非连通的；(b) 半连通的；(c) 连通的

隙有向深处趋于泯灭的情况，即到一定深度处风化裂隙有消失的趋向。

E. 结构面的张开度和充填情况　结构面的张开度是指结构面的两壁离开的距离，可分为4级：

闭合的：张开度小于0.2mm者；微张的：张开度在0.2～1.0mm者；

张开的：张开度在 1.0~5.0mm 者；宽张的：张开度大于 5.0mm 者。

闭合的结构面的力学性质取决于结构面两壁的岩石性质和结构面粗糙程度。微张的结构面，因其两壁岩石之间常常多处保持点接触，抗剪强度比张开的结构面大。张开的和宽张的结构面，抗剪强度则主要取决于充填物的成分和厚度：一般充填物为黏土时，强度要比充填物为砂质时的更低；而充填物为砂质者，强度又比充填物为砾质者更低。

（2）结构体的类型　由于各种成因的结构面的组合，在岩体中可形成大小、形状不同的结构体。

岩体中结构体的形状和大小是多种多样的，但根据其外形特征可大致归纳为：柱状、块状、板状、楔形、菱形和锥形等六种基本形态。如图 3-22 所示。

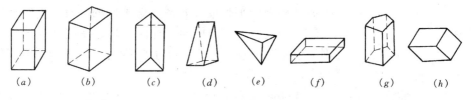

图 3-22　结构体的类型
(a) 方柱（块）体；(b) 菱形柱体；(c) 三棱柱体；(d) 楔形体；
(e) 锥形体；(f) 板状体；(g) 多角柱体；(h) 菱形块体

当岩体强烈变形破碎时，也可形成片状、碎块状、鳞片状等形式的结构体。

结构体的形状与岩层产状之间有一定的关系，例如：平缓产状的层状岩体中，一般由层面（或顺层裂隙）与平面上的"X"型断裂组合，常将岩体切割成方块体、三角形柱体等（如图 3-23），在陡立的岩层地区，由于层面（或顺层错动面）、断层与剖面的上"X"型断裂组合，往往形成块体、锥形体和各种柱体（如图 3-24）。

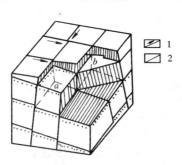
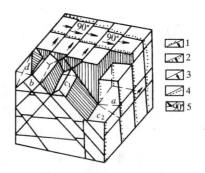

图 3-23　平缓岩层中结构
体的形式
1—扭性断裂；2—层面
a—方块体；b—三角形柱状

图 3-24　陡立岩层中结构体的形式
1、2、3、4、5—分别为压、张、扭性断裂、层面、结构面产状。a—方柱（块）体；b—菱形柱体；c_1、c_2—三棱柱体；d—锥形体

结构体的大小，可采用 A.Palmstram 建议的体积裂隙数 J_v 来表示，其定义

是：岩体单位体积通过的总裂隙数（裂隙数/m³），表达式为：

$$J_v = \frac{1}{S_1} + \frac{1}{S_2} + \cdots\cdots \frac{1}{S_n} = \sum_{i=1}^{n} \frac{1}{S_i}$$

式中　S_i——岩体内第 i 组结构面的间距；

$\frac{1}{S_i}$——该组结构面的裂隙数（裂隙数/m）。

根据 J_v 值大小可将结构体的块度进行分类（表3-6）。

结构体块度（大小）分类　　　　　　　　　　　表 3-6

块度描述	巨型块体	大型块体	中型块体	小型块体	碎块体
体积裂隙数 J_v（裂隙数/m³）	<1	1～3	3～10	10～30	>30

（3）岩体结构特征

1）岩体结构概念与结构类型　　岩体结构是指岩体中结构面与结构体的组合方式。形成多种多样的岩体结构类型。具有不同的工程地质特性（承载能力、变形、抗风化能力、渗透性等）。

岩体结构的基本类型可分为整体块状结构、层状结构、碎裂结构和散体结构，它们的地质背景、结构面特征和结构体特征等列于表3-7中。

岩体结构的基本类型　　　　　　　　　　　表 3-7

结构类型		地质背景	结构面特征	结构体特征	
类	亚类			形态	强度（MPa）
整体块状结构	整体结构	岩性单一，构造变形轻微的巨厚层岩层及火成岩体，节理稀少	结构面少，1～3组，延展性差，多呈闭合状，一般无充填物，$\tan\varphi \geq 0.6$	巨型块体	>60
	块状结构	岩性单一，构造变形轻微～中等的厚层岩层及火成岩体，节理一般发育，较稀疏	结构面2～3组，延展性差，多闭合状，一般无充填物，层面有一定结合力，$\tan\varphi = 0.4\sim 0.6$	大型的方块体、菱块体、柱体	一般>60

续表

结构类型		地质背景	结构面特征	结构体特征	
类	亚类			形态	强度（MPa）
层状结构	层状结构	构造变形轻微～中等的中厚层状岩体（单层厚>30cm），节理中等发育，不密集	结构面2～3组，延展性较好，以层面、层理、节理为主，有时有层间错动面和软弱夹层，层面结合力不强，$\tan\varphi = 0.3\sim0.5$	中～大型层块体、柱体、菱柱体	>30
层状结构	薄层（板）状结构	构造变形中等～强烈的薄层状岩体（单层厚<30cm），节理中等发育，不密集	结构面2～3组，延展性较好，以层面、节理、层理为主，不时有层间错动面和软弱夹层，结构面一般含泥膜，结合力差，$\tan\varphi\approx0.3$	中～大型的板状体、板楔体	一般10～30
碎裂结构	镶嵌结构	脆硬岩体形成的压碎岩，节理发育，较密集	结构面>2～3组，以节理为主，组数多，较密集，延展性较差，闭合状，无～少量充填物，结构面结合力不强，$\tan\varphi=0.4\sim0.6$	形态大小不一，棱角显著，以小～中型块体为主	>60
碎裂结构	层状破裂结构	软硬相间的岩层组合，节理、劈理发育，较密集	节理、层间错动面、劈理带软弱夹层均发育，结构面组数多较密集～密集，多含泥膜、充填物，$\tan\varphi=0.2\sim0.4$，骨架硬岩层，$\tan\varphi=0.4$	形态大小不一，形态以小～中型的板柱体、板楔体、碎块体为主	骨架硬结构体≥30
碎裂结构	碎裂结构	岩性复杂，构造变动强烈，破碎遭受弱风化作用，节理裂隙发育、密集	各类结构面均发育，组数多，彼此交切，多含泥质充填物，结构面形态光滑度不一，$\tan\varphi=0.2\sim0.4$	形状大小不一，以小型块体、碎块体为主	含微裂隙<30
散体结构	松散结构	岩体破碎，遭受强烈风化，裂隙极发育，紊乱密集	以风化裂隙、夹泥节理为主，密集无序状交错，结构面强烈风化、夹泥、强度低	以块度不均的小碎块体、岩屑及夹泥为主	碎块体，手捏即碎
散体结构	松软结构	岩体强烈破碎，全风化状态	结构面已完全模糊不清	以泥、泥团、岩粉、岩屑为主，岩粉、岩屑呈泥包块状态	"岩体"已呈土状，如土松软

2）风化岩体结构特征 工程利用岩面的确定与岩体的风化深度有关，往地下深处岩体渐变至新鲜岩石，但各种工程对地基的要求是不一样的，因而可以根据其要求选择适当风化程度的岩层，以减少开挖的工程量。

2. 岩体的工程地质性质

岩体的工程地质性质首先取决于岩体结构类型与特征，其次才是组成岩体的岩石的性质（或结构体本身的性质）。譬如，散体结构的花岗岩岩体的工程地质性质往往要比层状结构的页岩岩体的工程地质性质要差。因此，在分析岩体的工程地质性质时，必须首先分析岩体的结构特征及其相应的工程地质性质，其次再分析组成岩体的岩石的工程地质性质，有条件时配合必要的室内和现场岩体（或岩块）的物理力学性质试验，加以综合分析，才能确切地把握和认识岩体的工程地质性质。

不同结构类型岩体的工程地质性质：

1）整体块状结构岩体的工程地质性质 整体块状结构岩体因结构面稀疏、延展性差、结构体块度大且常为硬质岩石，故整体强度高、变形特征接近于各向同性的均质弹性体，变形模量、承载能力与抗滑能力均较高，抗风化能力一般也较强，所以这类岩体具有良好的工程地质性质，往往是较理想的各类工程建筑地基、边坡岩体及洞室围岩。

2）层状结构岩体的工程地质性质 层状结构岩体中结构面以层面与不密集的节理为主，结构面多闭合～微张状、一般风化微弱、结合力一般不强，结构体块度较大且保持着母岩岩块性质，故这类岩体总体变形模量和承载能力均较高。作为工程建筑地基时，其变形模量和承载能力一般均能满足要求。但当结构面结合力不强，有时又有层间错动面或软弱夹层存在，则其强度和变形特性均具各向异性特点，一般沿层面方向的抗剪强度明显的比垂直层面方向的更低，特别是当有软弱结构面存在时，更为明显。这类岩体作为边坡岩体时，一般地说，当结构面倾向坡外时要比倾向坡里时的工程地质性质差得多。

3）碎裂结构岩体的工程地质性质 碎裂结构岩体中节理、裂隙发育、常有泥质充填物质，结合力不强，其中层状岩体常有平行层面的软弱结构面发育，结构体块度不大，岩体完整性破坏较大。其中镶嵌结构岩体因其结构体为硬质岩石，尚具较高的变形模量和承载能力，工程地质性能尚好；而层状碎裂结构和碎裂结构岩体则变形模量、承载能力均不高，工程地质性质较差。

4）散体结构岩体的工程地质性质 散体结构岩体节理、裂隙很发育，岩体十分破碎，岩石手捏即碎，属于碎石土类，可按碎石土类研究。

思 考 题

3.1 什么叫岩层的产状？它的表达方法是什么？
3.2 褶曲的组成要素是什么？
3.3 背斜和向斜各有什么特点？
3.4 褶曲有哪些分类？
3.5 裂隙的类型及特点是什么？

3.6 裂隙的走向、倾向玫瑰图是如何绘制的?
3.7 什么叫断层?其类型有哪些?
3.8 在野外断层识别中,有哪些标志性地貌特征?
3.9 什么叫整合接触和不整合接触?不整合接触有哪些类型?
3.10 岩石有哪些物理力学性质?影响其工程性质的因素有哪些?
3.11 如何分析和评价岩体结构的各种基本类型?

第4章 土的工程性质与分类

土是连续、坚固的岩石在风化作用下形成的大小悬殊的颗粒，在原地残留或经过不同的搬运方式，在各种自然环境中形成的堆积物。由于土的形成年代和自然条件的不同，使各种土的工程性质有很大差异。

土的物质成分包括作为土骨架的固体矿物颗粒、孔隙中的水及其溶解物质以及气体。因此，土是由颗粒（固相）、水溶液（液相）和气（气相）所组成的三相体系。各种土的颗粒大小和矿物成分差别很大，土的三相间的数量比例也不尽相同，而且土粒与其孔隙水溶液及环境水之间又有复杂的物理化学作用。所以，要研究土的工程性质就必须了解土的三相组成性质、比例、环境条件以及在天然状态下土的结构和构造等总体特征。

土的三相组成物质的性质、相对含量以及土的结构、构造等与其形成年代和成因有关的各种因素，必然在土的轻重、疏密、干湿、软硬等一系列物理性质和状态上有不同的反映。土的物理性质和状态又在很大程度上决定了它的力学性质。

在处理各类岩土工程问题和进行土力学计算时，不但要知道土的物理力学性质及其变化规律，从而了解各类土的工程特性，而且还要熟悉表征土的物理力学性质的各种指标的概念、测定方法及其相互换算关系，并掌握土的工程分类原则和标准。

§4.1 土的组成与结构、构造

在土的三相组成物质中，固体颗粒（以下简称土粒）是土的最主要的物质成分。土粒构成土的骨架主体，也是最稳定、变化最小的成分。三相之间相互作用中，土粒一般也居于主导地位，例如不同大小土粒与水相互作用，使水呈不同类型等等。从本质而言，土的工程性质主要取决于组成土的土粒的大小和矿物类型，即土的粒度成分和矿物成分。所以，各种类型土的划分，首先是根据组成土的土粒成分。而土的结构特征，也是通过土粒大小、形状、排列方式及相互连结关系反映出来的。

4.1.1 土的粒度成分

土的粒度成分是决定土的工程性质的主要内在因素之一，因而也是土的类别划分的主要依据。

1. 粒组划分、组成与土的工程性质关系

土是由各种大小不同的颗粒组成的。颗粒大小以直径（单位为 mm）计，称为粒径（或粒度）。界于一定粒径范围的土粒，称为粒组；而土中不同粒组颗粒的相对含量，称为土的粒度成分（或称颗粒级配），它以各粒组颗粒的重量占该土颗粒的总重量的百分数来表示。

土的粒径由大到小逐渐变化时，土的工程性质也相应地发生变化。因此，在工程上粒组的划分在于使同一粒组土粒的工程性质相近，而与相邻粒组土粒的性质有明显差别。目前土的粒组划分标准并不完全一致，一般采用的粒组划分及各粒组土粒的性质特征如表4-1。表中根据界限粒径：200、20、2、0.075 和 0.005mm 把土粒分为六大粒组：漂石（块石）颗粒、卵石（碎石）颗粒、圆砾（角砾）颗粒、砂粒、粉粒及黏粒。

土 粒 粒 组 的 划 分　　　　　　　　　　表 4-1

粒 组 名 称		粒径范围（mm）	一 般 特 征
漂石或块石颗粒		>200	透水性很大；无黏性；无毛细作用
卵石或碎石颗粒		200～20	
圆砾或角砾颗粒	粗	20～10	透水性大；无黏性；毛细水上升高度不超过粒径大小
	中	10～5	
	细	5～2	
砂 粒	粗	2～0.5	易透水；无黏性，无塑性，干燥时松散；毛细水上升高度不大（一般小于1m）
	中	0.5～0.25	
	细	0.25～0.1	
	极细	0.1～0.075	
粉 粒	粗	0.075～0.01	透水性较弱；湿时稍有黏性（毛细力连结），干燥时松散，饱和时易流动；无塑性和遇水膨胀性；毛细水上升高度大；湿土振动之有水析现象（液化）
	细	0.01～0.005	
黏 粒		<0.005	几乎不透水；湿时有黏性、可塑性，遇水膨胀大，干时收缩显著；毛细水上升高度大，但速度缓慢

注：1. 漂石、卵石和圆砾颗粒呈一定的磨圆形状（圆形或亚圆形）；块石、碎石和角砾颗粒带有棱角。
　　2. 粉粒的粒径上限也有采用 0.074mm、0.05mm 或 0.06mm 的。
　　　黏粒的粒径上限也有采用 0.002mm 的。

表 4-1 所述各粒组特征的规律是：颗粒愈细小，与水的作用愈强烈。所以，毛细作用由无到毛细上升高度逐渐增大；透水性由大到小，甚至不透水；逐渐由无黏性、无塑性到具有愈大的黏性和塑性以及吸水膨胀性等一系列特殊性质（结合水发育的结果）；在力学性质上，强度逐渐变小，受外力时，愈易变形。

各类土都是这几个粒组颗粒的组合。土的工程性质与土中哪一粒组含量占优势有关，例如，土中含大量砂粒时，则透水性大，黏性和塑性弱；相反，土中含多量黏粒时，则透水性小，有显著的黏性、塑性及膨胀性等。

2. 粒度成分对土工程性质影响的实质

上述随着土的组成颗粒愈细小，与水之间作用愈强烈，以致对土的物理力学性质愈具有重要影响问题，其原因实质是：

1) 组成土的颗粒大小不同，土的比表面不同，则土粒与水（或气）作用的表面能大小不同。因此，不同大小颗粒与水（或气）相互作用的程度，以至含水的种类、性质和数量不同。

2) 其根本原因还在于天然土中不同大小颗粒的组成矿物类型不同，直接影响土的工程特性。

例如粗大颗粒（卵石、砾石及砂粒等）主要由坚硬的、物理力学性质及化学性质比较稳定的原生矿物或岩石碎屑组成。故其组成土的强度参数内摩擦角值远大于细小颗粒的（如黏粒含量很多的）、主要由次生矿物组成的土，并且因此含水多少对粗颗粒土的工程性质影响不大。

3. 粒度分析及其成果表示

土的粒度成分是通过土的粒度分析（亦称颗粒分析）试验测定的。对于粒径大于 0.075mm 的粗粒土，可用筛分法测定。试验时将风干、分散的代表性土样通过一套孔径不同的标准筛（例如：20、2、0.5、0.25、0.1、0.075mm），称出留在各个筛子上的土的重量，即可求得各个粒组的相对含量。粒径小于 0.075mm 的粉粒和黏粒难以筛分，一般可以根据土粒在水中匀速下沉时的速度与粒径的理论关系，用比重计法或移液管法（见土工试验有关书籍）测得颗粒级配。

根据颗粒分析试验成果，可以绘制如图 4-1 所示的颗粒级配累积曲线。其横坐标表示粒径。因为土粒粒径相差常在百倍、千倍以上，所以宜采用对数坐标表示。纵坐标则表示小于（或大于）某粒径的土的含量（或称累计百分含量）。由曲线的坡度可以大致判断土的均匀程度。如曲线较陡，则表示粒径大小相差不多，土粒较均匀；反之，曲线平缓，则表示粒径大小相差悬殊，土粒不均匀，即级配良好。

小于某粒径的土粒重量累计百分数为 10% 时，相应的粒径称为有效粒径 d_{10}。当小于某粒径的土粒重量累计百分数为 60% 时，该粒径称为限定粒径 d_{60}。d_{60} 与 d_{10} 之比值反映颗粒级配的不均匀程度，所以称为不均匀系数 C_u：

$$C_u = \frac{d_{60}}{d_{10}} \tag{4-1}$$

C_u 愈大，土粒愈不均匀（颗粒级配累积曲线愈平缓），作为填方工程的土料时，则比较容易获得较小的孔隙比（较大的密实度）。工程上把 $C_u<5$ 的土看作是均匀的；$C_u>10$ 的土则是不均匀的，即级配良好的。

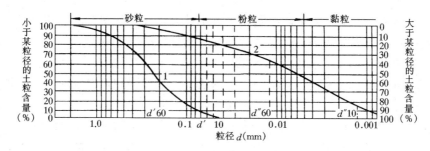

图 4-1 颗粒级配累积曲线

d_{10}之所以被称为有效粒径,是因为它是土中有代表性的粒径,对分析评定土的某些工程性质有一定意义,例如碎石土、砂土等粗粒土的透水性与由有效粒径土粒构成的均匀土的透水性大致相同,因而可由d_{10}估算土的渗透系数及预测机械潜蚀的可能性等。

除不均匀系数(C_u)外,还可用曲率系数(C_c)来说明累积曲线的弯曲情况,从而分析评述土粒度成分的组合特征:

$$C_c = \frac{d_{30}^2}{d_{10} \cdot d_{60}} \tag{4-2}$$

式中d_{10},d_{60}的意义同上,d_{30}为相应累积含量为30%的粒径值。

C_c值在1~3之间的土级配较好。C_c值小于1或大于3的土,累积曲线都明显弯曲(凹面朝下或朝上)而呈阶梯状,粒度成分不连续,主要由大颗粒和小颗粒组成,缺少中间颗粒。

4.1.2 土的矿物成分

根据组成土的固体颗粒的矿物成分的性质及其对土的工程性质影响不同,分为以下四大类别:

(1) 原生矿物;
(2) 不溶于水的次生矿物(以黏土矿物和硅、铝氧化物为主);
(3) 可溶盐类及易分解的矿物;
(4) 有机质。

在土质学中常将后三种次生矿物称为不稳定矿物。对土的工程性质有剧烈影响的黏土颗粒(黏粒),就主要是由这些次生矿物组成的。如上所述,黏粒之所以对土的工程性质有其特殊的影响作用,除本身颗粒细小、表面能很大的原因外,更重要的原因在于黏粒主要是由这些不稳定的特殊矿物组成的。

1. 原生矿物

组成土的原生矿物主要有石英、长石、角闪石、云母等。这些矿物是组成卵石、砾石、砂粒和粉粒的主要成分。它们的特点是颗粒粗大,物理、化学性质一般比较稳定,所以它们对土的工程性质影响比其他几种矿物要小得多。它们对土的工程性质影响的相互差异，主要在于其颗粒形状、坚硬程度和抗风化稳定性等因素。例如，对于分别由石英和云母类组成的土，这两种土的粒度成分和密实度相同，但由于这两种矿物的颗粒形状和坚硬程度不同（当然化学稳定性也不同），则主要由石英颗粒组成的土的抗剪强度必然远大于主要由云母组成（或含云母较多）的土。

2. 不溶于水的次生矿物

组成土的这类矿物主要有：

1）黏土矿物——为含水铝硅酸盐，主要有高岭石、伊利石、水云母及蒙脱石等三个基本类别；

2）次生 SiO_2（胶态、准胶态 SiO_2）；

3）倍半氧化物（Al_2O_3 和 Fe_2O_3 等）。

它们是组成黏粒的主要成分。

这类矿物的最主要特点是呈高度分散状态——胶态或准胶态。因此，决定了它们具有很高的表面能、亲水性及一系列特殊的性质。所以，只要这类矿物在土中有少量存在，就往往引起土的工程性质的显著改变，如产生大的塑性、强度剧烈降低等等。

但是，这类矿物的不同矿物种类之间，对土的工程性质影响也有差异。仅以黏土矿物的各类别而言，影响也明显不同。其原因本质上在于它们具有不同的化学成分和结晶格架构造。按近代用 X—射线衍射法、电子显微镜法、差热分析及电子探针法等对黏土矿物的研究，已查明黏土矿物的晶格结构主要由两种基本结构单元组成，即由硅氧四面体和铝氢氧八面体组成，它们各自联结排列成硅氧四面体层和铝氢氧八面体层的层状结构，如图 4-2 所示。而上述四面体层与八面体层之间的不同组合结果，即形成不同性质的黏土矿物类别。

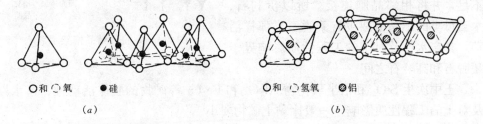

图 4-2 黏土矿物晶格的两种基本结构单元和结构层
(a) 硅氧四面体及其四面体层；(b) 铝氢氧八面体及其八面体层

(1) 高岭石类

高岭石类的结晶格架的每个晶胞是分别由一个铝氢氧八面体层和硅氧四面体层组成，即为 1∶1 型（或称二层型）结构单位层，如图 4-3 所示。其两个相邻晶胞之间以 O^{2-} 和 $(OH)^-$ 不同的原子层相接，则除温德华键外，具有很强的氢

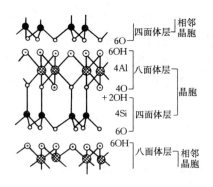

图 4-3 高岭石结晶格架示意

键连结作用，使各晶胞间紧密连接，因而使高岭石类黏土矿物具有较稳固的结晶格架，水较难进入其结架内，所以水与这种矿物之间的作用比较弱。当然，在其晶格的断口，或由于离子同型置换，会有游离价的原子吸引部分水分子，而形成较薄水化膜，因而主要由这类矿物组成的黏性土的膨胀性和压缩性等均较小。

(2) 蒙脱石类

蒙脱石类矿物的结晶格架与高岭石类不同，它的晶胞是由两个硅氧四面体层夹一个铝氢氧八面体层组成，为 2∶1 型（或称三层型）结构单位层，如图 4-4 所示。则其相邻晶胞之间以相同的原子 O^{2-} 相接，只有分子键连结，且具有电性相斥作用。因此，其各晶胞之间的连接不仅极弱，且不稳固，晶胞间易于移动。水分子很容易在晶胞之间浸入（楔入），吸水时晶胞间距变宽，晶格膨胀；失水时晶格收缩。所以蒙脱石类黏土矿物与水作用很强烈，在土粒外围形成很厚的水化膜，当土中蒙脱石含量较多时，土的膨胀性和压缩性等将都很大，强度则剧烈变小。

(3) 伊利石、水云母类

伊利石、水云母类的晶胞与蒙脱石同属于 2∶1 型结构单位层，不同的是其硅氧四面体中的部分 Si^{4+} 离子常被 Al^{3+}、Fe^{3+} 所置换，因而在相邻晶胞间将出现若干一价正离子 K^+ 以补偿晶胞中正电荷的不足，并将相邻晶胞连接。所以伊利石、水云母类的结晶格架没有蒙脱石类那样活动，其亲水性及对土的工程性质影响界于蒙脱石和高岭石之间。

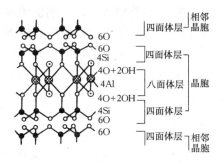

图 4-4 蒙脱石结晶格架示意

土中次生 SiO_2 和倍半氧化物 Al_2O_3 和 Fe_2O_3 等矿物的胶体活动性、亲水性及对土的工程性质影响，一般比黏土矿物要小。

3. 可溶盐类及易分解的矿物

土中常见的可溶盐类，按其被水溶解的难易程度可分为：

(1) 易溶盐——主要有 NaCl，$CaCl_2$，$Na_2SO_4 \cdot 10H_2O$（芒硝），$Na_2CO_3 \cdot 10H_2O$（苏打）等；

(2) 中溶盐——主要为 $CaSO_4 \cdot 2H_2O$（石膏）和 $MgSO_4$ 等；

(3) 难溶盐——主要为 $CaCO_3$ 和 $MgCO_3$ 等。

这些盐类常以夹层、透镜体、网脉、结核或呈分散的颗粒、薄膜或粒间胶结物含于土层中。其中易溶盐类极易被大气降水或地下水溶滤出去,所以分布范围较窄,但在干旱气候区和地下水排泄不良地区,它是地表上层土中的典型产物,即形成所谓盐碱土和盐渍土。

可溶盐类对土的工程性质影响的实质,在于含盐土浸水后盐类被溶解后,使土的粒间连结削弱,甚至消失,并同时增大土的孔隙性,从而降低土体的强度和稳定性,增大其压缩性。其影响程度,取决于以下三个方面:

(1) 盐类的成分和溶解度;

(2) 含量;

(3) 分布的均匀性和分布方式。均匀、分散分布者,盐分溶解对土的工程性质及结构工程的影响较小,且土的抗溶蚀能力较强;不均匀、集中分布(例如呈厚的透镜状)者,盐分溶解对土工程性质及结构工程的影响则愈剧烈。

土中的易分解矿物常见的主要有黄铁矿(FeS_2)及其他硫化物和硫酸盐类。处于还原环境的土(如深水海淤)中,常含有黄铁矿,呈大小不同的结核状或与土颗粒紧密结合的薄膜状和充填物。

土中含黄铁矿、硫酸盐等遇水分解后的影响在于:

(1) 浸水后削弱或破坏土的粒间连结及增大土的孔隙性(与一般可溶盐影响相同);

(2) 分离出硫酸(H_2SO_4),对建筑基础及各种管道设施起腐蚀作用。

关于含易分解矿物的土体对混凝土和金属建筑材料侵蚀性的评价与判别标准,详见有关国家规范,如国家标准《岩土工程勘察规范》(GB 50021—2001)第十三章。

4. 有机质

在自然界一般土、特别是淤泥质土中,通常都含有一定数量的有机质,当其在黏性土中的含量达到或超过5%(在砂土中的含量达到或超过3%)时,就开始对土的工程性质具有显著的影响。例如在天然状态下这种黏性土的含水量显著增大,呈现高压缩性和低强度等。

有机质在土中一般呈混合物与组成土粒的其他成分稳固地结合一起,也有时以整层或透镜体形式存在,例如在古湖沼和海湾地带的泥炭层和腐殖层等。

有机质对土的工程性质的影响实质,在于它比黏土矿物有更强的胶体特性和更高的亲水性。所以,有机质比黏土矿物对土性质的影响更剧烈。

有机质对土的工程性质的影响程度,主要取决于下列因素:

(1) 有机质含量愈高,对土的性质影响愈大;

(2) 有机质的分解程度愈高,影响愈剧烈,例如完全分解或分解良好的腐殖质的影响最坏;

(3) 土被水浸程度或饱和度不同,有机质对土有截然不同的影响。当含有机质的土体较干燥时,有机质可起到较强的粒间连结作用;而当土的含水量增大,则

有机质将使土粒结合水膜剧烈增厚,削弱土的粒间连结,必然使土的强度显著降低;

(4) 与有机质土层的厚度、分布均匀性及分布方式有关。

4.1.3 土中水和气体及其与土粒的相互作用

1. 土中水

在自然条件下,土中总是含水的。在一般黏性土,特别是饱和软黏性土,土中水的体积常占据整个土体相当大的比例(一般为 50%～60%,甚至高达 80%)。土中细颗粒愈多,即土的分散度愈大,水对土性质的影响愈大。所以,尤其对黏性土,则更需重视研究土中水的含量及其类别与性质。

研究土中水,必须明确有关土中水的如下概念:

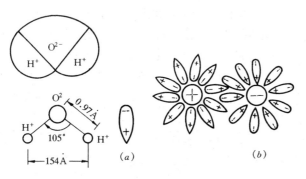

图 4-5 水分子和水化离子
(a) 水分子;(b) 水化离子

1) 水分子 H_2O 是强极性分子,其 O^{2-} 和 $2H^+$ 的分布各偏向一方,氢原子端显正电荷,氧原子端显负电荷,键角略小于 $105°$(图 4-5a)。水分子之间以氢键连接。

2) 土中水是水溶液。土中水常含有各种电解离子,这些离子由于静电引力作用吸附极性水分子,形成水化离子(图 4-5b)。离子的水化程度与离子价和离子半径有关,由表 4-2 可见:

A. 当离子半径相同,离子价愈高,水化愈强(水化离子半径、水化度愈大);

B. 同价离子中,离子半径愈小,水化愈强。

离子水化度与离子价和离子半径的关系　　表 4-2

阳离子	离子半径(Å)	水化离子半径(Å)	水化度
Li^+	0.78	7.3	12.6
Na^+	0.98	5.6	8.4
K^+	1.33	3.8	4.0
Mg^{2+}	0.78	10.8	15.2
Ca^{2+}	1.06	9.6	10.0

3) 土中水溶液与土颗粒表面及气体有着复杂的相互作用,该作用程度不同,则形成不同性质的土中水,从而对土的工程性质具有不同的影响。

按上述相互作用结果使土中水所呈现的性质差异及其对土的影响性质与程度,可将土中水分为结合水和非结合水两大类:

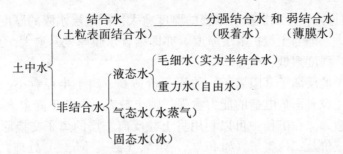

存在于土粒矿物结晶格架内部或参与矿物晶格构成的水,称为矿物内部结合水和结晶水,它只有在高温(140～700℃)下才能化为气态水而与土粒分离。所以,从对土的工程性质影响来看,应把矿物内部结合水和结晶水当作矿物颗粒的一部分。

(1) 结合水

结合水是指受分子引力、静电引力吸附于土粒表面的土中水。这种吸引力高达几千到几万个大气压,使水分子和土粒表面牢固地黏结在一起。

由于土粒表面一般带有负电荷,围绕土粒形成电场,在土粒电场范围内的水分子和水溶液中的阳离子(如 Na^+、Ca^{2+}、Al^{3+} 等)一起被吸附在土粒表面。因为水分子是极性分子,它被土粒表面电荷或水溶液中离子电荷吸引而定向排列(图 4-6)。

土粒周围水溶液中的阳离子和水分子,一方面受到土粒所形成电场的静电引力作用,另一方面又受到布朗运动(热运动)的扩散作用。在最靠近土粒表面处,静电引力最强,把水化离子和水分子牢固地吸附在颗粒表面,形成固定层。在固定层外围,静电引力比较小,因此水化离子和水分子的活动性比在固定层中大些,形成扩散层。固定层和扩散层中所含的阳离子(亦称反离子)与土粒表面负电荷一起即构成双电层(图4-6)。

图 4-6 中,在土粒与水溶液分界面上产生的总电位称为热力电位(ε—电位)。它决定于土粒和水溶液的成分以及相互作用时的环境。在固定层与扩散层的分界面上的电位称为电动电位(ζ—电位),ζ—电位比 ε—电位小得多,当 ε—电位为一定数值

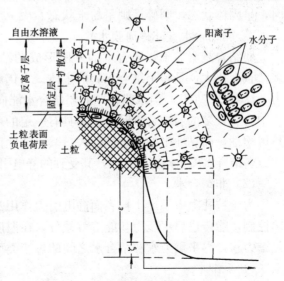

图 4-6 土粒表面双电层、结合水及其所受静电引力变化示意

时，ζ—电位愈大，形成扩散层水膜的厚度愈大。扩散层水膜的厚度对黏性土的特性影响很大。即当土粒扩散层厚度（亦即结合水膜厚度）愈大，土的膨胀性、压缩性愈高，强度愈低。

水溶液中的反离子（阳离子）的原子价愈高、离子半径愈小、离子浓度愈大，它中和土粒表面负电荷的能力愈强，则土粒表面电位下降愈大，ζ—电位愈小，扩散层愈薄。在工程中可以利用将土粒反离子层的离子交换原理来改良土质，例如用三价及二价离子（如 Fe^{3+}、Al^{3+}、Ca^{2+}、Mg^{2+}）处理黏土，使得它的扩散层变薄，从而增加土的稳定性，减少膨胀性，提高土的强度；有时，可用含一价离子的盐溶液处理黏土，使扩散层增厚，而大大降低土的透水性。

从上述双电层的概念可知，反离子层中的结合水分子和交换离子，愈靠近土粒表面，则排列得愈紧密和整齐，活动也愈小。因而，结合水又可以分为强结合水和弱结合水两种。强结合水是相当于反离子层的内层即固定层中的水，而弱结合水则相当于扩散层中的水。

1) 强结合水（亦称吸着水）

强结合水是指紧靠土粒表面的结合水。它厚度很小，一般只有几个水分子层。它的特征是，没有溶解能力，不能传递静水压力，只有吸热变成蒸汽时才能移动。这种水极其牢固地结合在土粒表面上，其性质接近于固体，密度约为 $1.2\sim2.4g/cm^3$，冰点为 -78℃，具有极大的黏滞度、弹性和抗剪强度。如果将干燥的土移到天然湿度的空气中，则土的重量将增加，直到土中吸着的强结合水达到最大吸着度为止。土粒愈细，土的比表面愈大，则最大吸着度就愈大。砂土的最大吸着度约占土粒重量的 1%，而黏土则可达 17%，黏土中只含有强结合水时，呈固体状态，磨碎后则呈粉末状态。

2) 弱结合水（亦称薄膜水）

弱结合是紧靠于强结合水的外围形成的结合水膜。但其厚度比强结水大得多，且变化大，是整个结合水膜的主体。它仍然不能传递静水压力，没有溶解能力，冰点低于 0℃。但水膜较厚的弱结合水能向邻近的较薄的水膜缓慢转移。当土中含有较多的弱结合水时，土则具有一定的可塑性。砂土比表面较小，几乎不具可塑性，而黏性土的比表面较大，其可塑性范围就大。

弱结合水离土粒表面愈远，其受到的静电引力愈小，并逐渐过渡到非结合水。

(2) 非结合水

为土粒孔隙中超出土粒表面静电引力作用范围的一般液态水。主要受重力作用控制，能传递静水压力和能溶解盐分，在温度 0℃ 左右冻结成冰。典型的代表是重力水，界乎重力水和结合水之间的过渡类型水为毛细水。

1) 毛细水

毛细水是土的细小孔隙中，因与土粒的分子引力和水与空气界面的表面张力共同构成的毛细力作用而与土粒结合，存在于地下水面以上的一种过渡类型水。

其形成过程可用物理学中的毛细管现象来解释。水与土粒表面的浸湿力（分子引力）使接近土粒的水上升，而使孔隙中的水面形成弯液面，水与空气界面的内聚力（表面张力）则总是企图缩小至最小面积，即使弯液面变为水平面。但当弯液面的中心部分有所升起时，水面与土粒间的浸湿力又立即将弯液面的边缘牵引上去。这样，浸湿力使毛细水上升，并保持弯液面，直至毛细水柱的重力与弯液面表面张力向上方的分力平衡时，才停止上升。这种由弯液面产生的向上拉力称为"毛细力"。由毛细力维持的水柱这部分水即为毛细水。

毛细水主要存在于直径为 0.002～0.5mm 大小的毛细孔隙中。孔隙更细小者，土粒周围的结合水膜有可能充满孔隙而不能再有毛细水。粗大的孔隙则毛细力极弱，难以形成毛细水。故毛细水主要在砂土、粉土和粉质黏性土中含量较大。

毛细水按其所处部位和与重力水所构成的地下水面的关系可分为毛细上升水和毛细悬挂水两种形式。前者是从地下水面因毛细作用上升而形成的毛细水，下部与地下水面相连，并随地下水面升降一起发生升降变化，往往呈较稳定的毛细水带。后者为毛细力作用使下渗水流部分保持在毛细孔隙中，或地下水面以上原有毛细水带因地下水面急剧下降而脱离地下水从而仍保持在毛细孔隙中的水，悬挂在包气带中。

毛细水对土的工程性质及建筑工程的影响在于：

A. 在非饱和土中局部存在毛细水时，毛细水的弯液面和土粒接触处的表面引力反作用于土粒，使土粒之间由于这种毛细压力而挤紧（图 4-7），土因而具有微弱的内聚力，称为毛细内聚力或假内聚力。它实际上是使土粒间的有效应力增高而增加土的强度。但当土体浸水饱和或失水干燥时，土粒间的弯液面消失，这种由毛细压力造成的粒间有效应力即行消失，所以，为安全计以及从最不利的可能条件考虑，工程设计上一般不计入；反而必须考虑毛细水上升使土层含水量增大，从而降低土的强度和增大土的压缩性等的不利影响；

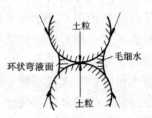

图 4-7 毛细压力示意

B. 毛细水上升接近建筑物基础底面时，毛细压力将作为基底附加压力的增值，而增大建筑物的沉降；

C. 毛细水上升接近或浸没基础时，在寒冷地区将加剧冻胀作用；

D. 毛细水浸润基础或管道时，水中盐分对混凝土和金属材料常具有腐蚀作用。

2) 重力水（或称自由水）

重力水是存在于较粗大孔隙中，具有自由活动能力，在重力作用下流动的水。为普通液态水。重力水流动时，产生动水压力，能冲刷带走土中的细小土粒，这种作用称为机械潜蚀作用。重力水还能溶滤土中的水溶盐，这种作用称为化学潜蚀作用。两种潜蚀作用都将使土的孔隙增大，增大压缩性，降低抗剪强度。同时，地下水面以下饱水的土重及工程结构的重量，因受重力水浮力作用，将相对减小。

3) 气态水和固态水

气态水以水气状态存在，从气压高的地方向气压低的地方移动。水气可在土粒表面凝聚转化为其他各种类型的水。气态水的迁移和聚集使土中水和气体的分布状况发生变化，可使土的性质改变。

当温度降低至0℃以下时，土中的水，主要是重力水冻结成固态水（冰）。固态水在土中起着暂时的胶结作用，提高土的力学强度，降低透水性。但温度升高解冻后，变为液态水，土的强度急剧降低，压缩性增大，土的工程性质显著恶化。特别是水冻结成冰时体积增大，解冻融化为水时，土的结构变疏松，使土的性质更加变坏。

2. 土中气体

土中的气体，主要为空气和水气。但有时也可能含有较多的二氧化碳、沼气及硫化氢等，这些气体大多因生物化学作用生成。

气体在土孔隙中有两种不同存在形式。一种是封闭气体，另一种是游离气体。游离气体通常存在于近地表的包气带中，与大气连通，随外界条件改变与大气有交换作用，处于动平衡状态，其含量的多少取决于土孔隙的体积和水的充填程度。它一般对土的性质影响较小，封闭气体呈封闭状态存在于土孔隙中，通常是由于地下水面上升，而土的孔隙大小不一，错综复杂，使部分气体没能逸出而被水包围，与大气隔绝，呈封闭状态存在于部分孔隙内，对土的性质影响较大，如降低土的透水性和使土不易压实等。饱水黏性土中的封闭气体在压力长期作用下被压缩后，具很大内压力，有时可能冲破土层个别地方逸出，造成意外沉陷。

在淤泥和泥炭质土等有机土中，由于微生物的分解作用，土中聚积有某种有毒气体和可燃气体，例如CO_2、H_2S和甲烷等。其中尤以CO_2的吸附作用最强，并埋藏于较深的土层中，含量随深度增大而增多。土中这些有害气体的存在不仅使土体长期得不到压密，增大土的压缩性，而且当开挖地下工程揭露这类土层时会严重危害人的生命安全（使人窒息或发生瓦斯爆炸）。

4.1.4 土的结构和构造

本章前两节所述土的粒度成分、矿物成分及土中水溶液成分等，均为土的物质成分；而土的结构、构造则是其物质成分的联结特点、空间分布和变化形式。在黏性土中，土粒间除有结合水膜形成的联结（亦称水胶联结）外，往往还有其他盐类结晶、凝胶薄膜等联结存在，黏性土的一系列性质与结合水的类型和厚度的关系，只有在土的其他天然结构联结微弱或被破坏时，才能充分地表现出来。土的工程性质及其变化，除取决于其物质成分外，在较大程度上还与诸如土的粒间联结性质和强度；层理特点；裂隙发育程度和方向以及土质的其他均匀性特征等土体的天然结构和构造因素有关。所以只有研究，查明土的结构和构造特征，才能了解土的工程性质在土体的不同方向和在一定地段或地区内的变化情况，从而全面地评定相应建筑地区土体的工程性质。

土的结构、构造特征首先与其形成环境和形成历史有关，其结构性质还与其组成成分有密切关系。当然，土的组成成分也是自然历史与环境的产物。

1. 土的结构

(1) 土的结构定义与类别

在岩土工程中，土的结构是指土颗粒本身的特点和颗粒间相互关系的综合特征，具体来说是指：

1) 土颗粒本身的特点：土颗粒大小、形状和磨圆度及表面性质（粗糙度）等。这些结构特征对粗粒土（如碎石、砾石类土，粗中砂土等）的物理力学性质如孔隙性与密实度、透水性、强度和压缩性等有重要影响。当组成颗粒小到一定程度时（如对黏性土），以上因素变化对土性质影响不大。

2) 土颗粒之间的相互关系特点：粒间排列及其联结性质。

据此可把土的结构分为两大基本类型：单粒（散粒）结构和集合体（团聚）结构。这两大类不同结构特征的形成和变化取决于土的颗粒组成、矿物成分及所处环境条件。

(2) 单粒结构特征

单粒结构，也称散粒结构，是碎石（卵石）、砾石类土和砂土等无黏性土的基本结构形式。碎石（卵石）、砾石类土和砂土由于其颗粒粗大，比表面积小，所以粒间几无静电引力连结和水胶联结，只在潮湿时具有微弱的毛细力联结。故在沉积过程中，只能在重力作用下一个一个沉积下来，每个颗粒受到周围各颗粒的支承，相互接触堆积。其间孔隙一般都小于组成土骨架的基本土粒。

单粒结构对土的工程性质影响主要在于其松密程度。据此，单粒结构一般分为疏松的和紧密的两种（图 4-8）。土粒堆积的松密程度取决于沉积条件和后来的变化作用。

当堆积速度快，土粒浑圆度又较低时，如洪水泛滥堆积的砂层、砾石层，往往形成较疏松的单粒结构，可存在较大孔隙，孔隙率亦大，土粒位置不稳定，在较大压力下，特别是动荷载作用下，土粒易移动而趋于紧密。

当土粒堆积过程缓慢，并且被反复推移。如海、湖岸边激浪的冲击推移作用，所沉积的砂层常呈紧密的单粒结构。砂粒浑圆光滑者排列将更紧密，孔隙小，孔隙率也小，土粒位置较稳定。因此，具有坚固的土粒骨架，静荷载对它几乎没有压

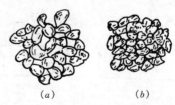

图 4-8 单粒结构的松密状态
(a) 疏松单粒结构；
(b) 紧密单粒结构

缩作用。

对于沉积时分选作用差,大小土粒混杂的不均匀砂及砂砾石层,其粗大土粒间的孔隙为微细砂及粉粒所充填,则土的孔隙变小,孔隙率也显著减少。如混杂部分黏粒,且可能改变土的性质。如图4-9所示,当黏粒含量很少,仅砂粒接触处有少量黏粒,则还只起接触连结作用,使砂土具有一定的内聚力(图4-9a);当黏粒含量较多,对砂粒起着被覆作用,使砂粒等粗大土粒已不能相互接触,则土将具有黏性土的特征(图4-9b)。

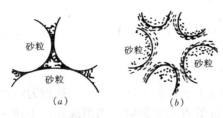

图4-9 含黏粒砂的结构状态
(a) 黏粒起接触连结作用;
(b) 黏粒起被覆作用

总之,具有单粒结构的碎石土和砂土,虽然孔隙率较小,而孔隙大,透水性强,土粒间一般没有内聚力,但土粒相互依靠支承,内摩擦力大,并且受压力时土体积变化较小。再者,由于这类土的透水性强,孔隙水很容易排出,在荷载作用下压密过程很快。因此,即使原来比较疏松,当建筑物结构封顶,地基沉降也告完成。所以,对于具有单粒结构的土体,一般情况(静荷载作用)下可以不必担心它的强度和变形问题。

(3) 集合体结构特征

集合体结构,也称团聚结构或絮凝结构。这类结构为黏性土所特有。

由于黏性土组成颗粒细小,表面能大,颗粒带电,沉积过程中粒间引力大于重力,并形成结合水膜联结,使之在水中不能以单个颗粒沉积下来,而是凝聚成较复杂的集合体进行沉积。这些黏粒集合体呈团状,常称为团聚体,构成黏性土结构的基本单元。

对集合体结构,根据其颗粒组成、连结特点及性状的差异性,可分为蜂窝状结构和絮状结构两种类型。

1) 蜂窝状结构:它是由较粗黏粒和粉粒的单个颗粒之间以面—点、边—点或边—边受异性电引力和分子引力相连结组合而成的疏松多孔结构。亦称为聚粒结构。如图4-10所示。

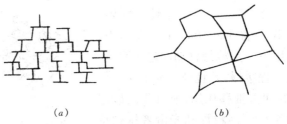

图4-10 蜂窝状结构(聚粒结构)
(a) 单个颗粒边—面絮凝;(b) 单个颗粒边—边絮凝

2) 絮状结构：主要是由更小黏粒连结形成的，是上述蜂窝状的若干聚粒之间，以面—边或边—边连结组合而成的更疏松、孔隙体积更大的结构。亦称为聚粒絮凝结构或二级蜂窝状结构。如图 4-11 所示。

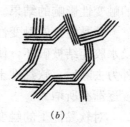

图 4-11 絮状结构（聚粒絮凝结构）
(a) 聚粒边-面絮凝；(b) 聚粒边-面、边-边絮凝

形成集合体结构的粒间连结关系，可有如下几种情况：

A. 由带不同电荷的颗粒间相互吸引而连结组合。特别是由于黏土颗粒形状不规则（呈片状、针状、鳞角状等），表面电荷分布不均，带有不同电荷颗粒的端点及棱角之间引力较强（图 4-12a）；

B. 由于同一种颗粒的面—边及面—点之间分布不同的电荷，而形成连结。（图 4-12b）；

C. 由带相同电荷颗粒借助粒间反离子层形成连结（图 4-12c）。

集合体结构的孔隙中，主要为结合水和空气所充填，并对土体压密起阻碍作用。

具有集合体结构的土体，有如下特征：

A. 孔隙度很大（可达 50%～98%），而各单独孔隙的直径很小，特别是聚粒絮凝结构的孔隙更小，但孔隙度更大，因此，土的压缩性更大；

B. 水容度、含水量很大，往往超过 50%，而且因以结合水为主，排水困难，故压缩过程缓慢；

C. 具有大的易变性——不稳定性。

外界条件变化（如加压、震动、干燥、浸湿以及水溶液成分和性质变化等）对它的影响很敏感，且往往使之产生质的变化。故集合体结构又称为易变结构。例如，软黏性土的触变性就是由于这类结构的不稳定性而形成的一种特殊性质。

（4）软黏性土的触变性和灵敏度

软黏性土的触变性是指其土体经扰动（如振动、搅拌、搓揉等）致使结构破坏时，土体强度剧烈减小；但如将受过扰动的土体静置一定的时间，则该土体强度将又随静置时间的增大，而逐渐有所增长、恢复的特性。例如在黏性土中打桩时，桩侧土的结构受到破坏而强度降低，但在停止打桩后一定时间，土的强度逐渐有所恢复，桩的承载力增加。这就是受土

(a) (b) (c)

图 4-12 集合体结构的粒间连结关系
(a) 带不同电荷土粒相互吸引连结；(b) 土粒的面-边、面-点间电荷不同相互吸引连结；
(c) 带相同电荷土粒借助粒间反离子层形成连结

的触变性影响的结果。

软黏性土的触变性实质是当土体被扰动时，其粒间静电引力、分子引力连结及水胶连结被破坏，使土粒相互分散成流动状态，因而土体强度剧烈降低；而当外力去除后，软黏性土的上述粒间连结又在一定程度上重新恢复，因而使土体强度逐渐有所增大。

对软黏性土的触变特性，一般用灵敏度（S_t）指标作定量评价。

$$S_t = \frac{q_u}{q'_u} = \frac{C_u}{C'_u} \tag{4-3}$$

式中　q_u、C_u——保持天然结构和含水量的软黏性土的无侧限抗压强度和十字板剪切强度；

　　　q'_u、C'_u——同上土体，结构被破坏时的无侧限抗压强度和十字板剪切强度。

原《工业与民用建筑工程地质勘察规范》（TJ 21—77）根据灵敏度将软黏性土分为低灵敏度（$1<S_t\leqslant2$）、中灵敏度（$2<S_t\leqslant4$）和高灵敏度（$S_t>4$）三类。土的灵敏度愈高，其结构性愈强，受扰动后土的强度降低就愈多。所以在基础施工中应注意保护基槽，尽量减少土体结构的扰动。

2. 土的构造

土的构造是指整个土层（土体）构成上的不均匀性特征的总合。

整个土体构成上的不均匀性包括：层理、夹层、透镜体、结核、组成颗粒大小悬殊及裂隙发育程度与特征等。这种构成上的不均匀性是由于土的矿物成分及结构变化所造成的，而一般土体的构造在水平方向或竖直方向变化往往较大，其特征受成因控制。因此，研究土体构造特征的重要意义在于：

（1）土体构造特征反映土体在力学性质和其他工程性质的各向异性或土体各部位的不均匀性。因此，要掌握其变化规律。

图 4-13　黄土的构造特征

例如，由砂土和黏性土组成的层状或互层构造土体的物理力学性质皆显示其各向异性特点。

又如，黄土由于其垂直节理（裂隙）发育，强烈地降低其抗水稳定性和力学稳定性，特别在边坡地段，沿裂隙极易产生塌方和滑坡现象。如图 4-13 所示。

（2）土体的构造特征是决定勘探、取样或原位测试布置方案和数量的重要因素之一。

当土体的组成成分和结构沿某一方向水平向变化很少，但垂直向成层变化多而复杂时，则沿该水平方向布孔要少，而孔中取样间距要小（即取样数量多）；对于在山前或山谷口洪积扇地带的建筑场地，按其土体的构造特点（如图 4-14），则应对沿山沟口到洪积扇外缘方向多布孔，但勘探线间距可增大，而对土类沿深度方向变化不大地段的钻孔深度和取样数量都可减小。

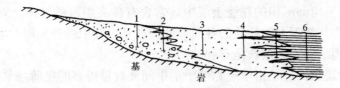

图 4-14　山前洪积扇地带土体的构造特征与勘探布置示意

土体的构造和它的结构特征一样，也是在它生成过程各有关因素作用下形成的。所以，每种成因类型的土体，都具有其各自特有的构造，如上图 3-14 的洪积扇土体的构造就是典型一例。

对于碎石土，粗石状构造和假斑状构造是最普遍的。

1）粗石状构造是由相互挤靠着的粗大碎屑形成骨架，外表很像"干砌石"一样，如图 4-15。岩堆、泥石流上游堆积及山区河流上游的河床沉积物等常具有这种构造特征。

这种构造的土体，一般具有很高的强度和很好的透水性（但还取决于粗大碎屑孔隙间充填物的性质和充填程度）。

2）假斑状构造是在较细颗粒组成的土体中，混杂着一些较粗或粗大碎屑，而粗大碎屑（颗粒）互不接触，不能形成骨架，如图 4-16。例如，洪积扇中上部位和冰碛层等常具有这种特征。

这种构造土体的工程性质，主要取决于其中细粒物质的成分（土类）、性质、特别是所处稠度状态（对于黏性土）或密实状态（对于砂土和粉土）。

对于砂土和砂质粉土，各种不同形式的夹层、透镜体或交错层构造，较为普遍。

1）在砂土和砂质粉土层中，常具有黏性土或淤泥质黏性土夹层和透镜体构造（如图 4-17），形成土体中的软弱面，而可能造成建筑物地基失稳或边坡土体产生滑动；其力学性质和透水性呈各向异性。

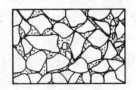
图 4-15　粗石状构造

图 4-16　冰积层的假斑状构造

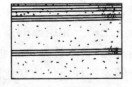
图 4-17　浅海沉积砂夹黏性土层构造

冲积层（浸滩相），河流三角洲沉积、浅海沉积及近冰川的冰水沉积层等，常具有这种构造特征。

2）粒度较均匀的交错层构造，如风积砂等（图 4-18），对其性质可看成是均质的，在静荷载作用下强度较高。

在黏性土中，常见有层状、显微层状构造及各种裂隙、节理构造。

例如：

1) 河流三角洲沉积的黏性土层中，常含有砂夹层或透镜体。对这类构造土体，除需注意其物理力学性质的各向异性特征外，其中的砂夹层对加速土体在荷载作用下的固结和强度增长是有利的。

2) 显微层状构造是指厚层黏性土层中间夹数量极多的极薄层（厚度常仅1~2mm）砂，呈"千层饼"状的构造。为滨海相或三角洲相静水环境沉积者所具有。这类构造也使土体具有各向异性，并有利于排水固结。

3) 某些黏性土层中的裂隙、节理构造。

例如，膨胀土的裂隙常在其近地表 2~3m 以浅范围呈纲状分布，上宽下窄直至消失，一般宽度常达 2~5mm，内充填有高岭石或伊利石等黏土矿物，浸水后软化。黏性土层的裂隙、节理构造，使土体丧失整体性，强度和稳定性剧烈降低（图4-19）。

图 4-18 风积砂的交错层构造

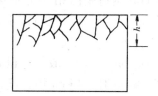
图 4-19 膨胀土体表层的裂隙构造

§4.2 土的物理力学性质及其指标

4.2.1 土的三相比例指标

上节介绍了土的组成和结构，特别是土颗粒的粒度和矿物成分，是从本质方面了解土的工程性质的根据。但是，为了对土的基本物理性质有所了解，还需要对土的三相——土粒（固相）、土中水（液相）和土中气体（气相）的组成情况进行数量上的研究。在不同成分和结构的土中，土的三相之间具有不同的比例。

土的三相组成的重量和体积之间的比例关系，表现出土的重量性质（轻、重情况）、含水性（含水程度）和孔隙性（密实程度）等基本物理性质各不相同，并随着各种条件的变化而改变。例如对同一成分和结构的土，地下水位的升高或降低，都将改变土中水的含量；经过压实，其孔隙体积将减小。这些情况都可以通过相应指标的具体数字反映出来。

表示土的三相比例关系的指标，称为土的三相比例指标，亦即土的基本物理性质指标，包括土的颗粒比重、重度、含水量、饱和度、孔隙比和孔隙率等。

1. 指标的定义

为了便于说明和计算，用图4-20所

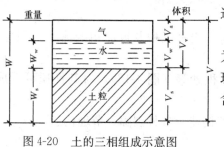
图 4-20 土的三相组成示意图

示的土的三相组成示意图来表示各部分之间的数量关系,图中符号的意义如下:

W_s——土粒重量;

W_w——土中水重量;

W——土的总重量,$W=W_s+W_w$;

V_s——土粒体积;

V_w——土中水体积,$\gamma_w \cdot V_w = W_w$

($\because \gamma_w = 1 \text{gf/cm}^2 \approx 10 \text{kN/m}^3$);

V_a——土中气体积;

V_v——土中孔隙体积,$V_v = V_w + V_a$;

V——土的总体积,$V = V_s + V_w + V_a$。

(1) 土的颗粒相对密度 d_s

土粒重量与同体积的 4℃时水的重量之比,称为颗粒相对密度 d_s,它在数值上为单位体积土粒的重量,即:

$$d_s = \frac{W_s}{V_s} \cdot \frac{1}{\gamma_{w_1}} \tag{4-4}$$

式中 γ_{w_1}——水在 4℃时单位体积的重量,等于 1gf/cm^3 或 $1\text{tf/m}^3 \approx 10\text{kN/m}^3$。

颗粒相对密度决定于土的矿物成分,它的数值一般为 2.65~2.75。有机质土为 2.4~2.5;泥炭土为 1.5~1.8;而含铁质较多的黏性土可达 2.8~3.0。同一种类的土,其颗粒相对密度变化幅度很小。

颗粒相对密度可在试验室内用比重瓶法测定。一般土的颗粒相对密度值见表 4-3。由于颗粒变化的幅度不大,通常可按经验数值选用。

土的颗粒比重参考值　　　　　表 4-3

土 的 名 称	砂　土	粉　土	黏　性　土	
			粉质黏土	黏　土
颗粒相对密度	2.65~2.69	2.70~2.71	2.72~2.73	2.74~2.76

(2) 土的重度 γ

单位体积土的重量称为土的重度(单位为 $\text{kN/m}^3 \approx \text{tf/m}^3 \times 10^{-1}$),即:

$$\gamma = \frac{W}{V} = \frac{W_s + W_w}{V_s + V_v} \tag{4-5}$$

土的重度取决于土粒的重量,孔隙体积的大小和孔隙中水的重量,综合反映了土的组成和结构特征。对具有一定成分的土而言,结构愈疏松,孔隙体积愈大,重度值将愈小。当土的结构不发生变化时,则重度随孔隙中含水数量的增加而增大。

天然状态下土的重度变化范围较大。一般黏性土 $\gamma = 18 \sim 20 \text{kN/m}^3$;砂土 γ

$=16\sim20\text{kN/m}^3$；腐殖土 $\gamma=15\sim17\text{kN/m}^3$。

土的重度一般用"环刀法"测定，用一个圆环刀（刀刃向下）放在削平的原状土样面上，徐徐削去环刀外围的土，边削边压，使保持天然状态的土样压满环刀容积内，称得环刀内土样重量，求得它与环刀容积之比值即天然重度。

(3) 土的干重度 γ_d、饱和重度 γ_{sat} 和浮重度 γ'

土单位体积中固体颗粒部分的重量。称为土的干重度 γ_d，即：

$$\gamma_d = \frac{W_s}{V} \quad (4-6)$$

在工程上常把干重度作为评定土体紧密程度的标准，以控制填土工程的施工质量。

土孔隙中充满水时的单位体积重量。称为土的饱和重度 γ_{sat}，即：

$$\gamma_{sat} = \frac{W_s + V_v \gamma_w}{V} \quad (4-7)$$

在地下水位以下，单位土体积中土粒的重量扣除浮力后，即为单位土体积中土粒的有效重量，称为土的浮重度或水下重度 γ'，即：

$$\gamma' = \frac{W_s - V_s \gamma_w}{V} = \frac{W_s + V_v \gamma_w - V \gamma_w}{V} = \gamma_{sat} - \gamma_w \quad (4-8)$$

(4) 土的含水量 w

土中水的重量与土粒重量之比，称为土的含水量，以百分数计，即：

$$w = \frac{W_w}{W_s} \times 100\% \quad (4-9)$$

含水量 w 是标志土的湿度的一个重要物理指标。天然土层的含水量变化范围很大，它与土的种类、埋藏条件及其所处的自然地理环境等有关。一般干的粗砂土，其值接近于零，而饱和砂土，可达 35%；坚硬的黏性土的含水量为 $20\%\sim30\%$，而饱和状态的软黏性土（如淤泥），则可达 60% 或更大。一般说来，同一类土，当其含水量增大时，则其强度就降低。

土的含水量一般用"烘干法"测定。先称小块原状土样的湿土重，然后置于烘箱内维持 $100\sim105\text{℃}$ 烘至恒重，再称干土重，湿、干土重之差与干土重的比值，就是土的含水量。

(5) 土的饱和度 S_r

土中被水充满的孔隙体积与孔隙总体积之比，称为土的饱和度，以百分率计，即：

$$S_r = \frac{V_w}{V_v} \times 100\% \quad (4-10)$$

饱和度 S_r 值愈大，表明土孔隙中充水愈多。孔隙完全为水充满时，$S_r=100\%$，土处于饱和状态；孔隙中全是气体，没有水分，$S_r=0\%$，土处于干燥状态（这种状态自然界实际很少）。工程实际中，按饱和度常将土划分为如下三种含水状态：

$S_r < 50\%$　　　稍湿的
$S_r = 50\% \sim 80\%$　　很湿的
$S_r > 80\%$　　　饱水的

但应指出，黏性土因主要含结合水，由于结合水膜厚度的变化将使土体积发生膨胀、收缩，改变土中孔隙的体积，即孔隙体积可因含水量而变化。所以，对黏性土通常不按饱和度，而按稠度指标——液性指数 I_L 评述其含水状态。

对于粉土，由于毛细作用引起的假塑性，按液性指数评价状态已失去意义，根据对全国各地粉土资料的综合分析，《岩土工程勘察规范》(GB 50021—2001) 确定按含水量评述粉土的含水（湿度）状态，见表 4-4。

按含水量 w（%）确定粉土湿度　　　　　　表 4-4

湿　度	稍　湿	湿	很　湿
w（%）	$w<20$	$20 \leqslant w \leqslant 30$	$w>30$

(6) 土的孔隙比 e 和孔隙率 n

土的孔隙比是土中孔隙体积与土粒体积之比，即：

$$e = \frac{V_v}{V_s} \tag{4-11}$$

孔隙比用小数表示。它是一个重要的物理性指标，可以用来评价天然土层的密实程度。一般 $e<0.6$ 的土是密实的低压缩性土，$e>1.0$ 的土是疏松的高压缩性土。

土的孔隙率是土中孔隙所占体积与总体积之比，以百分数表示，即：

$$n = \frac{V_v}{V} \times 100\% \tag{4-12}$$

孔隙率和孔隙比都说明土中孔隙体积的相对数值。孔隙率且直接说明土中孔隙体积占土体积的百分比值，概念非常清楚，但不便于工程应用，因地基土层在荷载作用下产生压缩变形时，孔隙体积（V_v）和土体总体积（V）都将变小，显然，孔隙率不能反映孔隙体积在荷载作用前后的变化情况。而一般情况下，土粒体积（V_s），则可看作不变值，故孔隙比就能反映土体积变化前后孔隙体积的变化情况。因此，工程计算中常用孔隙比这一指标。

自然界土的孔隙率与孔隙比的数值取决于土的结构状态，故为表征土结构特征的重要指标。数值愈大，土中孔隙体积愈大，土结构愈疏松；反之，结构愈密实。由于土的松密程度差别极大，土的孔隙比变化范围也大，可由 0.25~4.0，相应孔隙率由 20%~80%，无黏性土虽孔隙较大，但因数量少，孔隙比相对较低，一般为 0.5~0.8，孔隙率相应为 33%~45%；黏性土则因孔隙数量多和大孔隙的存在，孔隙比常相对较高，一般为 0.67~1.2，相应孔隙率为 40%~55%，少数近代沉积的未经压实的黏性土，孔隙比甚至在4.0以上，孔隙率可大于80%。

2. 指标的换算关系

上述土的三相比例指标中，土粒相对密度 d_s、含水量 w 和重度 γ 三个指标是通过试验测定的。在测定这三个基本指标后，可以导得其余各个指标。

常用图4-21所示三相图进行各指标间关系的推导，令 $\gamma_w = 1\text{gf/cm}^3$，并令 $V_s = 1$，则 $V_v = e, V = 1+e, W_s = V_s d_s = d_s, W_w = wW_s = wd_s, W = d_s(1+w)$。

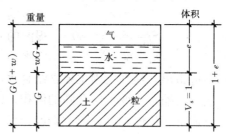

图4-21 土的三相物理指标换算图

推导：
$$\gamma = \frac{W}{V} = \frac{d_s(1+w)}{1+e} \tag{1}$$

$$\gamma_d = \frac{W_s}{V} = \frac{d_s}{1+e} = \frac{\gamma}{1+w} \tag{2}$$

由上式
$$e = \frac{d_s}{\gamma_d} - 1 = \frac{d_s(1+w)}{\gamma} - 1 \tag{3}$$

$$\gamma_{sat} = \frac{W_s + V_v\gamma_w}{V} = \frac{d_s + e}{1+e} \tag{4}$$

$$\gamma' = \frac{W_s - V_s\gamma_w}{V} = \frac{W_s - (V - V_v)\gamma_w}{V}$$

$$= \frac{W_s + V_v\gamma_w - V\gamma_w}{V} = \gamma_{sat} - \gamma_w$$

$$= \gamma_{sat} - 1 = \frac{d_s - 1}{1+e} \tag{5}$$

$$n = \frac{V_v}{V} = \frac{e}{1+e} \tag{6}$$

$$S_r = \frac{V_w}{V_v} = \frac{W_w}{V_v} = \frac{wd_s}{e} \tag{7}$$

土的三相比例指标换算公式一并列于表4-5。

土的三相比例指标换算公式　　表4-5

名称	符号	三相比例表达式	常用换算公式	单位	常见的数值范围
颗粒相对密度	d_s	$d_s = \dfrac{W_s}{V_s\gamma_{w1}}$	$d_s = \dfrac{S_r e}{w}$		一般黏性土：2.72～2.76 粉土、砂土：2.65～2.71
含水量	w	$w = \dfrac{W_w}{W_s} \times 100\%$	$w = \dfrac{S_r e}{d_s}$ $w = \left(\dfrac{\gamma}{\gamma_d} - 1\right)$	%	一般黏性土：20～40 粉土、砂土：10～35

续表

名 称	符号	三相比例表达式	常用换算公式	单位	常见的数值范围
重度	γ	$\gamma = \dfrac{W}{V}$	$\gamma = \gamma_d(1+w)$; $\gamma = \dfrac{d_s + S_r e}{1+e}$	kN/m³	18~20
干重度	γ_d	$\gamma_d = \dfrac{W_s}{V}$	$\gamma_d = \dfrac{\gamma}{1+w}$; $\gamma_d = \dfrac{d_s}{1+e}$	kN/m³	14~17
饱和重度	γ_{sat}	$\gamma_{sat} = \dfrac{W_s + V_v \gamma_w}{V}$	$\gamma_{sat} = \dfrac{d_s + e}{1+e}$	kN/m³	18~23
浮重度	γ'	$\gamma' = \dfrac{W_s - V_v \gamma_w}{V}$	$\gamma' = \gamma_{sat} - 1$; $\gamma' = \dfrac{d_s - 1}{1+e}$	kN/m³	8~13
孔隙比	e	$e = \dfrac{V_v}{V_s}$	$e = \dfrac{d_s}{\gamma_d} - 1$; $e = \dfrac{\omega d_s}{S_r}$; $e = \dfrac{d_s(1+w)}{\gamma} - 1$		一般黏性土：0.60~1.20 粉土、砂土：0.5~0.90
孔隙率	n	$n = \dfrac{V_v}{V} \times 100\%$	$n = \dfrac{e}{1+e}$; $n = \left(1 - \dfrac{\gamma_d}{d_s}\right)$	%	一般黏性土：40~55 粉土、砂土：30~45
饱和度	S_r	$S_r = \dfrac{V_w}{V_v} \times 100\%$	$S_r = \dfrac{\omega d_s}{e}$; $S_r = \dfrac{\omega \gamma_d}{n}$	%	8~95

4.2.2 无黏性土的紧密状态

无黏性土一般指碎石土和砂土，粉土属于砂土和黏性土的过渡类型，但是其物质组成、结构及物理力学性质主要接近砂土（特别是砂质粉土），故列入无黏性土的工程特征问题一并讨论。

无黏性土的紧密状态是判定其工程性质的重要指标，它综合地反映了无黏性土颗粒的岩石和矿物组成、粒度组成（级配）、颗粒形状和排列等对其工程性质的影响。一般说来，无论在静荷载或动荷载作用下，密实状态的无黏性土与其疏松状态的表现都很不一样。密实者具有较高的强度，结构稳定，压缩性小；而疏松者则强度较低，稳定性差，压缩性较大。因此在岩土工程勘察与评价时，首先要对无黏性土的紧密程度做出判断。

1. 决定无黏性土紧密状态的因素

(1) 首先取决于无黏性土的受荷历史和形成环境。例如形成年代较老或有超压密历史的，密实度较大；洪积、坡积的比冲积、冰积和海积的无黏性土密实度较小（详见本章 4.1.4 之 1）。

(2) 与无黏性土的颗粒组成、矿物成分及颗粒形状等因素有关。

1) 组成颗粒愈粗，粒间孔隙愈大，但孔隙比愈小，愈较密实。而组成颗粒愈细的，则孔隙比愈大，愈较疏松，而且在天然状态下含水相应增多，排水慢，在外荷作用下有效应力减小，稳定性差。

组成颗粒愈均匀，粒间不易相互填充，使密实度相对较小；组成颗粒不均匀系数愈大，则相反。

2) 当颗粒组成相同，则主要由云母组成的无黏性土（例如砂土）的孔隙比，要远大于主要由石英、长石组成者。这显然与这些矿物的颗粒形状不同，从而影响土的压密有关。即主要由片状颗粒组成土的孔隙比远大于由柱状和粒状颗粒组成者。因此，砂土和粉土中含云母愈多，密实度愈差，强度和稳定性愈小。

所以，无黏性土的紧密状态，不仅是从定量方面判定其工程性质的重要标志，而且在实质上综合反映了无黏性土的矿物组成、粒度组成（颗粒粗细及其均匀性）及颗粒形状等内在因素对其工程性质的影响。因此，现行规范对一般工程采用密实度或孔隙比作为确定碎石土，砂土和粉土地基承载力基本值的主要指标是比较合适的。

2. 无黏性土紧密状态指标及其确定方法

(1) 天然孔隙比 e

根据北京、江苏、黑龙江、山东等地砂土的实际资料统计，认为砂土的承载力不论其颗粒组成的粗细，均随着天然孔隙比 e 的减小而显著地增大。因此，曾采用天然孔隙比作为砂土紧密状态的分类指标，具体划分标准见表 4-6。

按天然孔隙比 e 划分砂土的紧密状态　　　　表 4-6

砂 土 名 称	实　密	中　密	稍　密	疏　松
砾砂、粗砂、中砂	<0.60	0.60~0.75	0.75~0.85	>0.85
细砂、粉砂	<0.70	0.70~0.85	0.85~0.95	>0.95

但是，采用天然孔隙比判定砂土的紧密状态，则要采取原状砂样，这在工程勘察中是比较困难的问题，特别是对位于地下水位以下的砂层采取原状砂样困难更多。

国内有些单位在这方面做过不少工作，并已取得比较成功的经验。

对于位于地下水位以上的砂土，可用环刀法、或灌砂法（或注水法）来测定其天然重度，即可求出砂土的天然孔隙比。

环刀法适用于地下水以上的湿砂。这个方法是先挖一坑至欲取样的标高处，在坑底切一个直径较环刀内径略大的土柱，然后将环刀压入；或先将环刀压入砂土中，再仔细切削环刀试样；如压入有困难，还可以用锤击打入。关于环刀规格，认为采用 2500cm³ 的较好，环刀太小砂样扰动大。

当地下水位以上的砂为干砂时，环刀法也不适用，则可用灌砂法（或注水法），这个方法（图 4-22）是先在选定取样位置整平地面，在整平面上铺置灌砂器底盘，于底盘中部为一直径 12～15cm 圆孔，在圆孔内向下挖一小圆坑。将挖出的砂全部称重得 g_1。在灌砂器先盛以足够数量的标准砂，称重得 g_2，使灌砂器漏斗对准底盘圆孔边缘。打开开关，即可向小圆坑内灌砂，待灌砂停止流动关闭开关，称灌砂器连同余下砂粒重 g_3 则

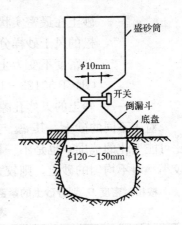

图 4-22 灌砂法求砂土重度

$$\gamma = \frac{g_1}{g_2 - g_3 - g_0} \cdot \gamma_s \tag{4-13}$$

式中　g_0——为灌砂器底盘圆孔和灌砂器倒漏斗中标准砂的重量；
　　　γ_s——为标准砂（0.5～0.25mm 粒径）模拟灌砂条件的堆积密度（标准砂用河砂风干后过筛而得）。

也可用塑料薄膜注水代替灌砂以测定小圆坑的容积，但坑口水平面观测往往带来较大的人为误差。

对于地下水位以下的砂土，特别是粉细砂，要采取原状试样是存在困难的，必需于钻孔内取样。但因砂土无黏聚性，在钻孔中取样即使采用重锤少击方法，也很难避免土体结构扰动而改变土的天然孔隙比。

（2）相对密度 D_r

如上所述直接采用天然孔隙比作为处于地下水位以上的砂土和稍具有黏聚性的粉土的紧密状态的分类指标，目前看来还是可行的，但国内有些勘察单位，认为用天然孔隙比 e 的某些界限作为砂土紧密状态的分类指标缺乏概括性。因为砂土的密实度还与砂粒的形状、粒径级配等有关，有时疏松的级配良好的砂土的孔隙比，比紧密的颗粒均匀的砂土的孔隙比小。因此参照国内外现有资料分析，认为用相对密度 D_r 较有代表性。

$$D_r = \frac{e_{\max} - e}{e_{\max} - e_{\min}} \tag{4-14}$$

式中　$e_{\max}$——砂土在最松散状态时的孔隙比，即最大孔隙比（测定方法是将疏松的风干砂样，通过长颈漏斗轻轻地倒入容器，求其最小重度。详见国家标准《土工试验方法标准》GB/T 50123—1999）；

$e_{\min}$——砂土在最密实状态时的孔隙比，即最小孔隙比（测定方法是将疏松的风干砂样分几次装入金属容器，并加以振动或锤击夯实，直至密度不变为止，求其最大重度。详见上述《土工试验方法标准》GB/T 50123—1999）；

e——砂土的天然孔隙比。

对于不同的砂土，其 $e_{\min}$ 与 $e_{\max}$ 的测定值是不同的，$e_{\max}$ 与 $e_{\min}$ 之差（即孔隙比可能变化的范围）也是不一样的。一般粒径较均匀的砂土，其 $e_{\max}$ 与 $e_{\min}$ 之差较小；对不均匀的砂土，则较大。

按相对密度 D_r 划分砂土的紧密状态　　表 4-7

紧密状态	D_r
密　实	$0.67 < D_r \leqslant 1$
中　密	$0.33 < D_r \leqslant 0.67$
稍　密	$0.2 < D_r \leqslant 0.33$
松　散	$0 \leqslant D_r \leqslant 0.2$

从上式可知，若无黏性土的天然孔隙比 e 接近于 $e_{\min}$，即相对密度 D_r 接近于 1 时，土呈密实状态；当 e 接近于 $e_{\max}$ 时，即相对密度 D_r 接近于 0，则呈松散状态。根据 D_r 值，我国冶金工业部编制的工程地质规范采用表 4-7 划分砂土的紧密状态。

从理论上说，相对密度 D_r 是一个比较完善的紧密状态的指标，它综合地反映了砂土的各个有关特征（如颗粒形状、颗粒级配等），但在实际应用中仍有不少困难：① 要确定相对密度，仍然要测定砂土的天然孔隙比，而这在上面已讨论是比较困难的；② 另外还要测定 $e_{\max}$ 和 $e_{\min}$，由于测定的方法不同，$e_{\max}$、$e_{\min}$ 的测定值往往有人为因素的影响。因此，在工程实践中，相对密度指标的使用并不广泛。

由于无论是按天然孔隙比 e 还是按相对密度 D_r 来评定砂土的紧密状态，都要采取原状砂样，经过土工试验测定砂土天然孔隙比。所以，目前国内外，已广泛使用标准贯入或静力触探试验于现场评定砂土的紧密状态。表 4-8 为国家标准《岩土工程勘察规范》（GB 50021—2001）规定按标准贯入锤击数 N 值划分砂土紧密状态的标准。

对于粉土的紧密状态，上述规范仍用天然孔隙比 e 值作为划分标准，见表 4-9。

按标准贯入锤击数 N 值确定砂土的密实度　　表 4-8

密实度	N 值
密　实	$N > 30$
中　密	$15 < N \leqslant 30$
稍　密	$10 < N \leqslant 15$
松　散	$N \leqslant 10$

按天然孔隙比 e 值确定粉土的密实度　　表 4-9

密实度	e 值
密　实	$e < 0.75$
中　密	$0.75 \leqslant e \leqslant 0.90$
稍　密	$e > 0.90$

按上述规范，碎石土可以根据野外鉴别方法，划分其紧密状态，见表 4-10。

§4.2 土的物理力学性质及其指标   85

碎石土密实度野外鉴别方法   表 4-10

密实度	骨架颗粒含量和排列	可 挖 性	可 钻 性
密 实	骨架颗粒质量大于总质量的70%，呈交错排列，连续接触	锹镐挖掘困难，用撬棍方能松动；井壁一般较稳定	钻进极困难；冲击钻探时钻杆、吊锤跳动剧烈；孔壁较稳定
中 密	骨架颗粒质量等于总质量的60%～70%，呈交错排列，大部分接触	锹镐可挖掘；井壁有掉块现象，从井壁取出大颗粒处，能保持颗粒凹面形状	钻进较困难；冲击钻探时钻杆、吊锤跳动不剧烈；孔壁有坍塌现象
稍 密	骨架颗粒质量小于总质量的60%，排列混乱，大部分不接触	锹可以挖掘；井壁易坍塌，从井壁取出大颗粒后，砂土充填物立即坍落	钻进较容易；冲击钻探时，钻杆稍有跳动；孔壁易坍塌

注：1. 骨架颗粒系指与本教材表 3-17 碎石土分类名称相对应粒径的颗粒。
    2. 碎石土的密实度，应按表列各项特征综合确定。

4.2.3 黏性土的物理特征

1. 黏性土的界限含水量

黏性土随着本身含水量的变化，可以处于各种不同的物理状态，其工程性质也相应地发生很大的变化。当含水量很小时，黏性土比较坚硬，处于固体状态，具有较大的力学强度；随着土中含水量的增大，土逐渐变软，并在外力作用下可任意改变形状，即土处于可塑状态；若再继续增大土的含水量，土变得愈来愈软弱，甚至不能保持一定的形状，呈现流塑～流动状态。黏性土这种因含水量变化而表现出的各种不同物理状态，也称土的稠度。黏性土能在一定的含水量范围内呈现出可塑性，这是黏性土区别于砂土和碎石土的一大特性，黏性土也因之可称为塑性土。所谓可塑性，就是指土在外力作用下，可以揉塑成任意形状而不发生裂缝，并当外力解除后仍能保持既得的形状的一种性能。

随着含水量的变化，黏性土由一种稠度状态转变为另一种状态，相应于转变点的含水量叫做界限含水量，也称为稠度界限或 Atterberg 界限。

界限含水量是黏性土的重要特性指标，它们对于黏性土工程性质的评价及分类等有重要意义，而且各种黏性土有着各自并不相同的界限含水量。

如图 4-23 所示，土由可塑状态转到流塑、流动状态的界限含水量叫做液限 w_L（也称塑性上限或流限）；土由半固态转到可塑状态的界限含水量叫做塑限 w_P（也称塑性下限）；土由半固体状态不断蒸发水分，则体积逐渐缩小，直到体积不再缩小时土的界限含水量叫缩限 w_s。它们都以百分数表示。

我国目前一般采用锥式液限仪来测定黏性土的液限 w_L（图 4-24 所示）。将调成均匀的浓糊状试样装满盛土杯内刮平杯口表面，置于底座上，将 76g 重圆锥体轻放在试

图 4-23 黏性土的物理状态与含水量的关系

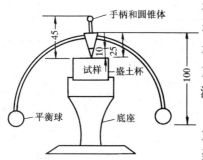

图 4-24 锥式液限仪

样表面的中心,使其在自重作用下徐徐沉入试样,若圆锥体经 5s 恰好沉入 10mm 深度,这时杯内土样的含水量就是液限 w_L 值。为了避免放锥时的人为晃动影响,现已采用电磁放锥的方法,以提高测试精度。

美国、日本等国家使用碟式液限仪来测定黏性土的液限。它是将调成浓糊状的试样装在碟内,刮平表面,用切槽器在土中成槽,如图 4-25 所示,然后将碟子抬高 1cm,以 2 次/s 的速度使碟下落,连续下落 25 次后,如土槽合拢长度为 1.3cm,这时试样的含水量就是液限。

近 20 年来,国内外许多试验研究单位曾用两种仪器进行比较,结果是随着液限的增加,两种仪器所测得的差值增大,一般情况下碟式仪测得的液限大于圆锥仪液限。

黏性土的塑限 w_P 一般采用"搓条法"测定。即用双手将天然湿度的土样搓成小圆球(球径小于 10mm),放在毛玻璃板上再用手掌慢慢搓滚成小土条,若土条搓到直径为 3mm 时恰好开始断裂,这时断裂土条的含水量就是塑限 w_P 值。

黏性土的缩限 w_s 一般采用"收缩皿法"测定,即用收缩皿(或环刀)盛满含水量为液限的试样,烘干后

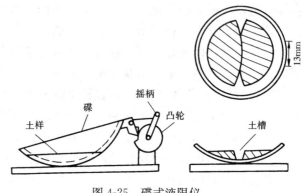

图 4-25 碟式液限仪

测定收缩体积和干土重,从而求得干缩含水量,并与试验前试样的含水量相减即得缩限 w_s 值。

上述测定塑限的搓条法存在着较大的缺点,主要是由于采用手工操作,受人为因素的影响较大,因而成果不稳定。近 20 年来许多单位都在探索一些新方法,以便取代搓条法,如以联合法测定液限和塑限(现已纳入国家标准《土工试验方法标准》GB/T 50123—1999)以及按液限与塑限的相关关系确定塑限等。

(1) 联合测定法求液限、塑限

采用锥式液限仪以电磁放锥法对黏性土试样以不同的含水量进行若干次试验,并按测定结果在双对数坐标纸上作出 76g 圆锥体的入土深度与含水量的关系曲线(见图 4-26)。根据大量试验资料看,它接近于一根直线。如同时采用圆锥仪法及搓条法分别作液限、塑限试验进行比较,则对应于圆锥体入土深度为

10mm 及 2mm 时土样的含水量分别为该土的液限和塑限。

(2) 按液限和塑限的相关关系确定塑限

从大量试验资料统计分析，发现液限和塑限之间存在着下列线性关系：

$$w_P = aw_L + b \quad (4\text{-}15)$$

式中的系数 a、b 随地区、土类及其成因不同而异，目前已有许多地区积累了这方面的资料，并已在工程实践中使用。对于这些地区的黏性土，只要进行液限试验，就可以按已知的 a、b 值通过计算确定土的塑限。

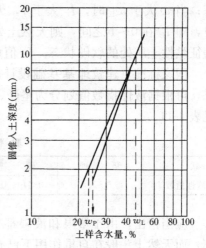

图 4-26 圆锥入土深度与含水量关系

2. 黏性土的塑性指数和液性指数

(1) 塑性指数 I_P

塑性指数 I_P 是指液限和塑限的差值，用不带百分数符号的数值表示，即：

$$I_P = w_L - w_P \quad (4\text{-}16)$$

它表示土处在可塑状态的含水量变化范围。显然塑性指数愈大，土处于可塑状态的含水量范围也愈大，可塑性就愈强。塑性指数的大小与土中结合水的发育程度和含量有关，亦即与土的颗粒组成（黏粒含量）、矿物成分及土中水的离子成分和浓度等因素有关。土中黏土颗粒含量越高，则土的比表面和相应的结合水含量愈高，因而 I_P 愈大。如土中不含或极少（例如小于 3%）含黏粒时，I_P 近于零；当黏粒含量增大，但小于 15% 时，I_P 值一般不超过 10，此时土表现出粉土特征；当黏粒含量再大，则土表现为黏性土的特征。按土粒的矿物成分，黏土矿物（其中尤以蒙脱石类）具有的结合水量最大，因而 I_P 值也最大。按土中水的离子成分和浓度而言，当高价阳离子的浓度增加时，土粒表面吸附的反离子层的厚度变薄，结合水含量相应减少，I_P 也小；反之，随着反离子层中低价阳离子的增加，I_P 变大。总之，土的塑性指数 I_P 值是组成土粒的胶体活动性强弱的特征指标。

由于塑性指数在一定程度上综合反映了影响黏性土特征的各种重要因素，因此，当土的生成条件相似时，塑性指数相近的黏性土，一般表现出相似的物理力学性质。所以常用塑性指数作为黏性土分类的标准。

(2) 液性指数 I_L

液性指数 I_L 是指黏性土的天然含水量和塑限的差值与塑性指数之比，用小数表示，即：

$$I_L = \frac{w - w_P}{w_L - w_P} = \frac{w - w_P}{I_P} \quad (4\text{-}17)$$

从式中可见，当土的天然含水量 w 小于 w_P 时，I_L 小于 0，天然土处于坚硬状态;当 w 大于 w_L 时,I_L 大于 1,天然土处于流动状态;当 w 在 w_P 与 w_L 之间时,即 I_L 在 0～1 之间,则天然土处于可塑状态。因此可以利用液性指数 I_L 来表征黏性土所处的软硬状态。I_L 值愈大,土质愈软;反之,土质愈硬。

国家标准《建筑地基基础设计规范》(GB 50007—2002)规定黏性土的状态,可根据液性指数值划分为坚硬、硬塑、可塑、软塑及流塑五种,其划分标准见表 4-11。

黏性土的状态　　　　表 4-11

状　态	坚　硬	硬　塑	可　塑	软　塑	流　塑
液性指数 I_L	$I_L \leqslant 0$	$0 < I_L \leqslant 0.25$	$0.25 < I_L \leqslant 0.75$	$0.75 < I_L \leqslant 1.0$	$I_L > 1.0$

应当指出,由于塑限和液限都是用扰动土进行测定的,土的结构已彻底破坏,而天然土一般在自重作用下已有很长的历史,具有一定的结构强度,以致土的天然含水量即使大于它的液限,一般也不发生流塑。含水量大于液限只是意味着,若土的结构遭到破坏,它将转变为流塑、流动状态。因此,上海市标准《岩土工程勘察规范》(DBJ 08-37-2002)规定,黏性土的天然状态根据 76g 瓦氏圆锥仪下沉深度 h (mm),按表 4-12 判定,是比较符合实际的。

黏性土的天然状态　　　　表 4-12

天然状态	坚　硬	硬　塑	可　塑	软　塑	流　塑
h (mm)	$h \leqslant 2$	$2 < h \leqslant 3$	$3 < h \leqslant 7$	$7 < h \leqslant 10$	$h > 10$

4.2.4　土的力学性质

建筑物的建造使地基土中原有的应力状态发生变化,从而引起地基变形,出现基础沉降;当建筑荷载过大,地基会发生大的塑性变形,甚至地基失稳。而决定地基变形以至失稳危险性的主要因素除上部荷载的性质、大小、分布面积与形状及时间因素等条件外,还在于地基土的力学性质,它主要包括土的变形和强度特性。

由于建筑物荷载差异和地基不均匀等原因,基础各部分的沉降或多或少总是不均匀的,使得上部结构之中相应地产生额外的应力和变形。基础不均匀沉降超过了一定的限度,将导致建筑物的开裂、歪斜甚至破坏,例如砖墙出现裂缝、吊车出现卡轨或滑轨、高耸构筑物的倾斜、机器转轴的偏斜以及与建筑物连接管道的断裂等等。因此,研究地基变形和强度问题,对于保证建筑物的正常使用和经济、牢固等,都具有很大的实际意义。

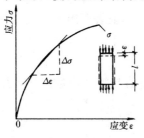

图 4-27　土的应力-应变关系曲线

对土的变形和强度性质,必须从土的应力与应变的基本关系出发来研究。根据土样的单轴压缩试验资料,当应力很小时土的应力-应变关系曲线就不是一根直线了(图4-27)。就是说,土的变形具有明显的非线性特征。然而,考虑到一般建筑物荷载作用下地基中应力的变化范围(应力增量$\Delta\sigma$)还不很大,如果用一条割线来近似地代替相应的曲线段,其误差可能不超过实用的允许范围。这样,就可以把土看成是一种线性变形体。而土的强度峰值则是按其应变不超过某个界限的相应应力值确定的。

天然地基一般由成层土组成,还可能具有尖灭和透镜体等交错层理的构造,即使是同一厚层土,其变形和强度性质也随深度而变。因此,地基土的非均质性是很显著的。但目前在一般工程中计算地基变形和强度的方法,都还是先把地基土看成是均质体,再利用某些假设条件,最后结合建筑经验加以修正的办法进行的。

1. 土的压缩性

(1) 基本概念

土在压力作用下体积缩小的特性称为土的压缩性。试验研究表明,在一般压力(100~600kPa)作用下,土粒和水的压缩与土的总压缩量之比是很微小的,因此完全可以忽略不计,所以把土的压缩看作为土中孔隙体积的减小。此时,土粒调整位置,重行排列,互相挤紧。饱和土压缩时,随着孔隙体积的减少土中孔隙水则被排出。

在荷载作用下,透水性大的饱和无黏性土,其压缩过程在短时间内就可以结束。然而,黏性土的透水性低,饱和黏性土中的水分只能慢慢排出,因此其压缩稳定所需的时间要比砂土长得多。土的压缩随时间而增长的过程,称为土的固结。饱和软黏性土的固结变形往往需要几年甚至几十年时间才能完成,因此必须考虑变形与时间的关系,以便控制施工加荷速率,确定建筑物的使用安全措施;有时地基各点由于土质不同或荷载差异,还需考虑地基沉降过程中某一时间的沉降差异。所以,对于饱和软黏性土而言,土的固结问题是十分重要的。

计算地基沉降量时,必须取得土的压缩性指标,无论用室内试验或原位试验来测定它,应该力求试验条件与土的天然状态及其在外荷作用下的实际应力条件相适应。在一般工程中,常用不允许土样产生侧向变形(完全侧限条件)的室内压缩试验来测定土的压缩性指标,其试验条件虽未能完全符合土的实际工作情况,但有其实用价值。

(2) 室内压缩试验和压缩性指标

室内压缩试验是用金属环刀切取保持天然结构的原状土样,并置于圆筒形压缩容器(图4-28)的刚性护环内,土样上下各垫有一块透水石,土样受压后土中水可以自由排出。由于金属环刀和刚性护环的限制,土样在压力作用下只可能发生竖向压缩,而无侧向变形。土样在天然状态下或经人工饱和后,进

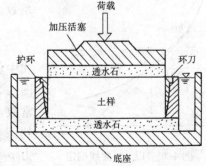

图4-28 压缩仪的压缩容器简图

行逐级加压固结，即可测定各级压力 p 作用下土样压缩稳定后的孔隙比变化。则土的孔隙比 e 与相应压力 p 的关系曲线，即土的压缩曲线，如图 3-29 所示。

压缩曲线按工程需要及试验条件，可用两种方式绘制，一种是采用普通直角坐标绘制的 e-p 曲线（图 4-29（a）），在常规试验中，一般按 $p=0.05$、0.1、0.2、0.3、0.4 MPa 五级加荷；另一种的横坐标则取 p 的常用对数取值，即采用半对数直角坐标纸绘制成 e-$\log p$ 曲线（图 4-29（b）），试验时以较小的压力开始，采取小增量多级加荷，并加到较大的荷载（例如 1～1.6MPa）为止。

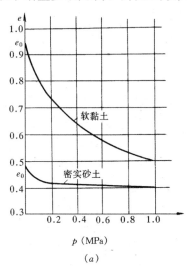 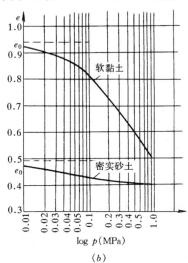

图 4-29 土的压缩曲线
(a) e-p 曲线；(b) e-$\log p$ 曲线

1) 土的压缩系数和压缩指数

压缩性不同的土，其 e-p 曲线的形状是不一样的。曲线愈陡，说明随着压力的增加，土孔隙比的减小愈显著，因而土的压缩性愈高。所以，曲线上任一点的切线斜率 a 就表示了相应于压力 p 作用下土的压缩性，故称 a 为压缩系数。

$$a = -\frac{de}{dp} \tag{4-18}$$

式中负号表示随着压力 p 的增加，e 逐渐减少。图 4-29（a）表示同一种土的压缩系数不是一个常数，而是随着所取压力变化范围的不同而改变的。实用上，一般研究土中某点由原来的自重应力 p_1 增加到外荷作用下的土中应力 p_2（自重应力与附加应力之和）这一压力间隔所表征的压缩

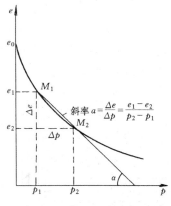

图 4-30 以 e-p 曲线确定压缩系数 a

性。如图4-30所示,设压力由 p_1 增至 p_2,相应的孔隙比由 e_1 减小到 e_2,则与应力增量 $\Delta p=p_2-p_1$ 对应的孔隙比变化为 $\Delta e=e_1-e_2$。此时,土的压缩性可用图中割线 M_1M_2 的斜率表示。设割线与横坐标的夹角为 α,则:

$$a = \tan\alpha = \frac{\Delta e}{\Delta p} = \frac{e_1 - e_2}{p_2 - p_1} \tag{4-19}$$

式中　a——土的压缩系数,MPa^{-1};

　　　p_1——一般是指地基某深度处土中竖向自重应力,MPa;

　　　p_2——地基某深度处土中自重应力与附加应力之和,MPa;

　　　e_1——相应于 p_1 作用下压缩稳定后的孔隙比;

　　　e_2——相应于 p_2 作用下压缩稳定后的孔隙比。

压缩系数愈大,表明在同一压力变化范围内土的孔隙比减小得愈多,也就是土的压缩性愈大。为了便于应用和比较,并考虑到一般建筑物地基通常受到的压力变化范围,一般采用压力间隔由 $p_1=0.1MPa$ 增加到 $p_2=0.2MPa$ 时所得的压缩系数 $a_{0.1-0.2}$ 来评定土的压缩性:

$a_{0.1-0.2}<0.1MPa^{-1}$ 时,属低压缩性土;

$0.1 \leqslant a_{0.1-0.2} < 0.5MPa^{-1}$ 时,属中压缩性土;

$a_{0.1-0.2} \geqslant 0.5MPa^{-1}$ 时,属高压缩性土。

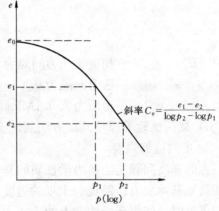

图 4-31　以 e-$\log p$ 曲线压缩指数求 C_c

土的 e-p 曲线改绘成半对数压缩曲线 e-$\log p$ 曲线时,它的后段接近直线(图4-31)。其斜率 C_c 为:

$$C_c = \frac{e_1 - e_2}{\log p_2 - \log p_1} = (e_1 - e_2)/\log\frac{p_2}{p_1} \tag{4-20}$$

式中　C_c 称为土的压缩指数;

　　　其他符号意义同式(4-19)。

同压缩系数 a 一样,压缩指数 C_c 值越大,土的压缩性越高。从图4-31可见 C_c 与 a 不同,它在直线段范围内并不随压力而变,试验时要求斜率确定得很仔细,否则出入很大。低压缩性土的 C_c 值一般小于0.2,C_c 值大于0.4一般属于高压缩性土。采用 e-$\log p$ 曲线可分析研究应力历史对土的压缩性的影响,这对重要建筑物的沉降计算具有现实意义。

2) 压缩模量

根据 e-p 曲线,可以求算另一个压缩性指标——压缩模量 E_s。它的定义是

土在完全侧限条件下的竖向附加压应力与相应的应变增量之比值。土的压缩模量 E_s 的计算式可由其定义导得:

$$E_s = \frac{\Delta p}{\Delta \varepsilon} = \frac{p_2 - p_1}{\frac{e_1 - e_2}{1 + e_1}} = \frac{1 + e_1}{a} \quad (4-21)$$

式中　E_s——土的压缩模量，MPa；

　　　a、e_1——意义同式（4-19）。

土的压缩模量 E_s 是以另一种方式表示土的压缩性指标，它与压缩系数 a 成反比，即 E_s 越小土的压缩性越高。为了便于比较和应用，通常采用压力间隔 $p_1 = 0.1$MPa 和 $p_2 = 0.2$MPa 所得的压缩模量 $E_{s(0.1-0.2)}$，则式（3-21）改为：

$$E_{s(0.1-0.2)} = \frac{1 + e_{0.1}}{a_{0.1-0.2}} \quad (4-22)$$

式中　$E_{s(0.1-0.2)}$——相应于压力间隔为 $0.1 \sim 0.2$MPa 时土的压缩模量，MPa；

　　　$a_{0.1-0.2}$——压力间隔为 $0.1 \sim 0.2$MPa 时土的压缩系数；

　　　$e_{0.1}$——为压力为 0.1MPa 时土的孔隙比。

3）载荷试验等原位测试方法测定土的变形模量 E。见第 7 章。

2. 土的抗剪强度

土的强度问题是土的力学性质的基本问题之一。在工程实践中，土的强度问题涉及地基承载力；路堤、土坝的边坡和天然土坡的稳定性以及土作为工程结构物的环境时，作用于结构物上的土压力和山岩压力等问题，如图 4-32 所示。土体在通常应力状态下的破坏，表现为塑性破坏，或称剪切破坏。即在土的自重或外荷载作用下，在土体中某一个曲面上产生的剪应力值达到了土对剪切破坏的极限抗力（这个极限抗力称为土的抗剪强度），于是土体沿着该曲面发生相对滑移，土体失稳。所以，土的强度问题实质上是土的抗剪强度问题。

（1）无黏性土的抗剪强度

测定土抗剪强度最简单的方法是直接剪切试验。图 4-33 为直接剪切仪示意图，该仪器的主要部分由固定的上盒和活动的下盒组成，试样放在盒内上下两块透水石之间。试验时，先通过压板加法向力 P，然后在下盒施加水平力 T，使它发生水平位移而使试样沿上下盒之

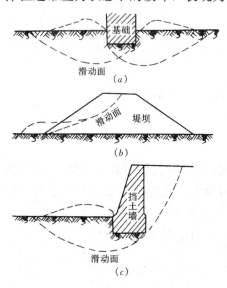

图 4-32　土的强度破坏的工程类型

间的水平面上受剪切直至破坏。设在一定法向力 P 作用下,土样到达剪切破坏的水平作用力为 T,若试样的水平截面积为 F,则正压应力 $\sigma=\dfrac{P}{F}$,此时,土的抗剪强度 $\tau=\dfrac{T}{F}$。

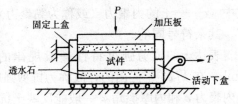

图 4-33 直接剪切仪示意图

试验时,通常用四个相同的试样,使它们分别在不同的正压应力 σ 作用下剪切破坏,得出相应的抗剪强度 τ_1、τ_2、τ_3、τ_4,将试验结果绘成如图 4-34 所示的抗剪强度与正压应力关系曲线。无黏性土的试验结果表明,它是通过坐标原点而

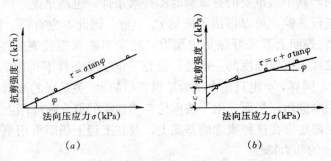

图 4-34 抗剪强度与正压应力之间的关系
(a) 无黏性土;(b) 黏性土

与横坐标成 φ 角的直线(图 4-34(a))。因此,抗剪强度与正压应力之间的关系可用以下直线方程表示:

$$\tau=\sigma\tan\varphi \tag{4-23}$$

式中 τ ——土的抗剪强度,kPa;
 σ ——作用于剪切面上的正压应力,kPa;
 φ ——土的内摩擦角。

由式(4-23)可知,无黏性土的抗剪强度不但决定于内摩擦角的大小,而且还随正压应力的增加而增加,而内摩擦角的大小与无黏性土的密实度、土颗粒大小、形状、粗糙度和矿物成分以及粒径级配的好坏程度等因素都有关,无黏性土的密实度愈大、土颗粒愈大、形状愈不规则、表面愈粗糙、级配愈好,则内摩擦角愈大。此外,无黏性土的含水量对 φ 角的影响是水分在较粗颗粒之间起滑润作用,使摩阻力降低。

(2)黏性土的抗剪强度

在一定排水条件下,对黏性土试样进行剪切试验,其结果如图 4-34(b)所示。试验结果表明,黏性土的正压应力与抗剪强度之间基本上仍成直线关系,但不通过原点,其方程可写为:

$$s=c+\sigma\tan\varphi \tag{4-24}$$

式中　c——土的内聚力（或称为黏聚力），kPa；

其余符号同前。

表达土的抗剪强度特性一般规律的式（4-23）和（4-24）是库伦（Coulomb）在1773年提出的，故称为抗剪强度的库伦定律。在一定试验条件下得出的内聚力 c 和内摩擦角 φ 一般能反映土抗剪强度的大小，故称 c 和 φ 为土的抗剪强度指标。过去对式（4-23）和式（4-24）的一种比较简单的说明是：无黏性土的试验结果 $c=0$，是因为它无黏聚性；而黏性土的试验结果出现 c，故将 c 理解为黏聚力。

经过长期的试验，人们已认识到，土的抗剪强度指标 c 和 φ 是随试验时的若干条件而变的，其中最重要的是试验时的排水条件，也就是说，同一种土在不同排水条件下进行试验，可以得出不同的 c、φ 值。因此，也有将 c 称为"视黏聚力"，意思是它表面上看来好像是内聚力，其实不能真正代表黏性土的内聚力，而只能代表黏性土抗剪强度的一部分，是在一定试验条件下得出的 σ-s 关系线在 s 轴上的截距，同样，φ 也只是由试验结果得出的 σ-s 关系线的倾斜角，不能真正代表粒间的内摩擦角。然而，由于按库伦定律建立的概念在应用上比较方便，许多分析方法也都建立在这种概念的基础上，故在工程上仍旧沿用至今。

3. 关于土的动力特性

前面所述为土体在静荷载作用下的压缩性和抗剪强度等力学性质问题，而在震动或机器基础等的振动作用下，土体会发生一系列不同于静力作用下的物理力学现象。一般而言，土体在动荷载作用下抗剪强度将有所降低，并且往往产生附加变形。

土体在动荷载作用下抗剪强度降低及变形增大的幅度除取决于土的类别和状态等特性外，还与动荷载的振幅、频率及震动（或振动）加速度有关。

§4.3　土的工程分类

4.3.1　土的工程分类原则和体系

土的工程分类是从事土的工程性质研究的重要基础理论课题。研究制定一个既反映我国土质条件和多年建筑经验，又尽可能靠近国际上较为通用的分类标准，并切实可行的土的工程分类，是十分重要的。土的工程分类的目的在于：

（1）根据土类，可以大致判断土的基本工程特性，并可结合其他因素评价地基土的承载力、抗渗流与抗冲刷稳定性，在振动作用下的可液化性以及作为建筑材料的适宜性等；

（2）根据土类，可以合理确定不同土的研究内容与方法；

（3）当土的性质不能满足工程要求时，也需根据土类（结合工程特点）确定相应的改良与处理方法。

因此,综合性的土的工程分类应遵循以下原则:

(1) 工程特性差异性的原则。即分类应综合考虑土的各种主要工程特性(强度与变形特性等),用影响土的工程特性的主要因素作为分类的依据,从而使所划分的不同土类之间,在其各主要的工程特性方面有一定的质的或显著的量的差别,为前提条件。

(2) 以成因、地质年代为基础的原则。因为土是自然历史的产物,土的工程性质受土的成因(包括形成环境)与形成年代控制。在一定的形成条件,并经过某些变化过程的土,必然有与之相适应的物质成分和结构以及一定的空间分布规律和土层组合,因而决定了土的工程特性;形成年代不同,则使土的固结状态和结构强度有显著的差异。

(3) 分类指标便于测定的原则。即采用的分类指标,要既能综合反映土的基本工程特性,又要测定方法简便。

土的工程分类体系,目前国内外主要有两种:

(1) 建筑工程系统的分类体系——侧重于把土作为建筑地基和环境,故以原状土为基本对象。因此,对土的分类除考虑土的组成外,很注重土的天然结构性,即土的粒间连结性质和强度。例如我国国家标准《建筑地基基础设计规范》(GB 50007—2002)和《岩土工程勘察规范》(GB 50021—2001)的分类。

(2) 材料系统的分类体系——侧重于把土作为建筑材料,用于路堤、土坝和填土地基等工程,故以扰动土为基本对象,对土的分类以土的组成为主,不考虑土的天然结构性。例如,我国国家标准《土的分类标准》(GBJ145—90)。

4.3.2 我国土的工程分类

目前国内作为国家标准和应用较广的土的工程分类主要有前述《建筑地基基础设计规范》和《岩土工程勘察规范》的分类。

该分类体系源于原苏联天然地基设计规范,结合我国土质条件和50多年实践经验,经改进补充而成。其主要特点是,在考虑划分标准时,注重土的天然结构连结的性质和强度,始终与土的主要工程特性——变形和强度特征紧密联系。因此,首先考虑了按堆积年代和地质成因的划分,同时将某些特殊形成条件和特殊工程性质的区域性特殊土与普通土区别开来。在以上基础上,总体再按颗粒级配或塑性指数分为碎石土、砂土、粉土和黏性土四大类,并结合堆积年代、成因和某种特殊性质综合定名。

这种分类方法简单明确,科学性和实用性强,多年来已被我国各工程界所熟悉和广泛应用。其划分原则与标准分述如下:

(1) 土按堆积年代可划分以下三类:

1) 老堆积土:第四纪晚更新世 Q_3 及其以前堆积的土层,一般呈超固结状态，具有较高的结构强度；

2）一般堆积土：第四纪全新世（文化期以前 Q_4）堆积的土层；

3）新近堆积土：文化期以来新近堆积的土层 Q_4，一般呈欠压密状态，结构强度较低。

（2）土根据地质成因可分为残积土、坡积土、洪积土、冲积土、湖积土、海积土、冰碛土及冰水沉积土和风积土。各成因类型沉积土的特征见本章§4.4。

（3）土根据有机质含量可按表4-13分为无机土、有机质土、泥炭质土和泥炭。

（4）具有一定分布区域或工程意义上具有特殊成分、状态和结构特征的土称为特殊性土，规范分为湿陷性土、红黏土、软土（包括淤泥和淤泥质土）、混合土、填土、多年冻土、膨胀土、盐渍土、污染土。其中在我国分布较广的特殊性土的工程特性见§4.5节。

（5）土按颗粒级配和塑性指数分为碎石土、砂土、粉土和黏性土。

1）碎石土：粒径大于2mm的颗粒含量超过全重50%的土。根据颗粒级配和颗粒形状按表4-14分为漂石、块石、卵石、碎石、圆砾和角砾。

2）砂土：粒径大于2mm的颗粒含量不超过全重50%，且粒径大于0.075mm的颗粒含量超过全重50%的土。根据颗粒级配按表4-15分为砾砂、粗砂、中砂、细砂和粉砂。

土按有机质含量分类　　　　　　　　　　表 4-13

分类名称	有机质含量 W_u（%）	现场鉴别特征	说明
无机土	$W_u<5\%$		
有机质土	$5\%\leq W_u\leq 10\%$	灰、黑色，有光泽，味臭，除腐殖质外尚含少量未完全分解的动植物体，浸水后水面出现气泡，干燥后体积收缩	① 如现场能鉴别有机质土或有地区经验时，可不做有机质含量测定；② 当 $w>w_L$，$1.0\leq e<1.5$ 时称淤泥质土；③ 当 $w>w_L$，$e\geq 1.5$ 时称淤泥
泥炭质土	$10\%<W_u\leq 60\%$	深灰或黑色，有腥臭味，能看到未完全分解的植物结构，浸水体胀，易崩解，有植物残渣浮于水中，干缩现象明显	根据地区特点和需要可按 W_u 细分为：弱泥炭质土（$10\%<W_u\leq 25\%$）；中泥炭质土（$25\%<W_u\leq 40\%$）；强泥炭质土（$40\%<W_u\leq 60\%$）
泥炭	$W_u>60\%$	除有泥炭质土特征外，结构松散，土质很轻，暗无光泽，干缩现象极为明显	

注：有机质含量 W_u 按灼失量试验确定。

碎石土分类 表4-14

土的名称	颗粒形状	颗粒级配
漂石	圆形及亚圆形为主	粒径大于200mm的颗粒超过全重50%
块石	棱角形为主	
卵石	圆形及亚圆形为主	粒径大于20mm的颗粒超过全重50%
碎石	棱角形为主	
圆砾	圆形及亚圆形为主	粒径大于2mm的颗粒超过全重50%
角砾	棱角形为主	

注：定名时，应根据颗粒级配由大到小以最先符合者确定。

砂土分类 表4-15

土的名称	颗粒级配	土的名称	颗粒级配
砾砂	粒径大于2mm的颗粒占全重25%～50%	细砂	粒径大于0.075mm的颗粒超过全重85%
粗砂	粒径大于0.5mm的颗粒超过全重50%	粉砂	粒径大于0.075mm的颗粒超过全重50%
中砂	粒径大于0.25mm的颗粒超过全重50%		

注：1. 定名时应根据颗粒级配由大到小以最先符合者确定。
2. 当砂土中，小于0.075mm的土的塑性指数大于10时，应冠以"含黏性土"定名，如含黏性土粗砂等。

3）粉土：粒径大于0.075mm的颗粒不超过全重50%，且塑性指数小于或等于10的土。根据颗粒级配（黏粒含量）按表4-16分为砂质粉土和黏质粉土。

4）黏性土：塑性指数大于10的土。根据塑性指数I_P按表4-17分为粉质黏土和黏土。

粉土分类 表4-16

土的名称	颗粒段配
砂质粉土	粒径小于0.005mm的颗粒含量不超过全重10%
黏质粉土	粒径小于0.005mm的颗粒含量超过全重10%

黏性土分类 表4-17

土的名称	塑性指数
粉质黏土	$10 < I_P \leq 17$
黏土	$I_P > 17$

注：确定塑性指数I_P时，液限以76g瓦氏圆锥仪入土深度10mm为准；塑限以搓条法为准。

§4.4 土的成因类型特征

如前所述，根据土的地质成因，土可分为：残积土、坡积土、洪积土、冲积土、湖积土、海积土、冰积及冰水沉积土和风积土。一定成因类型的土具有一定的沉积环境、具有一定的土层空间分布规律和一定的土类组合、物质组成及结构特征。但同一成因类型的土,在沉积形成后,可能遭到不同的自然地质条件和人为因素的变化,而具有不同的工程特性。

4.4.1 残 积 土 (Q^{el})

残积土是岩石经风化后未被搬运的那一部分原岩风化剥蚀后的产物,而另一部分则被降水和风所带走。它的分布主要受地形的控制。在宽广的分水岭地带,由雨水产生的地表径流速度很小,风化产物易于保留,残积土就比较厚(图 4-35),在平缓的山坡上也常有残积土覆盖。

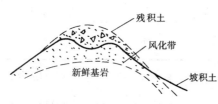

图 4-35 残积土层剖面

由于残积土是未经搬运的,颗粒不可能被磨圆或分选,一般呈棱角状,无层理构造。而且由于其中细小颗粒往往被冲刷带走,故孔隙度大。

残积土与基岩之间没有明显的界限,通常经过一个基岩风化层(带)而过渡到新鲜基岩,土的成分和结构呈过渡变化。

山区的残积土因原始地形变化大,且岩层风化程度不一,所以其土层厚度、组成成分、结构以至其物理力学性质在很小范围内变化极大,均匀性很差,加上其孔隙度较大,作为建筑物地基容易引起不均匀沉降;在山坡的残积土分布地段,常有因修筑建筑物而产生沿下部基岩面或某软弱面的滑动等不稳定问题。

4.4.2 坡 积 土 (Q^{dl})

坡积土是经雨雪水的细水片流缓慢洗刷、剥蚀,及土粒在重力作用下顺着山坡逐渐移动形成的堆积物。它一般分布在坡腰上或坡脚下,其上部与残积土相接(图4-36)。坡积土底部的倾斜度决定于基岩边坡的倾斜程度,而表面倾斜度则与生成时间有关,时间越长,搬运、沉积在山坡下部的物质越厚,表面倾斜度就越小。

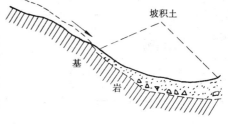

图 4-36 坡积土层剖面

坡积土的颗粒组成有沿斜坡由上而下、由粗变细的分选现象。在垂直剖面上,下部与基岩接触处往往是碎石、角砾土,其中充填有黏性土或砂土。上部较细,多为黏性土;矿物成分与下部基岩无直接关系;土质(成分、结构)上下不均一,结构疏松,压缩性高,且土层厚度变化大,故对建筑物常有不均匀沉降问题;由于其下部基岩面往往富水,工程中易产生沿下卧残积层或基岩面的滑动等不稳定问题。

4.4.3 洪 积 土（Q^{pl}）

是由暴雨或大量融雪骤然集聚而成的暂时性山洪急流带来的碎屑物质在山沟的出口处或山前倾斜平原堆积形成的洪积土体。山洪携带的大量碎屑物质流出沟谷口后，因水流流速骤减而呈扇形沉积体，称洪积扇。离山口近处堆积了分选性差的粗碎屑物质，颗粒呈棱角状。离山口远处，因水流速度减小，沉积物逐渐变细，由粗碎屑土（如块石、碎石、粗砂土）逐渐过渡到分选性较好的砂土、黏性土。洪积物颗粒虽有上述离山远近而粗细不同的分选现象，但因历次洪水能量不尽相同，堆积下来的物质也不一样，因此洪积物常具有不规划的交替层理构造，并具有夹层、尖灭或透镜体等构造。相邻山口处的洪积扇常常相互连接成洪积裙，并可发展为洪积平原。洪积平原地形坡度平缓，有利于城镇、工厂建设及道路的建筑。

洪积土作为建筑物地基，一般认为是较理想的，尤其是离山前较近的洪积土颗粒较粗，地下水位埋藏较深，具有较高的承载力，压缩性低，是建筑物的良好地基。在离山区较远的地带，洪积物的颗粒较细、成分较均匀、厚度较大，一般也是良好的天然地基。但应注意的是上述两地段的中间过渡地带，常因粗碎屑土与细粒黏性土的透水性不同而使地下水溢出地表形成沼泽地带，且存在尖灭或透镜体，因此土质较差，承载力较低，工程建设中应注意这一地区的复杂地质条件。

4.4.4 冲 积 土（Q^{al}）

冲积土是由河流的流水作用将碎屑物质搬运到河谷中坡降平缓的地段堆积而成的，它发育于河谷内及山区外的冲积平原中。根据河流冲积物的形成条件，可分为河床相、河漫滩相、牛轭湖相及河口三角洲相。

河床相冲积土主要分布在现河床地带，其次是阶地上。河床相冲积土在山区河流或河流上游大多是粗大的石块、砾石和粗砂；中下游或平原地区沉积物逐渐变细。冲积物由于经过流水的长途搬运，相互磨蚀，所以颗粒磨圆度较好，没有巨大的漂砾，这与洪积土的砾石层有明显差别。山区河床冲积土厚度不大，一般不超过10m，但也有近百米的，而平原地区河床冲积土则厚度很大，一般超过几十米至数百米，甚至千米；河漫滩相冲积土是在洪水期河水漫溢河床两侧，携带碎屑物质堆积而成的，土粒较细，可以是粉土、粉质黏土或黏土，并常夹有淤泥或泥炭等软弱土层，覆盖于河床相冲积土之上，形成常见的上细下粗的冲积土的"二元结构"；牛轭湖相冲积土是在废河道形成的牛轭湖中沉积成的松软土，颗粒很细，常含大量有机质，有时形成泥炭；在河流入海或入湖口，所搬运的大量细小颗粒沉积下来，形成面积宽广而厚度极大的三角洲沉积物，这类沉积物通常含有淤泥质土或淤泥层。

总之河流冲积土随其形成条件不同，具有不同的工程地质特性。古河床相土的压缩性低，强度较高，是工业与民用建筑的良好地基，而现代河床堆积物的密实度较差，透水性强，若作为水工建筑物的地基则将引起坝下渗漏。饱水的砂土还可能由于振动而引起液化。河漫滩相冲积物覆盖于河床相冲积土之上形成的具有双层结构的冲积土体常被作为建筑物的地基，但应注意其中的软弱土层夹层。牛轭湖相冲积土是压缩性很高及承载力很低的软弱土，不宜作为建筑物的天然地基。三角洲沉积物常常是饱和的软黏土，承载力低，压缩性高，若作为建筑物地基，则应慎重对待。但在三角洲冲积物的最上层，由于经过长期的压实和干燥，形成所谓硬壳层，承载力较下面的为高，一般可用作低层或多层建筑物的地基。

4.4.5 湖泊沉积物（Q^l）

湖泊沉积物可分为湖边沉积物和湖心沉积物。湖边沉积物是湖浪冲蚀湖岸形成的碎屑物质在湖边沉积而形成的，湖边沉积物中近岸带沉积的多是粗颗粒的卵石、圆砾和砂土，远岸带沉积的则是细颗粒的砂土和黏性土。湖边沉积物具有明显的斜层理构造，近岸带土的承载力高，远岸带则差些。湖心沉积物是由河流和湖流挟带的细小悬浮颗粒到达湖心后沉积形成的，主要是黏土和淤泥，常夹有细砂、粉砂薄层，土的压缩性高，强度很低。

若湖泊逐渐淤塞，则可演变为沼泽，沼泽沉积土称为沼泽土，主要由半腐烂的植物残体和泥炭组成的，泥炭的含水量极高，承载力极低，一般不宜作天然地基。

4.4.6 海洋沉积物（Q^m）

按海水深度及海底地形，海洋可分为滨海带、浅海区、陆坡区和深海区，相应的四种海相沉积物性质也各不相同。滨海沉积物主要由卵石、圆砾和砂等组成，具有基本水平或缓倾的层理构造，其承载力较高，但透水性较大。浅海沉积物主要由细粒砂土、黏性土、淤泥和生物化学沉积物（硅质和石灰质）组成，有层理构造，较滨海沉积物疏松、含水量高、压缩性大而强度低。陆坡和深海沉积物主要是有机质软泥，成分均一。海洋沉积物在海底表层沉积的砂砾层很不稳定，随着海浪不断移动变化，选择海洋平台等构筑物地基时，应慎重对待。

4.4.7 冰积土和冰水沉积土（Q^{gl}）

冰积土和冰水沉积土是分别由冰川和冰川融化的冰下水进行搬运堆积而成。其颗粒以巨大块石、碎石、砂、粉土及黏性土混合组成。一般分选性极差，无层理，但冰水沉积常具斜层理。颗粒呈棱角状，巨大块石上常有冰川擦痕。

4.4.8 风 积 土（Q^{eol}）

风积土是指在干旱的气候条件下，岩石的风化碎屑物被风吹扬，搬运一段距离后，在有利的条件下堆积起来的一类土。颗粒主要由粉粒或砂粒组成，土质均匀，质纯，孔隙大，结构松散。最常见的是风成砂及风成黄土，风成黄土具有强湿陷性。

§4.5 特殊土的主要工程性质

我国幅员广大，地质条件复杂，分布土类繁多，工程性质各异。有些土类，由于地质、地理环境、气候条件、物质成分及次生变化等原因而各具有与一般土类显著不同的特殊工程性质，当其作为建筑场地、地基及建筑环境时，如果不注意这些特点，并采取相应的治理措施，就会造成工程事故。人们把这些具有特殊工程性质的土称为特殊土。各种天然或人为形成的特殊土的分布，都有其一定的规律，表现一定的区域性。

在我国，具有一定分布区域和特殊工程意义的特殊土包括各种静水环境沉积的软土；主要分布于西北、华北等干旱、半干旱气候区的湿陷性黄土；西南亚热带湿热气候区的红黏土；主要分布于南方和中南地区的膨胀土；高纬度、高海拔地区的多年冻土及盐渍土、人工填土和污染土等。本节主要阐述我国软土、黄土、红黏土、膨胀土及人工填土的分布、特征及其工程性质问题。

4.5.1 软 土

软土泛指淤泥及淤泥质土，是第四纪后期于沿海地区的滨海相、泻湖相、三角洲相和溺谷相；内陆平原或山区的湖相和冲积洪积沼泽相等静水或非常缓慢的流水环境中沉积，并经生物化学作用形成的饱和软黏性土。它富含有机质，天然含水量 w 大于液限 w_L，天然孔隙比 e 大于或等于 1.0。其中：

当 $e \geqslant 1.5$ 时，称淤泥；

当 $1.5 > e \geqslant 1.0$ 时，称淤泥质土，它是淤泥与一般黏性土的过渡类型；

当土中有机质含量 $\geqslant 5\%$，而 $\leqslant 10\%$ 时，称有机质土；当有机质含量 $> 10\%$，$\leqslant 60\%$ 以及 $> 60\%$ 者，分别称为泥炭质土和泥炭。泥炭是未充分分解的植物遗体堆积而成的一种高有机质土，呈深褐—黑色。其含水量极高，压缩性很大且不均匀，往往以夹层或透镜体构造存在于一般黏性土或淤泥质土层中，对工程极为不利。

1. 软土的组成和结构特征

软土的组成成分和状态特征是由其生成环境决定的。由于它形成于上述水流不通畅、饱和缺氧的静水盆地，这类土主要由黏粒和粉粒等细小颗粒组成。淤泥的黏粒含量较高，一般达 $30\% \sim 60\%$。黏粒的黏土矿物成分以水云母和蒙德石为主。有机质含量一般为 $5\% \sim 15\%$，最大达 $17\% \sim 25\%$。这些黏土矿物和有机质颗粒表面带有大量负电荷，与水分子作用非常强烈，因而在其颗粒外围形成很厚的结合水膜，且在沉积过程中由于粒间静电引力和分子引力作用，形成絮状和蜂窝状结构。所以，软土含大量的结合水，并由于存在一定强度的粒间连结而具有显著的结构性。

2. 软土的物理力学特性

由于软土的生成环境及上述粒度、矿物组成和结构特征，结构性显著且处于形成初期，故具有以下的工程特性：

(1) 高含水量和高孔隙性。

软土的天然含水量总是大于液限。据统计：软土的天然含水量一般为 50%～70%，山区软土有时高达 200%。天然含水量随液限的增大成正比增加。天然孔隙比在 1～2 之间，最大达 3～4。其饱和度一般大于 95%，因而天然含水量与其天然孔隙比呈直线变化关系。软土的如此高含水量和高孔隙性特征是决定其压缩性和抗剪强度的重要因素。

(2) 渗透性低

软土的渗透系数一般在 $i\times 10^{-4}\sim i\times 10^{-8}$ cm/s 之间，而大部分滨海相和三角洲相软土地区，由于该土层中夹有数量不等的薄层或极薄层粉、细砂、粉土等，故在水平方向的渗透性较垂直方向要大得多。

由于该类土渗透系数小、含水量大且呈饱和状态，这不但延缓其土体的固结过程，而且在加荷初期，常易出现较高的孔隙水压力，对地基强度有显著影响。

(3) 压缩性高

软土均属高压缩性土，其压缩系数 $a_{0.1\sim 0.2}$ 一般为 $0.7\sim 1.5\text{MPa}^{-1}$，最大达 4.5MPa^{-1}（例如渤海海淤），它随着土的液限和天然含水量的增大而增高。

由于该类土具有上述高含水量、低渗透性及高压缩性等特性，因此，就其土质本身的因素（还有上部结构的荷重、基础面积和形状、加荷速度、施工条件等因素）而言，该类土在建筑荷载作用下的变形有如下特征：

1) 变形大而不均匀

在相同建筑荷载及其分布面积与形式条件下，软土地基的变形量比一般黏性土地基要大几倍至十几倍。因此上部荷重的差异和复杂的体型都会引起严重的差异沉降和倾斜，如图 4-37a 表明福州市某单位办公楼的差异沉降达 10 倍多，而即使在同一荷重及简单平面形式下，其差异沉降也有可能达到 50% 以上（图 4-37b）。

2) 变形稳定历时长

因软土的渗透性很弱，水分不易

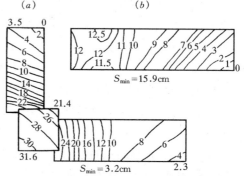

图 4-37 软土地基的差异沉降
(a) 福州某单位办公楼差异沉降等值线图（中部四层、两侧三层混合结构，各部位地基条件大致相同）；
(b) 某医学院学生宿舍差异沉降等值线图（三层混合结构，地基条件同上）图中"0"点即 S_{min}

排出，故使建筑物沉降稳定历时较长。例如沿海闽、浙一带这种软黏土地基上的大部分建筑物在建成约 5 年之久的时间后，往往仍保持着每年 1cm 左右的沉降速率，其中有些建筑物则每年下沉 3～4cm。

(4) 抗剪强度低

软土的抗剪强度小且与加荷速度及排水固结条件密切相关。不排水三轴快剪所得抗剪强度值很小，且与其侧压力大小无关，即其内摩擦角为零，其内聚力一般都小于 20kPa；直剪快剪内摩擦角一般为 2°～5°，内聚力为 10～15kPa；排水条件下的抗剪强度随固结程度的增加而增大，固结快剪的内摩擦角可达 8°～12°，内聚力为 20kPa 左右。这是因为在土体受荷时，其中孔隙水在充分排出的条件下，使土体得到正常的压密，从而逐步提高其强度。因此，要提高软土地基的强度，必须控制施工和使用时的加荷速度，特别是在开始阶段加荷不能过大，以便每增加一级荷重与土体在新的受荷条件下强度的提高相适应。如果相反，则土中水分将来不及排出，土体强度不但来不及得到提高，反而会由于土中孔隙水压力的急剧增大，有效应力降低，而产生土体的挤出破坏。

(5) 较显著的触变性和蠕变性

由于软土的结构性在其强度的形成中占据相当重要的地位，则触变性也是它的一个突出的性质。关于软土触变性的特点、实质、评价标准及其工程意义，见本章 4.1.3。我国东南沿海地区的三角洲相及滨海—潟湖相软土的灵敏度一般在 4～10 之间，个别达 13～15。

软土的蠕变性是比较明显的。表现在长期恒定应力作用下，软土将产生缓慢的剪切变形，并导致抗剪强度的衰减；在固结沉降完成之后，软土还可能继续产生可观的次固结沉降。上海等地许多工程的现场实测结果表明：当土中孔隙水压力完全消散后，建筑物还继续沉降。

4.5.2 湿陷性黄土

1. 湿陷性黄土的特征和分布

黄土是第四纪干旱和半干旱气候条件下形成的一种特殊沉积物。颜色多呈黄色、淡灰黄色或褐黄色；颗粒组成以粉土粒（其中尤以粗粉土粒，粒径为 0.05～0.01mm) 为主，约占 60%～70%，粒度大小较均匀，黏粒含量较少，一般仅占 10%～20%；含碳酸盐、硫酸盐及少量易溶盐；含水量小，一般仅 8%～20%；孔隙比大，一般在 1.0 左右，且具有肉眼可见的大孔隙；具有垂直节理，常呈现直立的天然边坡。

黄土按其成因可分为原生黄土和次生黄土。一般认为，具有上述典型特征，没有层理的风成黄土为原生黄土。原生黄土经过水流冲刷、搬运和重新沉积而形成的为次生黄土。次生黄土有坡积、洪积、冲积、坡积-洪积、冲积-洪积及冰水沉积等多种类型。它一般不完全具备上述黄土特征，具有层理，并含有较多的砂粒以至细砾,故也称为黄土状土。

黄土和黄土状土(以下统称黄土)在天然含水量时一般呈坚硬或硬塑状态,具有较高的强度和低的或中等偏低的压缩性,但遇水浸湿后,有的即使在其自重作用下也会发生剧烈而大量的沉陷(称为湿陷性),强度也随之迅速降低;而有些地区的黄土却并不发生湿陷。可见,同是黄土,但遇水浸湿后的反应却有很大差别。凡天然黄土在上覆土的自重压力作用下,或在上覆土的自重压力与附加压力共同作用下,受水浸湿后土的结构迅速破坏而发生显著附加下沉的,称为湿陷性黄土,否则,称为非湿陷性黄土。而非湿陷性黄土的工程性质接近一般黏性土。因此,分析、判别黄土是否属于湿陷性的、其湿陷性强弱程度以及地基湿陷类型和湿陷等级,是黄土地区工程勘察与评价的核心问题。

黄土在我国分布很广,面积约 63 万 km^2。其中湿陷性黄土约占 3/4,遍及甘、陕、晋的大部分地区以及豫、宁、冀等部分地区。此外,新疆和鲁、辽等地也有局部分布。由于各地的地理、地质和气候条件的差别,湿陷性黄土的组成成分、分布地带、沉积厚度、湿陷特征和物理力学性质也因地而异,其湿陷性由西北向东南逐渐减弱,厚度变薄。详见《湿陷性黄土地区建筑规范》(GB 50025—2004)附录 A:中国湿陷性黄土工程地质分区图及其附表。

同时,由于黄土形成的地质年代和所处的自然地理环境不同,其组成与结构特征及工程特性又有明显的差异。

我国黄土按形成年代的早晚,有老黄土和新黄土之分。黄土形成年代愈久,由于盐分溶滤较充分,固结成岩程度大,大孔结构退化,土质愈趋密实,强度高而压缩性小,湿陷性减弱甚至不具湿陷性。反之,形成年代愈短,其特性相反。

老黄土包括早更新世 Q_1 午城黄土和中更新世 Q_2 离石黄土,土质密实,颗粒均匀,无大孔或略具大孔结构,一般无湿陷性,承载力高,常可达 400kPa 以上。

新黄土包括晚更新世 Q_3 马兰黄土和全新世 Q_4^1 次生黄土,它广泛覆盖在老黄土之上的河岸阶地,颗粒均匀或较为均匀,结构疏松,大孔发育,一般具有湿陷性,其承载力一般在 150~250kPa。一般湿陷性黄土大多指这类黄土。

全新世 Q_4^2 新近堆积黄土,形成历史较短,只有几十至几百年的历史,多分布于河漫滩、低阶地、山间洼地的表层及洪积、坡积地带,厚度仅数米,但结构松散,大孔排列杂乱,多虫孔,常具有高压缩性和湿陷性,承载力较低,一般仅为 75~130kPa。

2. 黄土湿陷性的形成及影响因素

(1) 黄土湿陷性的形成原因

对于黄土具有湿陷性的原因,研究表明,黄土的结构特征及其物质组成是产生湿陷的内在因素。而水的浸润和压力作用仅是产生湿陷的外部条件。

黄土的结构是在形成黄土的整个历史过程中造成的,干旱和半干旱的气候是黄土形成的必要条件。季节性的短期降雨把松散的粉粒黏聚起来,而长期的干旱气候又使土中水分不断蒸发，于是，少量的水分连同溶于其中的盐类便集中在粗粉粒的接触点处。可溶盐类逐渐浓缩沉淀而成为胶结物。随着含水量的减少土粒彼此靠近，颗粒间的分子引力以及结合水和毛细水的连结力也逐渐加大，这些因素都增强了土粒之间抵抗滑移的能力，阻止了土体的自重压密，形成了以粗粉粒为主体骨架的多孔隙及大孔隙结构（如图 4-38）。当黄土受水浸湿时，结合水膜增厚楔入颗粒之间，于是，结合水连结消失，盐类溶于水中，骨架强度随着降低，土体在上覆土层的自重压力或在自重压力与附加压力共同作用下，其结构迅速破坏，土粒向大孔滑移，粒间孔隙减小，从而导致大量的附加沉陷。这就是黄土湿陷现象的内在原因。

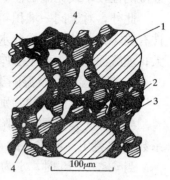

图 4-38 黄土结构示意图
1—砂粒；2—粗粉粒；3—胶结物；4—大孔隙

(2) 黄土湿陷性的影响因素

黄土湿陷性强弱与其微结构特征、颗粒组成、化学成分等因素有关，在同一地区，土的湿陷性又与其天然孔隙比和天然含水量有关，并取决于浸水程度和压力大小。

1) 根据对黄土的微结构的研究，黄土中骨架颗粒的大小、含量和胶结物的聚集形式，对于黄土湿陷性的强弱有着重要的影响。骨架颗粒愈多，彼此接触，则粒间孔隙大，胶结物含量较少，成薄膜状包围颗粒，粒间连结脆弱，因而湿陷性愈强；相反，骨架颗粒较细，胶结物丰富，颗粒被完全胶结，则粒间连结牢固，结构致密，湿陷性弱或无湿陷性。

2) 黄土中黏土粒的含量愈多，并均匀分布在骨架颗粒之间，则具有较大的胶结作用，土的湿陷性愈弱。

3) 黄土中的盐类，如以较难溶解的碳酸钙为主而具有胶结作用时，湿陷性减弱，而石膏及易溶盐含量愈大，土的湿陷性愈强。

4) 影响黄土湿陷性的主要物理性质指标为天然孔隙比和天然含水量。当其他条件相同时，黄土的天然孔隙比愈大，则湿陷性愈强。随其天然含水量的增加而减弱。

5) 在一定的天然孔隙比和天然含水量情况下，黄土的湿陷变形量将随浸湿程度和压力的增加而增大，但当压力增加到某一个定值以后，湿陷量却又随着压力的增加而减少。

6) 黄土的湿陷性从根本上与其堆积年代和成因有密切关系。

我国黄土的湿隐性与其形成年代的关系，如前 1 中所述。

按成因而言，风成的原生黄土及暂时性流水作用形成的洪积、坡积黄土均具有大的孔隙性，且可溶盐未及充分溶滤，故均具有较大的湿陷性，而冲积黄土一般湿陷性较小或无湿陷性。

此外，对于同一堆积年代和成因的黄土的湿陷性强烈程度还与其所处环境条件有关。如在地貌上的分水岭地区，地下水位深度愈大的地区的黄土，湿陷性愈大；埋藏深度愈小而土层厚度愈大的，湿陷影响愈强烈。

3. 黄土湿陷性及湿陷类型判别

(1) 黄土湿陷性的判别

判别黄土是否具有湿陷性，可根据室内压缩试验，在规定压力下测定的湿陷系数 δ_s 来判定。湿陷系数 δ_s 是天然土样单位厚度的湿陷量。

当 $\delta_s<0.015$ 时，定为非湿陷性黄土；

$\delta_s \geqslant 0.015$ 时，定为湿陷性黄土。

对于测定湿陷系数的压力规定及采用 0.015 作为划分黄土湿陷性的界限值问题，详见有关论著和《黄土规范》(GB 50025—2004) 及其说明。

根据湿陷系数大小，可以大致判断湿陷性黄土湿陷性的强弱，一般认为：

$\delta_s \leqslant 0.03$，为弱湿陷性的；

$0.03<\delta_s \leqslant 0.07$，为中等湿陷性的；

$\delta_s>0.07$，为强湿陷性的。

(2) 黄土及其建筑场地的湿陷类型与判别

湿陷性黄土可分为自重湿陷性和非自重湿陷性黄土两种类型。湿陷性黄土受水浸湿后，在其自重压力下发生湿陷的，称为自重湿陷性黄土；而在其自重压力与附加压力共同作用下才发生湿陷的，称为非自重湿陷性黄土。将湿陷性黄土划分为自重湿陷性黄土和非自重湿陷性黄土对工程建筑的影响具有明显的现实意义。例如在自重湿陷性黄土地区修筑渠道初次放水时就产生地面下沉。两岸出现与渠道平行的裂缝；管道漏水后由于自重湿陷可导致管道折断；路基受水后由于自重湿陷而发生局部严重坍塌；地基土的自重湿陷往往使建筑物发生很大的裂缝或使砖墙倾斜，甚至使一些很轻的建筑物也受到破坏。而在非自重湿陷性黄土地区这类现象极为少见。所以在这两种不同湿陷性黄土地区建筑房屋，采取的地基设计、地基处理、防护措施及施工要求等方面均应有较大区别。

1) 黄土的湿陷类型可按室内压缩试验，在土的饱和（$S_r>0.85$）自重压力下测定的自重湿陷系数 δ_{zs} 判定。

则当 $\delta_{zs}<0.015$ 时，定为非自重湿陷性黄土；

$\delta_{zs} \geqslant 0.015$ 时，定为自重湿陷性黄土。

2) 建筑场地或地基的湿陷类型，应按试坑浸水试验实测自重湿陷量 Δ'_{zs} 或按室内压缩试验累计的计算自重湿陷量 Δ_{zs} 判定。

当实测或计算自重湿陷量小于或等于 7cm 时，定为非自重湿陷性黄土场地；

当实测或计算自重湿陷量大于 7cm 时，定为自重湿陷性黄土场地；

以 7cm 作为判别建筑场地湿陷类型的界限值是根据自重湿限性黄土地区的

建筑物调查资料确定的。在河南、西安大部分非自重湿陷性黄土地区,实测自重湿陷量一般不超过 3~4cm,而兰州等典型自重湿陷性黄土地区则常在 10cm 以上,有时达 30cm 多;同时也考虑了建筑物地基容许下沉的因素:当地基自重湿陷量在 7cm 以内时,建筑物一般无明显破坏特征,或墙面裂缝稀少,不影响建筑物的正常使用。

计算自重湿陷量 Δ_{zs} 应根据不同深度土样的自重湿陷系数 δ_{zs},按下式计算:

$$\Delta_{zs} = \beta_0 \sum_{i=1}^{n} \delta_{zsi} h_i \tag{4-25}$$

式中 　δ_{zsi}——第 i 层土在上覆土的饱和($S_r>0.85$)自重压力下的自重湿陷系数;

　　　h_i——第 i 层土的厚度(cm);

　　　β_0——因地区土质而异的修正系数,是为了使计算自重湿陷量尽量接近实测自重湿陷量。对陇西地区,β_0 值可取 1.5;对陇东、陕北地区可取 1.2;对关中地区可取 0.7;对其他地区可取 0.5。

计算自重湿陷量 Δ_{zs} 的累计,应自天然地面(当挖、填方的厚度和面积较大时,自设计地面)算起,至其下全部湿陷性黄土层的底面为止,其中自重湿陷系数 δ_{zs} 小于 0.015 的土层不累计。

4. 黄土湿陷起始压力的意义和用途

湿陷性黄土地基在某一压力下浸水开始出现湿陷时,此压力即为湿陷起始压力(p_{sh})。即当黄土地基上的自重压力和附加压力之和小于湿陷起始压力时,地基土只产生压缩变形,不会发生湿陷。只有当外部压力增大到某一界限,足以克服其浸水后的结构强度时,则发生结构破坏,即发生湿陷。因此黄土湿陷起始压力实质上是黄土浸水后的剩余结构强度(或称浸水结构强度)。而黄土的湿陷系数与湿陷起始压力是同一土体的结构特性分别在变形和强度两方面的反映。浸水结构强度愈小的土,湿陷系数愈大,而湿陷起始压力愈小。所以湿陷起始压力 p_{sh} 也反映了黄土湿陷性的强烈程度,一切决定黄土湿陷性大小的因素,即决定其湿陷起始压力小与大的因素。

湿陷起始压力是反映黄土湿陷性的一个重要指标,并具有如下实用意义:

(1) 用于确定土层和场地的湿陷类型

凡湿陷起始压力 p_{sh} 小于上覆饱和自重压力 p_{CZH} 的土层,即为自重湿陷性的;反之为非自重湿陷性的。不同湿陷类型的土层分布深度,可以从湿陷起始压力分布 $p_{sh}-h$ 曲线与饱和自重压力分布 $p_{CZH}-h$ 曲线在不同深度的对比求得,如图 4-39 所示。该图反映关中部分地区深度 4~8m 土层有自重湿陷性,在地表小面积浸水条件下,可不考虑其场地的自重湿陷性。

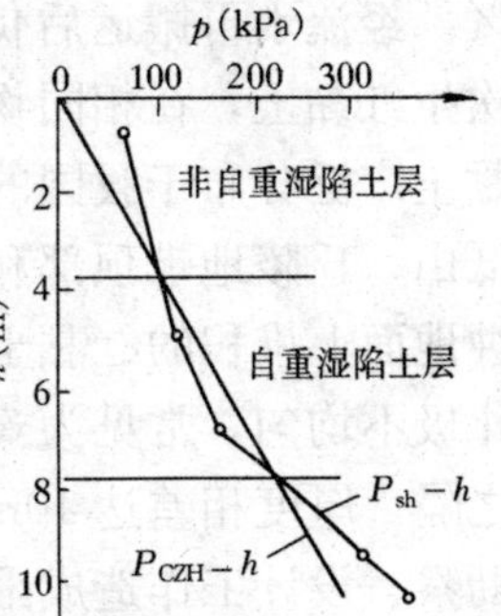

图 4-39　按湿陷起始压力划分土层的湿陷类型

(2) 对于非自重湿陷性黄土地基，当建筑物荷重不大时，可适当加大基础底面积，控制基底压力不超过土的湿陷起始压力，则地基即使受水浸湿也不致产生湿陷变形，因而可不采取设防措施。

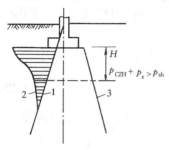

图 4-40　按湿陷起始压力确定地基处理厚度

1—饱和自重压力 p_{CZH} 分布曲线；2—附加压力 p_z 与饱和自重压力 p_{CZH} 之和分布曲线；3—湿陷起始压力 p_{sh} 分布曲线；H—消除全部湿陷性的地基处理厚度

(3) 对非自重湿陷性黄土地基，如果设计使在地基的某一深度以下，作用在土体上的饱和自重压力 p_{CZH} 与附加压力 p_z 之和小于土的湿陷起始压力 p_{sh} 时，则这一深度以下受水浸润时将不致产生湿陷。所以当需要消除地基全部湿陷性时，可利用基底以下各土层的 p_{sh} 与 $p_{CZH}+p_z$ 分布曲线对比，决定处理湿陷性黄土层的厚度 H（如图 4-40）。

湿陷起始压力 p_{sh} 值，可按现场浸水载荷试验或按室内压缩试验确定。

5. 关于黄土地基湿陷等级的划分

由若干个具有不同湿陷系数的黄土层所组成的湿陷性黄土地基，它的湿陷程度是由这些土层被水浸湿后可能发生湿陷量的总和来衡量。总湿陷量愈大，湿陷等级愈高，地基浸水后建筑物和地面的变形愈严重，对建筑物的危害也愈大。因此，对不同的湿陷等级，应采取相应不同的设计措施。而要确定湿陷等级，则首先要解决可能被水浸湿和产生湿陷的湿陷性黄土层的厚度以及湿陷等级界限值的合理确定。详见《黄土规范》。

4.5.3　红　黏　土

1. 红黏土的特征、分布与研究意义

红黏土是指在亚热带湿热气候条件下，碳酸盐类岩石及其间夹的其他岩石，经红土化作用形成的高塑性黏土。红黏土一般呈褐红、棕红等颜色，液限大于50%。经流水再搬运后仍保留其基本特征，液限大于45%的坡、洪积黏土，称为次生红黏土，在相同物理指标情况下，其力学性能低于红黏土。红黏土及次生红黏土广泛分布于我国的云贵高原、四川东部、广西、粤北及鄂西、湘西等地区的低山、丘陵地带顶部和山间盆地、洼地、缓坡及坡脚地段。黔、桂、滇等地古溶蚀地面上堆积的红黏土层，由于基岩起伏变化及风化深度的不同，造成其厚度变化极不均匀，常见为 5~8m，最薄为 0.5m，最厚为 20m。在水平方向常见咫尺之隔，厚度相差达 10m 之巨。土层中常有石芽、溶洞或土洞分布其间，给地基勘察、设计工作造成困难。

红黏土的一般特点是天然含水量和孔隙比很大，但其强度高、压缩性低，工程性能良好，它的物理力学性质间具有独特的变化规律，不能用其他地区的、其他黏性土的物理、力学性质相关关系来评价红黏土的工程性能。

2. 红黏土的成分、物理力学特征及其变化规律

(1) 红黏土的组成成分

由于红黏土系碳酸盐类及其他类岩石的风化后期产物，母岩中的较活动性的成分 SO_4^{2-}，Ca^{2+}，Na^+，K^+ 等经长期风化淋滤作用相继流失，SiO_2 部分流失，此时地表则多集聚含水铁铝氧化物及硅酸盐矿物，并继而脱水变为氧化铁铝 Fe_2O_3 和 Al_2O_3 或 $Al(OH)_3$。使土染成褐红至砖红色。因此，红黏土的矿物成分除仍含有一定数量的石英颗粒外，大量的黏土颗粒则主要为多水高岭石、水云母类、胶体 SiO_2 及赤铁矿、三水铝土矿等组成，不含或极少含有机质。

其中多水高岭石的性质与高岭石基本相同，它具有不活动的结晶格架，当被浸湿时，晶格间距极少改变，故与水结合能力很弱。而三水铝土矿、赤铁矿、石英及胶体二氧化硅等铝、铁、硅氧化物，也都是不溶于水的矿物，它们的性质比多水高岭石更稳定。

红黏土颗粒周围的吸附阳离子成分也以水化程度很弱的 Fe^{3+}，Al^{3+} 为主。

红黏土的粒度较均匀，呈高分散性。黏粒含量一般为 60%~70%，最大达 80%。

(2) 红黏土的一般物理力学特征

1) 天然含水量高，一般为 40%~60%，高达 90%。

2) 密度小，天然孔隙比一般为 1.4~1.7，最高 2.0，具有大孔性。

3) 高塑性。液限一般为 60%~80%，高达 110%；塑限一般为 40%~60%，高达 90%；塑性指数一般为 20~50。

4) 由于塑限很高，所以尽管天然含水量高，一般仍处于坚硬或硬可塑状态，液性指数 I_L 一般小于 0.25。但是其饱和度一般在 90% 以上，因此，甚至坚硬黏土也处于饱水状态。

5) 一般呈现较高的强度和较低的压缩性，固结快剪内摩擦角 $\varphi=8°\sim18°$，内聚力 $c=40\sim90$kPa；压缩系数 $a_{0.2-0.3}=0.1\sim0.4$MPa^{-1}，变形模量 $E_0=10\sim30$MPa，最高可达 50MPa；载荷试验比例界限 $p_0=200\sim300$kPa。

6) 不具有湿陷性；原状土浸水后膨胀量很小（<2%），但失水后收缩剧烈，原状土体积收缩率为 25%，而扰动土可达 40%~50%。

红黏土的天然含水量高，孔隙比很大，但却具有较高的力学强度和较低的压缩性以及不具有湿陷性的原因，主要在于其生成环境及其相应的组成物质和坚固的粒间连结特性。

红黏土呈现高孔隙性首先在于其颗粒组成的高分散性，是黏粒含量特别多和组成这些细小黏粒的含水铁铝硅氧化物在地表高温条件下很快失水而相互凝聚胶结，从而较好地保存了它的絮状结构的结果。而红黏土之所以有较高的强度，主要是因为这些铁、铝、硅氧化物颗粒本身性质稳定及互相胶结所造成的。特别是在风化后期，有些氧化物的胶体颗粒会变成结晶的铁、铝、硅氧化物，而且他们是抗水的、不可逆的，故其粒间连结强度更大。另外，由于红黏土颗粒周围吸附

阳离子成分主要为 Fe^{3+}、Al^{3+}，这些铁、铝化的颗粒外围的结合水膜很薄，也加强了其粒间的连结强度。

红黏土的天然含水量很高，也是由于其高分散性，表面能很大，因而吸附大量水分子的结果。故这种土中孔隙是被结合水，并且主要是被强结合水（吸着水）所充填。强结合水，由于受土颗粒的吸附力很大，分子排列很密，具有很大的黏滞性和抗剪强度。土的塑限 w_p 值很高。因此，红黏土的天然含水量虽然很高，且处于饱和状态，但它的天然含水量一般只接近其塑限值，故使之具有较高的强度和较低的压缩性。

同时，另一个重要因素是由于分布地区环境地表温度高，又处于明显的地壳上升阶段，对于一般分布在山坡、山岭或坡脚地势较高地段的红黏土，其地表水和地下水的排泄条件好，使土的天然含水量也只接近于塑限，而与其液限的差值很大（达30%～50%），必然使土体处于坚硬或硬可塑状态，而呈现较好的力学性能。

(3) 红黏土的物理力学性质变化范围及其规律性

从各地区已有资料可知，红黏土本身的物理力学性质指标又有相当大的变化范围，以贵州省的红黏土为例，其天然含水量的变化范围达 25%～88%，天然孔隙比 0.7～2.4，液限 36～125，塑性指数 18～75，液性指数 0.45～1.4。内摩擦角 2°～31°，内聚力 10～140kPa，变形模量 4～36MPa。其物理力学性质变化如此之大，承载力自然会有显著的差别。貌似均一的红黏土，其工程性能的变化却十分复杂，这也是红黏土的一个重要特点。因此，为了作出正确的工程地质评价，仅仅掌握红黏土的一般特点是不够的，还必须弄清决定其物理力学性质的因素，掌握其变化规律。

1) 在沿深度方向，随着深度的加大，其天然含水量、孔隙比和压缩性都有较大的增高，状态由坚硬、硬塑可变为可塑、软塑以至流塑状态，因而强度则大幅度降低。如图 4-41 所示。1m 处的内聚力为 190kPa，到 11m 则降为 9kPa，只

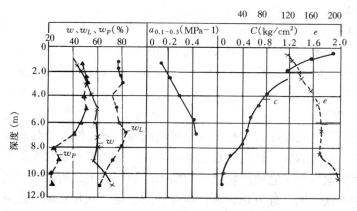

图 4-41 红黏土的物理力学指标随深度变化

(据建研院、西南建研所 1966，图中内聚力 c 值据三轴快剪所得，$\varphi=0$)

及 1m 处的 1/20。

红黏土的天然含水量及孔隙比从上往下得以增大的原因，一方面系地表水往下渗滤过程中，靠近地表部分易受蒸发，愈往深部则愈易集聚保存下来，另一方面可能直接受下部基岩裂隙水的补给及毛细作用所致。

2）在水平方向，随着地形地貌及下伏基岩的起伏变化，红黏土的物理力学指标也有明显的差别。在地势较高的部位，由于排水条件好，其天然含水量、孔隙比和压缩性均较低，强度较高，而地势较低处则相反。在地势低洼地带，由于经常积水，即使上部土层，其强度也大为降低。

在古岩溶面或风化面上堆积的红黏土，由于其下伏基岩顶面起伏很大，造成红黏土厚度急剧变化（如前所述）。同时，处于溶沟、溶槽洼部的红黏土因易于积水，一般呈软塑至流塑状态。因此，在地形或基岩面起伏较大的地段，红黏土的物理力学性质在水平方向也是很不均匀的。

3）平面分布上次生坡积红黏土与红黏土的差别也较显著，如黔西某地不同成因类型红黏土的物理力学性质统计资料表明：

原生残积红黏土土质致密，含水比 $\frac{w}{w_L}$ 一般小于 0.7，自然边坡角一般大于 40°，直剪快剪 c，φ 平均值分别可达 35kPa 及 16°30′，相应算得 $p_{1/4}$ 达 240kPa。

次生坡积红黏土颜色较浅，其物理性质与残积土有时相近，但较松散，结构强度较差，故雨、旱季土质变化较大。其含水比一般为 0.7～0.8，自然边坡角远小于 30°，强度指标较残积土有明显降低：直剪快剪 c，φ 平均值各为 30kPa 和 9°10′，$p_{1/4}=170$kPa。

4）裂隙对红黏土强度和稳定性的影响

红黏土具有较小的吸水膨胀性，但具有强烈的失水收缩性。故裂隙发育也是红黏土的一大特征。

坚硬、硬可塑状态的红黏土，在近地表部位或边坡地带，往往裂隙发育，土体内保存许多光滑的裂隙面。这种土体的单独土块强度很高，但是裂隙破坏了土体的整体性和连续性，使土体强度显著降低，试样沿裂隙面成脆性破坏。当地基承受较大水平荷载、基础埋置过浅、外侧地面倾斜或有临空面等情况时，对地基的稳定性有很大影响。并且裂隙发育对边坡和基槽稳定与土洞形成等有直接或间接的关系。

3. 确定红黏土地基承载力的几个原则问题

(1) 在确定红黏土地基承载力时，应按地区的不同，随埋深变化的湿度和上部结构情况，分别确定之。因为各地区的地质地理条件有一定的差异，使得即或同一省内各地（如：水城与贵阳、贵阳与遵义等）同一成因和埋藏条件下的红黏土的地基承载力也有所不同。

(2) 为了有效地利用红黏土作为天然地基，针对其强度具有随深度递减的特征,在无冻胀影响地区、无特殊地质地貌条件和无特殊使用要求的情况下,基础宜尽量浅埋,把上层坚硬或硬可塑状态的土层作为地基的持力层,既可充分利用表层红黏土的承载能力,又可节约基础材料,便于施工。

同时,根据红黏土大气影响带的野外实测结果,雨季同旱季相比,土的含水量变化深度最大为60cm。在40cm以下,含水量的变化不超过3%。而实际基础下大气影响带深度要比野外暴露地区为小。因此,基础浅埋也不致由于地基土受大气变化影响而产生附加变形和强度问题。

(3) 红黏土一般强度高,压缩性低,对于一般建筑物,地基承载力往往由地基强度控制,而不考虑地基变形。但从贵州地区的情况来看,由于地形和基岩面起伏往往造成在同一建筑地基上各部分红黏土厚度和性质很不均匀,从而形成过大的差异沉降,往往是天然地基上建筑物产生裂缝的主要原因。在这种情况下,按变形计算地基对于合理地利用地基强度,正确反映上部结构及使用要求具有特别重要的意义,特别对五层以上建筑物及重要建筑物应按变形计算地基。同时,还须根据地基、基础与上部结构共同作用原理,适当配合以加强上部结构刚度的措施,提高建筑物对不均匀沉降的适应能力。

(4) 不论按强度还是按变形考虑地基承载力,必须考虑红黏土物理力学性质指标的垂直向变化,划分土质单元,分层统计、确定设计参数,按多层地基进行计算。

4.5.4 膨 胀 土

1. 膨胀土的分布与研究意义

膨胀土是指含有大量的强亲水性黏土矿物成分,具有显著的吸水膨胀和失水收缩、且胀缩变形往复可逆的高塑性黏土。它一般强度较高,压缩性低,易被误认为工程性能较好的土,但由于具有膨胀和收缩特性,在膨胀土地区进行工程建筑,如果不采取必要的设计和施工措施,会导致大批建筑物的开裂和损坏,并往往造成坡地建筑场地崩塌、滑坡、地裂等严重的不稳定因素。

我国是世界上膨胀土分布广、面积大的国家之一,据现有资料在广西、云南、湖北、河南、安徽、四川、河北、山东、陕西、浙江、江苏、贵州和广东等地均有不同范围的分布。按其成因大体有残积-坡积、湖积、冲积-洪积和冰水沉积等四个类型,其中以残、坡积型和湖积型者胀缩性最强。从形成年代看,一般为上更新统(Q_3)及其以前形成的土层。从分布的气候条件看,在亚热带气候区的云南、广西等地的膨胀土与全国其他温带地区者比较,胀缩性明显强烈。

2. 膨胀土的特征及其判别

(1) 土体的现场工程地质特征

1) 地形、地貌特征:膨胀土多分布于Ⅱ级以上的河谷阶地或山前丘陵地区,个别处于Ⅰ级阶地。在微地貌方面有如下共同特征:

A. 呈垄岗式低丘，浅而宽的沟谷。地形坡度平缓，无明显的自然陡坎；

B. 人工地貌，如沟渠、坟墓、土坑等很快被夷平，或出现剥落、"鸡爪冲沟"；在池塘、库岸、河溪边坡地段常有大量坍塌或小滑坡发生；

C. 旱季地表出现地裂，长数米至数百米、宽数厘米至数十厘米，深数米。特点是多沿地形等高线延伸，雨季闭合。

2）土质特征：

A. 颜色：呈黄、黄褐、灰白、花斑（杂色）和棕红等色。

B. 多为高分散的黏土颗粒组成，常有铁锰质及钙质结核等零星包含物，结构致密细腻。一般呈坚硬至硬塑状态，但雨天浸水剧烈变软。

C. 近地表部位常有不规则的网状裂隙。裂隙面光滑，呈蜡状或油脂光泽，时有擦痕或水迹，并有灰白色黏土（主要为蒙脱石或伊里石矿物）充填，在地表部位常因失水而张开，雨季又会因浸水而重新闭合。

(2) 膨胀土的物理、力学及胀缩性指标

1）黏粒含量多达 35%～85%。其中粒径<0.002mm 的胶粒含量一般也在 30%～40%范围。液限一般为 40%～50%。塑性指数多在 22～35 之间。

2）天然含水量接近或略小于塑限，常年不同季节变化幅度为 3%～6%。故一般呈坚硬或硬塑状态。

3）天然孔隙比小，变化范围常在 0.50～0.80 之间。云南的较大为 0.7～1.20。同时，其天然孔隙比随土体湿度的增减而变化，即土体增湿膨胀，孔隙比变大；土体失水收缩，孔隙比变小。

4）自由膨胀量一般超过 40%，也有超过 100%的。

各地膨胀土的膨胀率、膨胀力和收缩率等指标的试验结果的差异很大。例如就膨胀力而言，同一地点同一层土的膨胀力在河南平顶山可以从 6～550kPa，一般值也在 30～250kPa；云南蒙自为 10～220kPa，一般值在 10～80kPa。同样，收缩率值：平顶山从 2.7%～8%；蒙自从 4%～15%。这是因为这些试验是在天然含水量的条件下进行的，而同一地区土的天然含水量随季节及其环境条件而变化。实验证明，当膨胀土的天然含水量小于其最佳含水量（或塑限）之后，每减少 3%～5%，其膨胀力可增大数倍，收缩率则大为减小。

5）关于膨胀土的强度和压缩性

膨胀土在天然条件下一般处于硬塑或坚硬状态，强度较高，压缩性较低。但这种土层往往由于干缩，裂隙发育，呈现不规则网状与条带状结构，破坏了土体的整体性，降低承载力，并可能使土体丧失稳定性。这一点，特别对浅基础、重荷载的情况，不能单纯从"平衡膨胀力"的角度，或小块试样的强度考虑膨胀土地基的整体强度问题。

同时，当膨胀土的含水量剧烈增大（例如：由于地表浸水或地下水位上升）或土的原状结构被扰动时，土体强度会骤然降低，压缩性增高。这显然是由于土的内摩擦角和内聚力都相应减小及结构强度破坏的缘故。已有的国内外技术资料表明，膨胀土被浸湿后，其抗剪强度将降低 1/3～2/3。而由于结构破坏，将使其抗剪强度减小 2/3～3/4，压缩系数增高 1/4～2/3。

（3）已有建筑物的变形、裂缝特征

对已有建筑物地区，根据建于同一地貌单元的相同土层上的已有建筑物的某些特定变形开裂情况，是发现、判别膨胀土的一种比较准确的方法。

1）在膨胀土地区已有建筑物变形、破坏的总特征是：

A. 建筑物破坏一般是在同一地貌单元的相同土层地段成群出现，特别是气候强烈变化（如长期干旱等）之后更是如此；

B. 低、轻房屋最易破坏，四层楼损坏者是极个别的；

在同一建筑范围，破坏变形大小与荷载分布无关，而是受地基胀缩变形条件控制，往往在相同荷载部位产生很大的差异变形；

C. 建筑物裂缝具有随季节变化而往复伸缩的性质。

2）按建筑物裂缝部位与形态特征（以外墙地基失水收缩为例）表现为：

A. 山墙、内墙呈"倒八字"的对称或不对称裂缝及垂直裂缝，如图 4-42 所示；

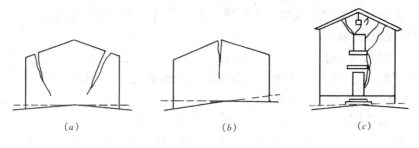

图 4-42 河北、安徽等地房屋因外墙基土收缩而开裂情况

B. 外纵墙下端呈水平裂缝，基础向外扭转，墙体上部内倾。如图 4-43 所示；

图 4-44 为合肥某校宿舍楼，二层砖木结构，1956 年建成到 1962 年由于外墙基土逐渐失水收缩，在外纵墙上出现了一只手能插进去的水平裂缝，墙面外倾最大达 1.5cm，裂缝延伸约 24m，内外墙接头处拉开达 3.5cm。

C. 房屋角端裂缝严重。而且常伴随着一定的水平位移和转动。这是因为墙角部位基土两面与大气接触，土中水分蒸发较大，地基收缩变形远比墙体中间部位剧烈的缘故。

D. 地坪多出现平行于外纵墙的通长裂缝。其特点是，靠近外墙者宽，离外墙较远的变窄（如图 4-13 右侧所示）。这种裂缝大小与外墙距离有关的现象，显然，是因外墙基土体收缩

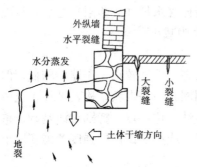

图 4-43 因外墙基土收缩、基础向外扭转，墙体呈水平裂缝

下沉，使地坪折断。

以上各种裂缝的总的特征是上宽下窄，水平裂缝外宽内窄；二楼的裂缝比底层的严重；特别是这些裂缝具有随季节变化（即随月蒸发量和月降雨量关系的变化）而往复伸缩的变化，是区别于其他原因造成建筑事故的有力证据。

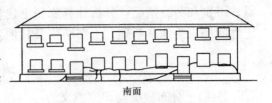

图 4-44 合肥某校宿舍楼外纵墙因基土收缩变形而开裂

（4）膨胀土的判别

膨胀土的判别，是解决膨胀土问题的前提，因为只有确认了膨胀土及其胀缩性等级才可能有针对性地研究、确定需要采取的防治措施问题。

膨胀土的判别方法，应采用现场调查、与室内物理性质和胀缩特性试验指标鉴定相结合的原则。即首先必须根据土体及其埋藏、分布条件的工程地质特征和建于同一地貌单元的已有建筑物的变形、开裂情况作初步判断，然后再根据试验指标进一步验证，综合判别。

凡具有前述土体的工程地质特征以及已有建筑物变形、开裂特征的场地，且土的自由膨胀率大于或等于 40% 的土，应判定为膨胀土。

3. 影响膨胀土胀缩变形的主要因素

（1）影响土体胀缩变形的主要内在因素有土的黏粒含量和蒙脱石含量、土的天然含水量和密实度及结构强度等。黏粒含量愈多，亲水性强的蒙脱石含量愈高，土的膨胀性和收缩性就愈大；天然含水量愈小，可能的吸水量愈大，故膨胀率愈大，但失水收缩率则愈小。同样成分的土，吸水膨胀率将随天然孔隙比的增大而减小，而收缩则相反；但是，土的结构强度愈大，土体抵制胀缩变形的能力也愈大。当土的结构受到破坏以后，土的胀缩性随之增强。

（2）影响土体胀缩变形的主要外部因素为气候条件、地形地貌及建筑物地基不同部位的日照、通风及局部渗水影响等各种引起地基土含水量剧烈或反复变化的各种因素。

例如在丘陵区和山前区，不同地形和高程地段地基土的初始含水量和密实度状态及其受水与蒸发条件不同，因此，地基土产生胀缩变形的程度也各不相同。凡建在高旷地段膨胀土层上的单层浅基建筑物裂缝最多，而建在低洼处、附近有水田水塘的单层房屋裂缝就少。这是由于高旷地带排水和蒸发条件好，地基土容易干缩，而低洼地带土中水分不易散失，且补给有源，湿度较能保持相对稳定的缘故。

此外，在膨胀土地基上建造冷库或高温构筑物如无隔热措施，也会因不均匀胀缩变形而开裂。

膨胀土建筑场地与地基的评价，应根据场地的地形地貌条件、膨胀土的分布及其胀缩性能、等级地表水和地下水的分布、集聚和排泄条件，并按建筑物的特点、级别和荷载情况，分析计算膨胀土建筑场地和地基的胀缩变形量、强度和稳定性问题，为地基基础、上部结构及其他工程设施的设计与施工提供依据。

4.5.5 填　　土

1. 填土分布概况与研究意义

填土是一定的地质、地貌和社会历史条件下，由于人类活动而堆填的土。由于我国幅员广大，历史悠久，因此在我国大多数古老城市的地表面，广泛覆盖着各种类别的填土层。这种填土层无论从堆填方式、组成成分、分布特征及其工程性质等方面，均表现出一定的复杂性。各地区填土的分布和物质组成特征，在一定程度上可反映出城市地形、地貌变迁及发展历史，例如在我国的上海、天津、杭州、宁波、福州等地，填土分布和特征都各有其特点。

上海地区多暗浜、暗塘、暗井，常用素土和垃圾回填，回填前没有清除水草，含有大量腐殖质。在黄浦江沿岸，则多分布由水力冲填泥砂形成的冲填土。

浙江杭州、宁波等地由于城市的发展，建筑物的变迁，地表以碎砖瓦砾等建筑垃圾为主填积而成，一般厚度2~3m左右，个别地方厚达4~5m。

天津的旧城区和海河两岸一般表层都有填土，主要成分有素土、瓦砾炉碴、炉灰、煤灰等杂物，有些地区是几种杂土混合填成。

福建福州市填土分布较普遍，厚度1~5m，表层多为瓦砾填土，其瓦砾含量不一，如以瓦砾为主的称瓦砾层，如以黏性土为主称瓦砾填土。瓦砾填土层下部常见一种黏土质填土。在傍山地带则分布一种高挖低填、未经夯实堆积在斜坡上的黏性土，当地称其为松填土，经过夯实的称为夯填土。

在一般的岩土工程勘察与设计工作中，如何正确评价、利用和处理填土层，将直接影响到基本建设的经济效益和环境效益。在我国20世纪三四十年代以前，对填土常不分情况一律采取挖除换土，或采用其他人工地基，大大增加了工程造价，并给环境条件带来麻烦。到50年代，随着我国国民经济的发展，在利用表层填土作为天然地基方面取得不少好经验，这些经验已逐步反映在一些地区的地基设计规范或技术条例中。在几经修订的《建筑地基基础设计规范》中，对于填土的分类及评价都有了不同程度的反映。

根据国内外资料，对填土的分类与评价主要是考虑其堆积方式、年限、组成物质和密实度等几个因素。关于按密实度划分问题，由于填土本身的复杂性，目前尚无统一的标准。在国内有些地区和单位曾用钎探或其他动力触探的方法判定杂填土的密实程度及其均匀性，有关经验资料尚待进一步积累、总结研究。

2. 填土的工程分类及工程地质问题

在《建筑地基基础设计规范》（GB 50007—2001）中，对填土根据其组成物质和堆填方式形成的工程性质的差异，划分为素填土、杂填土和冲填土三类。

(1) 素填土

素填土为由碎石、砂土、粉土或黏性土等一种或几种材料组成的填土,其中不含杂质或杂质很少。按其组成物质分为碎石素填土、砂性素填土、粉性素填土和黏性素填土。素填土经分层压实者,称为压实填土。

在一些古老城市中,由于地形的起伏或有沟、塘存在,在历史上已将这些低洼地段用较均一的素土进行了回填;在地形起伏较大的山区或丘陵地带建设中,平整场地的结果必然出现大量的填方地段,利用填方地段作为建筑场地不但可以节约用地,降低工程造价,而且也往往是工程实践中难以避免的问题。过去,由于经验不足,在填方地区的工程,有时不论填方质量一律将基础穿过填土层而砌置在较好的天然土层上,大大增加了工程造价,延长了施工时间。但也有的工程由于对填土质量不够重视,结果因填土变形而造成地坪严重开裂或设备基础倾斜,影响了生产,花费了大量处理费用。为了解决这个问题,近30年来,建工、冶金、铁道系统的有关单位,采取了适当控制、提高填土质量的方法,不但保证了地坪和设备基础的质量,而且利用分层压实的填土作地基,建成了具有30t、50t吊车的单层工业厂房、振动荷载较大的大型设备基础、铁路桥梁等重要工程和其他建筑,并进行了相应的试验研究,积累了较多的经验。

利用素填土作为地基应注意下列工程地质问题:

1) 素填土的工程性质取决于它的密实度和均匀性。在堆填过程中,未经人工压实者,一般密实度较差,但堆积时间较长,由于土的自重压密作用,也能达到一定密实度。如堆填时间超过10年的黏性土,超过5年的粉土,超过2年的砂土,均具有一定的密实度和强度,可以作为一般建筑物的天然地基。

2) 素填土地基的不均匀性,反映在同一建筑场地内,填土的各指标(干重度、强度、压缩模量)一般均具有较大的分散性,因而防止建筑物不均匀沉降问题是利用填土地基的关键。

3) 对于压实填土应保证压实质量,保证其密实度。有关质量检验标准与工作要求详见《地基规范》(GB 50007—2001)。

(2) 杂填土

杂填土为含有大量杂物的填土。按其组成物质成分和特征分为:

1) 建筑垃圾土:主要为碎砖、瓦砾、朽木等建筑垃圾夹土石组成,有机质含量较少;

2) 工业废料土:由工业废渣、废料,诸如矿渣、煤渣、电石渣等夹少量土石组成;

3) 生活垃圾土:由居民生活中抛弃的废物,诸如炉灰、菜皮、陶瓷片等杂物夹土类组成。一般含有机质和未分解的腐殖质较多,组成物质混杂、松散。

对以上各类杂填土的大量试验研究认为,以生活垃圾和腐蚀性及易变性工业废料为主要成分的杂填土,一般不宜作为建筑物地基;对以建筑垃圾或一般工业废料主要组成的杂填土，采用适当（简单、易行、收效好）的措施进行处理后可作为一般建筑物地基；当其均匀性和密实度较好，能满足建筑物对地基承载力要求时，可不做处理直接利用。

在利用杂填土作为地基时应注意下列工程地质问题：

1) 不均匀性

杂填土的不均匀性表现在颗粒成分、密实度和平面分布及厚度的不均匀性。杂填土颗粒成分复杂，有天然土的颗粒、有碎砖、瓦片、石块以及人类生产、生活所抛弃的各种垃圾，而且有些成分是不稳定的，如某些岩石碎块的风化，或炉渣的崩解以及有机质的腐烂等等。另外，对杂填土地基的变形问题，还应考虑颗粒本身强度，如炉碴之类工业垃圾，颗粒本身多孔质弱，在不很高的压力下即可能破碎；而含大量瓦片的杂填土，除瓦片间空隙很大可压密外，当压力达到一定程度时，往往由于瓦片的破坏而引起建筑物的沉陷。

由于杂填土颗粒成分复杂，排列无规律，而瓦砾、石块、炉碴间常有较大空隙，且充填程度不一，造成杂填土密实程度的特殊不均匀性。

杂填土的分布和厚度往往变化悬殊，但杂填土的分布和厚度变化一般与填积前的原始地形密切相关。

2) 工程性质随堆填时间而变化

堆填时间愈久，则土愈密实，其有机质含量相对减少。堆填时间较短的杂填土往往在自重的作用下沉降尚未稳定。杂填土在自重下的沉降稳定速度决定于其组成颗粒大小、级配、填土厚度、降雨及地下水情况。一般认为，填龄达五年左右其性质才逐渐趋于稳定，承载力则随填龄增大而提高。

3) 由于杂填土形成时间短，结构松散，干或稍湿的杂填土一般具有浸水湿陷性。这是杂填土地区雨后地基下沉和局部积水引起房屋裂缝的主要原因。

4) 含腐殖质及水化物问题

以生活垃圾为主的填土，其中腐殖质的含量常较高。随着有机质的腐化，地基的沉降将增大；以工业残渣为主的填土，要注意其中可能含有水化物，因而遇水后容易发生膨胀和崩解，使填土的强度迅速降低，地基产生严重的不均匀变形。

(3) 冲填土（亦称吹填土）

冲填土系由水力冲填泥砂形成的沉积土，即在整理和疏浚江河航道时，有计划地用挖泥船，通过泥浆泵将泥砂夹大量水分，吹送至江河两岸而形成的一种填土。在我国长江、上海黄浦江、广州珠江两岸，都分布有不同性质的冲填土。由于冲填土的形成方式特殊，因而具有不同于其他类填土的工程特性：

1) 冲填土的颗粒组成和分布规律与所冲填泥砂的来源及冲填时的水力条件有着密切的关系。在大多数情况下，冲填的物质是黏土和粉砂，在吹填的入口处，沉积的土粒较粗，顺出口处方向则逐渐变细。如果为多次冲填而成，由于泥砂的来源有所变化，则更加造成在纵横方向上的不均匀性，土层多呈透镜体状或薄层状构造。

2) 冲填土的含水量大，透水性较弱，排水固结差，一般呈软塑或流塑状态。特别是当黏粒含量较多时，水分不易排出，土体形成初期呈流塑状态，后来土层表面虽经蒸发干缩龟裂，但下面土层仍处于流塑状态，稍加扰动即发生触变现象。因此冲填土多属未完成自重固结的高压缩性的软土。而在愈近于外围方向，组成土粒愈细，排水固结愈差。

3) 冲填土一般比同类自然沉积饱和土的强度低，压缩性高。冲填土的工程性质与其颗粒组成、均匀性、排水固结条件以及冲填形成的时间均有密切关系。对于含砂量较多的冲填土，它的固结情况和力学性质较好；对于含黏土颗粒较多的冲填土，评估其地基的变形和承载力时，应考虑欠固结的影响，对于桩基则应考虑桩侧负摩擦力的影响。

思 考 题

4.1 什么叫做土的粒度成分？它是怎样影响土的工程性质的？
4.2 组成土的矿物有哪些类型？对土的工程性质有什么影响？
4.3 土中结合水、毛细水和重力水的性质是什么？对土的工程性质有什么影响？
4.4 什么叫做土的结构？不同土的结构有什么特征？
4.5 土的基本物理性质指标的定义及其换算关系是什么？
4.6 为什么说无黏性土的紧密状态和黏性土的塑性指数与液性指数是综合反映它们各自工程性质特征的指标？
4.7 土的压缩性和抗剪强度指标的含义及计算式？
4.8 我国土的工程分类体系是什么？碎石土、砂土、粉土和黏性土等四大类土及其亚类的划分依据及其标准是什么？
4.9 为什么说无黏性土的紧密状态是判定其工程性质的重要指标？
4.10 土根据其成因可以分为哪几种类型？各有什么特征？
4.11 软土、湿陷性黄土、红黏土、膨胀土和填土的特征和工程性质是什么？

第5章 地 下 水

地下水是地壳中一个极其重要的天然资源，也是岩土三相组成部分中的一个重要组分，其中重力水是一种很活跃的流动介质，它对岩土的工程力学性质影响很大。地下水在岩土孔隙或裂隙中能够渗流，我们将岩土能被水或其他液体透过的性质称之为渗透性。这种渗透性对岩土的强度和变形会发生作用，使地质条件更为复杂，甚至引发地质灾害。在岩土工程的各个领域内，许多课题都与土的渗透性有密切关系。地下水渗流会引起岩土体的渗透变形（或称渗透破坏），直接影响建筑物（或构作物）及其地基的稳定与安全；抽水使地下水位下降而导致地基土体固结，造成建筑物的不均匀沉降。有的地下水对混凝土和其他建筑材料会产生腐蚀作用。可见，地下水是工程地质分析、评价和地质灾害防治中的一个极其重要的影响因素。下面就地下水的基本知识、地下水类型、地下水的物理性质和化学成分及地下水对建筑工程的影响等问题作简要介绍。

§5.1 地下水概述

地下水存在于岩石、土层的空隙之中，地壳表层10余公里范围内或多或少存在着空隙，特别是浅部1.2km范围内，空隙分布较为普遍。岩石、土层的空隙既是地下水的储存场所，又是地下水的渗透通道，空隙的多少、大小及其分布规律，决定着地下水分布与渗透的特点。地下水能降低岩土强度和地基承载力；它对砂性土、粉性土产生潜蚀作用，破坏土体的结构；它也会使粉细砂和粉土产生流砂现象，影响建筑物和地下设施的稳定性，甚至引起破坏，同时给地下工程施工带来许多麻烦。当深基坑下部有承压水时，若不降低承压水头压力，可能会冲毁坑底土体造成突涌危害。地下水对其水位以下的岩土会产生静水压力作用；有些地下水会腐蚀钢筋混凝土。所以，我们研究地下水及其特点和作用，可以排除危害，应用其有利方面为建筑工程服务。

5.1.1 地下水及含水层

众所周知，大气中的水气在一定的条件下，冷凝成水、冰或雪并降落到地面，这就是大气降水。降落的水分，一部分渗入地下，另一部分沿地面汇集于低处，成为河流、湖泊、海洋的地表水，而地表水也可以通过岸边或谷底渗入地下。这些渗入的水就是地下水的主要补给来源。我们把存在于地壳表面以下岩土空隙（如岩石裂隙、溶穴、土孔隙等）中的水称为地下水。地下水有气态、液态和固态三种形式。根据岩土中水的物理力学性质可将地下水分为:气态水、结合水、毛细水、重力水、固态水以及结晶水和结构水。下面我们着重讨论岩土中的毛细水和重力水,因为这两种水对地下水的工程特性有很大的作用。

1. 毛细水

在岩土细小的孔隙和裂隙中,受毛细作用控制的水叫毛细水,它是岩土中三相界面上毛细力作用的结果。对于土体来说,毛细水上升的快慢及高度决定于土颗粒的大小。土颗粒愈细,毛细水上升高度愈大,上升速度愈慢。粗砂中的毛细水上升速度较快,几昼夜可达到最大高度,而黏性土要几年。砂土和黏性土类毛细水上升最大高度见表 5-1。

毛细水上升高度 h_c (cm)　　　　　表 5-1

土 名	粗 砂	中 砂	细 砂	黏质粉土	粉质黏土	黏 土
h_c (cm)	2～4	12～35	35～120	120～250	250～350	500～600

在地下水面以上,由于毛细力的作用,一部分水沿细小孔隙上升,能在地下水面以上形成毛细水带。毛细水能作垂直运动,可以传递静水压力,能被植物所吸收。

毛细水对建筑工程的意义主要有:

(1) 产生毛细压力,即:

$$p_c = \frac{2\omega\cos\theta}{r} \tag{5-1}$$

式中　p_c——毛细压力(kPa);

　　　r——毛细管半径(m);

　　　ω——水的表面张力系数,10℃时,$\omega=0.073$N/m;

　　　θ——水浸润毛细管壁的接触角度,当 $\theta=0°$ 时,认为毛细管壁为完全湿润的;当 $\theta<90°$ 时,表示水能湿润固体的表面;当 $\theta>90°$ 时,表示水不能湿润固体的表面。

对于砂土特别是细砂、粉砂,由于毛细压力作用使砂土具有一定的黏聚力(称假黏聚力)。

(2) 毛细水对土中气体的分布与流通有一定影响,常常是导致产生封闭气体的原因。

(3) 当地下水位埋深变浅时,由于毛细水上升,可助长地基土的冰冻现象;使地下室潮湿;危害房屋基础及公路路面,促使土的沼泽化、盐渍化。

2. 重力水(自由水)

当岩石、土层的空隙完全被水饱和时,黏土颗粒之间除结合水以外的水都是重力水,它不受静电引力的影响,而在重力作用下运动,可传递静水压力。重力水能产生浮托力、孔隙水压力。流动的重力水在运动过程中会产生动水压力。重力水具有溶解能力，对岩土产生化学潜蚀，导致土的成分及结构的破坏。重力水是本章研究的主要对象。

由上所述，岩层、土层中含有各种状态的地下水。我们把能够给出并透过相当数量重力水的岩层或土层，称为含水层。构成含水层的条件，一是岩土中要有空隙存在，并充满足够数量的重力水；二是这些重力水能够在岩土空隙中自由运动。隔水层是指那些不能给出并透过水的岩层、土层，或者这些岩土层给出与透过水的数量是微不足道的。

5.1.2 岩土的水理性质

岩土的水理性质主要有含水性、给水性和透水性。

1. 岩土的含水性

岩土含水的性质叫含水性。通常岩土能容纳和保持水分多少的表示方法有以下两种：

（1）容水度：岩土空隙完全被水充满时的含水量称为容水度，它用容积表示时即为：岩土空隙中所能容纳的最大的水的体积与岩土体积之比，以小数或百分数表示。显然，容水度在数值上与孔隙度、裂隙率或岩溶率相等。但是，对于具有膨胀性的黏土来说，充水后体积扩大，容水度可以大于孔隙度。

（2）持水度（最大分子含水量）：岩土颗粒的结合水达到最大数值时的含水量称为持水度（最大分子含水量）。饱水岩土在重力作用下释水时，一部分水从空隙中流出，另一部分水仍保持于空隙之中。所以，持水度就是指受重力作用时岩土仍能保持的水的体积与岩土体积之比。在重力作用下，岩土空隙中所保持的主要是结合水。因此，持水度实际上说明岩土中结合水含量的多少。

2. 岩土的给水度

饱水岩土在重力作用下排出水的体积与岩土体积之比，称为给水度。给水度在数值上等于容水度减去持水度。岩土给水度的大小与有效孔隙度有关，不同的岩土其给水度相差很大。给水度可用野外抽水试验确定，无试验资料时，可参照表 5-2 选取。

砾石及砂性土的给水度　　　　　　　　　　　　　表 5-2

名　称	给水度	名　称	给水度
砾　石	0.30～0.35	细砂	0.15～0.20
粗　砂	0.25～0.30	粉细砂	0.10～0.15
中　砂	0.20～0.25		

3. 岩土的透水性

岩土允许重力水渗透的能力称为透水性。通常用渗透系数表示。岩土空隙愈小，给合水所占据的空间比例愈大，实际透水断面就愈小。而且，由于给合水对于重力水,以及重力水质点之间存在着摩擦阻力,最靠近边缘的重力水,流速趋近于零,向中心流速逐渐变大,中心部分流速最大。因此,空隙愈小,重力水所能达到的最大流速便愈小,透水性也越差。当空隙直径小于两倍结合水的厚度,在通常条件下便不透水。另一方面,在空隙透水、空隙大小相等的前提下,孔隙度越大,能够透过的水量愈多,岩土层的透水性也愈好。总之,空隙的大小和多少决定着岩石透水性的好坏,但两者的影响并不相等,空隙大小经常起主要作用。例如,砂性土的空隙度小于黏性土,但前者的渗透系数大于后者。

渗透系数 K 可以用野外抽水试验测定。

4. 达西定律

1852~1855 年,法国水力学家达西 (H. Darcy) 通过大量的实验(图 5-1),得到地下水线性渗透的基本定律:

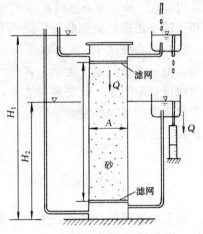

图 5-1 渗透实验装置

$$Q = KA\frac{H_1 - H_2}{L} = KAI \tag{5-2}$$

或

$$v = \frac{Q}{A} = KI \tag{5-3}$$

式中 Q——渗透流量($L^3 \cdot T^{-1}$);

H_1、H_2——上、下游过水断面的水头(L);

A——过水断面的面积(L^2),包括岩土颗粒和空隙两部分的面积;

K——渗透系数($L \cdot T^{-1}$);

L——渗透长度(L);

I——水力坡度;

v——地下水渗透速度($L \cdot T^{-1}$)。

地下水在多孔介质中的运动称为渗透或渗流。地下水的渗透符合达西定律。由 5-3 式可知:地下水的渗流速度与水力坡度的一次方成正比,也就是线性渗透定律。当 $I=1$ 时,$K=v$ 即渗透系数是单位水力坡度时的渗流速度。达西定律只适用于雷诺数≤10 的地下水层流运动。在自然条件下,地下水流动时阻力较大,一般流速较小,绝大多数属层流运动。但在岩石的洞穴及大裂隙中地下水的运动多属于非层流运动。

(1) 渗流速度 v:在公式(5-3)中,过水断面的面积包括岩土颗粒所占据的面积及空隙所占据的面积,而水流实际通过的过水断面面积 A_1 为空隙所占据的面积，即：

$$A_1 = A \cdot n \tag{5-4}$$

式中　n——空隙度。

由此可知：v 并非地下水的实际流速，而是假设水流通过整个过水断面（包括颗粒和空隙所占据的全部断面）时所具有的虚拟流速。

(2) 水力坡度 I：水力坡度为沿渗流途径的水头损失与相应渗透途径长度的比值。地下水在空隙中运动时，受到空隙壁以及水质点自身的摩阻力，克服这些阻力保持一定流速，就要消耗能量，从而出现水头损失。所以，水力坡度可以理解为水流通过某一长度渗流途径时，为克服阻力，保持一定流速所消耗的以水头形式表现的能量。

§5.2 地下水类型及其主要特征

地下水按埋藏条件可分为三大类：即包气带水、潜水、承压水。对根据含水层的空隙性质地下水可分为三个亚类：即孔隙水、裂隙水、岩溶水。根据上述分类原则，将地下水的基本类型列于表 5-3。由表中看出地下水的类型可综合为九种水。下面就常见的几种类型的地下水及其主要特征作简要介绍。

地下水分类表　　　　表 5-3

地下水的基本类型	亚类			水头的性质	补给区与分布区的关系	动态特点	成因
	孔隙水	裂隙水	岩溶水				
包气带水	土壤水、沼泽水、不透水透镜体上的上层滞水。主要是季节性存在的地下水	基岩风化壳（黏土裂隙）中季节性存在的水	垂直渗入带中季节性及经常性存在的水	无压水	补给区与分布区一致	一般为暂时性水	基本上是渗入成因，局部才能凝结成因
潜水	坡积、洪积、冲积、湖积、冰碛和冰水沉积物中的水；当经常出露或接近地表时，成为沼泽水、沙漠和海滨砂丘水	基岩上部裂隙中的水	裸露岩溶化岩层中的水	常常为无压水	补给区与分布区一致	水位升降决定地表水的渗入和地下蒸发并在某些地方决定于水压的传递	基本上是渗入成因，局部才能凝结成因
承压水	松散沉积物构成的向斜和盆地——自流盆地中的水，松散沉积物构成的单斜和山前平原——自流斜地中的水	构成盆地或向斜中基岩的层状裂隙水单斜岩层中层状裂隙水、构造断裂带及不规则裂隙中的深部水	构造盆地或向斜中岩溶化岩石的单斜岩层中岩溶化岩层中的水	承压水	补给区与分布区不一致	水位的升降决定于水压的传递	渗入成因或海洋成因

5.2.1 包气带水

包气带水处于地表面以下潜水位以上的包气带岩土层中，包括土壤水、沼泽水、上层滞水以及基岩风化壳（黏土裂隙）中季节性存在的水（图5-2）。包气

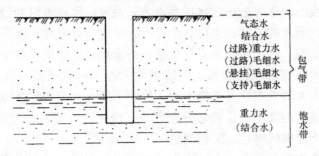

图 5-2　包气带及饱水带

带水的主要特征是受气候控制，季节性明显，变化大，雨季水量多，旱季水量少，甚至干涸。包气带水对农业有很大意义，对工程建筑有一定影响。

5.2.2 潜　　水

埋藏在地表以下第一层较稳定的隔水层以上具有自由水面的重力水叫潜水（图5-3）。潜水的自由表面，承受大气压力，受气候条件影响，季节性变化明显，春、夏季多雨，水位上升，冬季少雨，水位下降，水温随季节而有规律的变化，水质易受污染。

潜水主要分布在地表各种岩、土里，多数存在于第四纪松散沉积层中，坚硬的沉积岩、岩浆岩和变质岩的裂隙及洞穴中也有潜水分布。潜水面随时间而变

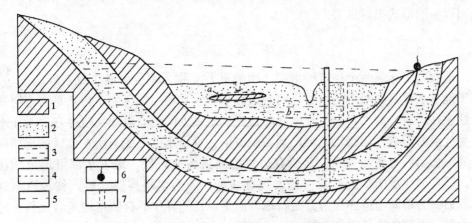

图 5-3　潜水、承压水及上层滞水

1—隔水层；2—透水层；3—饱水部分；4—潜水位；5—承压水测压水位；6—泉（上升泉）；
7—水井，实线部分表示井壁不进水；a—上层滞水；b—潜水；c—承压水（自流水）

化,其形状则随地形的不同而异,可用类似于地形图的方法表示潜水面的形状,即潜水等水位线图。此外,潜水面的形状也和含水层的透水性及隔水层底板形状有关。在潜水流动的方向上,含水层的透水性增强;含水层厚度较大的地方,潜水面就变得平缓,隔水底板隆起处,潜水厚度减小。潜水面接近地表,可形成泉。当地表河流的河床与潜水含水层有水力联系时,河水可以补给潜水,潜水也可以补给河流。潜水的流量、水位、水温、化学成分等经常有规律的变化,这种变化叫潜水的动态。潜水的动态有日变化、月变化、年变化及多年变化。潜水动态变化的影响因素有自然因素及人为因素两方面。自然因素有气象、水文、地质、生物等。人为因素主要有兴修水利,修建水库,大面积灌溉和疏干等,这些因素都会改变潜水的动态。我们掌握潜水动态变化规律就能合理地利用地下水,防止地下水可能造成的对建筑工程的危害。

潜水的补给来源主要有:大气降水、地表水、深层地下水及凝结水。大气降水是补给潜水的主要来源。降水补给潜水的数量多少,取决于降水的特点及程度、包气带上层的透水性及地表的覆盖情况等。一般来说,时间短的暴雨,对补给地下水不利,而连绵细雨能大量的补给潜水。在干旱地区,大气降雨很少,潜水的补给只靠大气凝结水。地表水也是地下水的重要补给来源,当地表水水位高于潜水水位时,地表水就补给地下水。在一般情况下,河流的中上游基本上是地下水补给河流,下游是河水补给地下水。潜水的动态变化往往受地表水动态变化的影响。如果深层地下水位较潜水位高,深层地下水会通过构造破碎带或导水断层补给潜水,也可越流补给潜水,总之,潜水的补给来源是多种多样的,某个地区的潜水可以有一种或几种来源补给。

潜水的排泄,可直接流入地表水体。一般在河谷的中上游,河流下切较深,使潜水直接流入河流。在干旱地区潜水也靠蒸发排泄。在地形有利的情况下,潜水则以泉的形式出露地表。

5.2.3 承 压 水

地表以下充满两个稳定隔水层之间的重力水称为承压水或自流水(图 5-3)。由于地下水限制在两个隔水层之间,因而承压水具有一定压力,特别是含水层透水性愈好,压力愈大,人工开凿后能自流到地表。因为有隔水顶板存在,承压水不受气候的影响,动态较稳定,不易受污染。承压水的形成与所在地区的地质构造及沉积条件有密切关系。只要有适宜的地质构造条件,地下水都可形成承压水。适宜形成承压水的地质构造大致有两种:一为向斜构造盆地,称为自流盆地。另一为单斜构造亦称为自流斜地。但是,自然界中的自流盆地及自流斜地的含水层,埋藏条件是很复杂的,往往在同一个区域内的自流盆地或自流斜地,可埋藏多个含水层,它们有不同的稳定水位与不同的水力联系,这主要取决于地形和地质构造二者之间的关系。当地形和构造一致时,即为正地形,下部含水层压力高,若有裂隙穿透上下含水层,下部含水层的水通过裂隙补给上部含水层。反地形,情况相反,含水层通过一定的渠道补给下部的含水层,这是因为下部含水层的补给与排泄区常位于较低的位置。

承压含水层直接出露到地面,属潜水,补给靠大气降水。若承压含水层的补给区出露在表面水附近时,补给来源是地面水体;如果承压含水层和潜水含水层有水力联系,潜水便成为补给源。承压水的径流主要决定于补给区和排泄区的高差与两者的距离及含水层的透水性。一般说来,补给区和排泄区距离短、含水层的透水性良好,水位差大,承压水的径流条件就好,如果水位相差不大,距离较远,径流条件差,承压水循环交替就缓慢。承压水的排泄方式是多种多样的。当承压含水层被河流切割,这时承压水以泉的形式排出;当断层切割承压含水层时,一种情况是沿着断层破碎带以泉的形式排泄;另一种情况断层将几个含水层同时切割,使各含水层有了水力联系,压力高的承压水便补给其他含水层。

5.2.4 裂隙水及岩溶水

1. 裂隙水

埋藏在基岩裂隙中的地下水叫裂隙水。这种水运动复杂,水量变化较大,这与裂隙发育及成因有密切关系。裂隙水按基岩裂隙成因分类有:风化裂隙水、成岩裂隙水、构造裂隙水。

(1) 风化裂隙水:分布在风化裂隙中的地下水多数为层状裂隙水,由于风化裂隙彼此相连通,因此在一定范围内形成的地下水也是相互连通的水体,水平方向透水性均匀,垂直方向随深度而减弱,多属潜水,(图 5-4) 有时也存在上层滞水。如果风化壳上部的覆盖层透水性很差时,其下部的裂隙带有一定的承压性,风化裂隙水

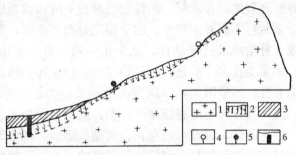

图 5-4 风化裂隙水示意图
1—新鲜基岩;2—风化带;3—黏土;4—暂时性泉;
5—常年性泉;6—水井

主要受大气降水的补给,有明显季节性循环交替性,常以泉的形式排泄于河流中。

(2) 成岩裂隙水:具有成岩裂隙的岩层出露地表时,常赋存成岩裂隙潜水。岩浆岩中成岩裂隙水较为发育。玄武岩经常发育柱状节理及层面节理,裂隙均匀密集,张开性好,贯穿连通,常形成贮水丰富、导水畅通的潜水含水层。成岩裂隙水多呈层状,在一定范围内相互连通。具有成岩裂隙的岩体为后期地层覆盖时,也可构成承压含水层,在一定条件下可以具有很大的承压性。

(3) 构造裂隙水：由于地壳的构造运动，岩石受挤压、剪切等应力作用下形成的构造裂隙，其发育程度既取决于岩石本身的性质，也取决于边界条件及构造应力分布等因素。构造裂隙发育很不均匀，因而构造裂隙水分布和运动相当复杂（图5-5）。当构造应力分布比较均匀且强度足够时，则在岩体中形成比较密集均匀且相互连通的张开性构造裂隙，赋存层状构造裂隙水。当构造应力分布相当不均匀时，岩体中张开性构造裂隙分布不连续，互不沟通，则赋存脉状构造裂隙水。具有同一岩性的岩层，由于构造应力的差异，一些地方可能赋存层状裂隙水，另一些地方则可能赋存脉状裂隙水。反之，

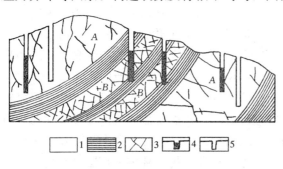

图 5-5 夹于柔性岩层中的薄层脆性岩层裂隙较为发育
1—脆性岩层；2—柔性岩层；3—张开裂隙；4—有水的井；5—干井；A—脉状裂隙水；B—层状裂隙水

当构造应力大体相同时，由于岩性变化，裂隙发育不同；张开裂隙密集的部位赋存层状裂隙水，其余部位则为脉状裂隙水。层状构造裂隙水可以是潜水，也可以是承压水。柔性与脆性岩层互层时，前者构成具有闭合裂隙的隔水层，后者成为发育张开裂隙的含水层。柔性岩层覆盖下的脆性岩层中便赋存承压水。脉状裂隙水，多赋存于张开裂隙中。由于裂隙分布不连续，所形成的裂隙各有自己独立的系统、补给源及排泄条件，水位不一致。有一定压力，分布不均，水量小，水位、水量变化大。但是，不论是层状裂隙水还是脉状裂隙水，其渗透性常常显示各向异性。这是因为，不同方向的构造应力性质不同，某些方向上裂隙张开性好，另一些方向上的裂隙张开性差，甚至是闭合的。

综上所述，裂隙水的存在、类型、运动、富集等受裂隙发育程度、性质及成因控制，所以我们只有很好地研究裂隙发生、发展的变化规律，才能更好地掌握裂隙水的规律性。

2. 岩溶水

赋存和运移于可溶岩的溶隙溶洞（洞穴、管道、暗河）中的地下水叫岩溶水（图5-6）。我国岩溶的分布比较广，特别在南方地区。因此，岩溶水分布很普遍，水量丰富，对供水极为有利，但对矿床开采、地下工程和建筑工程等都会带来一些危害，因此研究岩溶水对国民经济有很大意义。根据岩溶水的埋藏条件可分为：岩溶上层滞水、岩溶潜水及岩溶承压水。

(1) 岩溶上层滞水：在厚层灰岩的包气带中，常有局部非可溶的岩层存在，起着隔水作用，在其上部形成岩溶上层滞水。

(2) 岩溶潜水：在大面积出露的厚层灰岩地区广泛分布着岩溶潜水。岩溶潜

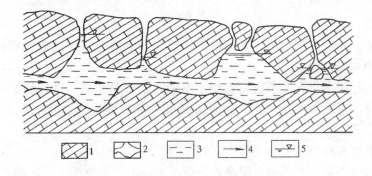

图 5-6 断面变化的溶蚀管路中由于
流速变化而水位呈现高低不一
1—灰岩；2—溶洞；3—充水部分；4—地下水流向，
箭头长短代表流速大小；5—地下水位

水的动态变化很大，水位变化幅度可达数十米。水量变化的最大与最小值之差，可达几百倍。这主要是受补给和径流条件影响，降雨季节水量很大，其他季节水量很小，甚至干枯。

(3) 岩溶承压水：岩溶地层被覆盖或岩溶层与砂页岩互层分布时，在一定的构造条件下，就能形成岩溶承压水。岩溶承压水的补给主要取决于承压含水层的出露情况。岩溶水的排泄多数靠导水断层，经常形成大泉或群泉，也可补给其他地下水，岩溶承压水动态较稳定。

岩溶水的分布主要受岩溶发育规律控制。所谓岩溶就是指水流与可溶岩石相互作用的过程以及伴随产生的地表及地下地质现象的总和。岩溶作用既包括化学溶解和沉淀作用，也包括机械破坏作用和机械沉积作用。因此，岩溶水在其运动过程中不断地改造着自身的赋存环境。岩溶发育有的地方均匀，有的地方不均匀。若岩溶发育均匀，又无黏土填充，各溶洞之间的岩溶水有水力联系，则有一致的水位。若岩溶发育不均匀，又有黏上等物质充填，各洞之间可能没有水力联系，因而有可能使岩溶水在某些地带集中形成暗河，而另外一些地带可能无水。在较厚层的灰岩地区，岩溶水的分布及富水性和岩溶地貌很有关系。在分水岭地区，常发育着一些岩溶漏斗、落水洞等，构成了特殊地形"峰林地貌"。它常是岩溶水的补给区。这里岩溶水径流条件好，埋藏深度大，很少出露地表低洼的岩溶地形。在岩溶水汇集地带，常形成地下暗河，并有泉群出现，其上经常堆积一些松散的沉积物。

实践和理论证明，在岩溶地区进行地下工程和地面建筑工程，必须弄清岩溶的发育与分布规律，因为岩溶的发育致使建筑工程场区的工程地质条件大为恶化。

5.2.5 泉

泉是地下水天然露头。主要是地下水或含水层通道露出地表形成的。因此，泉是地下的主要排泄方式之一。

泉的实际用途很大，不仅可做供水水源。当水量丰富，动态稳定，含有碘、硫等物质时，还可做医疗之用。同时研究泉对了解地质构造及地下水都有很大意义。

泉的类型按补给源可分为三类：

(1) 包气带泉：主要是上层滞水补给，水量小，季节变化大，动态不稳定。

(2) 潜水泉：又称下降泉，主要靠潜水补给，动态较稳定，有季节性变化规律，按出露条件可分为侵蚀泉、接触泉、溢出泉等。当河谷、冲沟向下切割含水层，地下水涌出地表便成泉，这主要和侵蚀作用有关，故叫侵蚀泉。有时因地形切割含水层隔水底板时，地下水被迫从两层接触处出露成泉，故称接触泉。当岩石透水性变弱或由于隔水底板隆起，使地下水流动受阻，地下水便溢出地面成泉，这就是溢出泉。

(3) 自流水泉：又叫上升泉，主要靠承压水补给，动态稳定，年变化不大，主要分布在自流盆地及自流斜地的排泄区和构造断裂带上。当承压含水层被断层切割，而且断层是张开的，地下水便沿着断层上升，在地形低洼处便出露成泉，故称断层泉。因为沿着断层上升的泉，常常成群分布，也叫泉带。

泉的出露多在山麓、河谷、冲沟等地形低洼的地方，而平原地区出露较少，有时有些泉出露后，直接流入河水或湖水中，但水流清澈，这就是泉出露的标志。在干旱季节，周围草木枯黄，但泉的附近却绿草如茵。

§5.3 地下水的性质

5.3.1 地下水的物理性质

地下水的物理性质有温度、颜色、透明度、气味、味道、导电性及放射性。

(1) 地下水的温度：地下水的温度受气候和地质条件控制。由于地下水形成的环境不同，其温度变化也很大，可由 $0 \sim 100℃$，个别地区达到 $100℃$ 以上。根据温度将地下水分为以下几类：过冷水 $<0℃$；冷水 $0 \sim 20℃$；温水 $20 \sim 42℃$；热水 $42 \sim 100℃$；已过热水 $>100℃$。

(2) 地下水的颜色决定于化学成分及悬浮物。例如，含 Ca^{2+}、Mg^{2+} 离子的水为微蓝色；含 Fe^{2+} 的水为灰蓝色；含 Fe^{3+} 的水为褐黄色；含有机腐殖质时呈黄色。含悬浮物的水，其颜色决定于悬浮物。

(3) 透明度：地下水多半是透明的。当水中含有矿物质、机械混合物、有机质及胶体时,地下水的透明度就改变。根据透明度可将地下水分为以下几种:①透明的;②微浑的;③浑浊的;④极浑浊的。

(4) 嗅味:地下水含有气体或有机质时,具有一定的气味。如含腐植质时,具"沼泽"味;含硫化氢时具有臭蛋味。

(5) 味道:地下水味道主要取决于地下水的化学成分。含 NaCl 的水具咸味;含 $CaCO_3$ 的水清凉爽口;含 $Ca(OH)_2$ 和 $Mg(HCO)_2$ 的水有甜味,俗称甜水;当 $MgCl_2$ 和 $MgSO_4$ 存在时,地下水有苦味。

(6) 导电性:当含有一些电解质时,水的导电性增强,当然也受温度的影响。

通过地下水物理性质的研究,使我们能初步了解地下水的形成环境、污染情况及化学成分,这为利用地下水提供了依据。

5.3.2 地下水的化学成分

岩土中的地下水,是一种良好的溶剂,经常不断地和岩土发生作用,能溶解岩土中的可溶物质,使其变成离子状态进入地下水,形成水的化学成分。在地下水的补给、径流、排泄过程中,由于地质、自然地理环境的影响,地下水会发生浓缩、混合、离子交换吸附、脱硫酸和碳酸作用,促使地下水的化学成分不断变化。因此,地下水的化学成分,是在很长的时间内,经过各种作用形成的。自然界中存在的元素,绝大多数已在地下水中发现,但是,只有少数是含量较多的常见元素。这些常见元素,有的在地壳中含量较高,且在水中具有一定溶解度,如 O_2、Ca、Mg、Na、K 等;有的在地壳中含量并不很大,但是溶解度相当大,如 Cl。某些元素,如 Si、Fe 等,虽然在地壳中含量很大,但由于其溶解于水的能力很弱,所以,在地下水中的含量一般并不高。

1. 地下水中主要离子成分

地下水中的主要离子成分有:

阳离子:H^+、Na^+、K^+、NH_4^+、Mg^{2+}、Ca^{2+}、Fe^{2+}。

阴离子:OH^-、Cl^-、SO_4^{2-}、NO_2^-、NO_3^-、HCO_3^-、CO_3^{2-}、SiO_3^{2-}、PO_4^{2-}。

地下水中分布最广、含量较多的离子是:Na^+、K^+、Ca^{2+}、Mg^{2+} 和 Cl^-、SO_4^{2-}、HCO_3^-。即 4 种阳离子和 3 种阴离子。

地下水中所含各种离子、分子与化合物的总量称为矿化度,以 g/L 表示。习惯上用 105~110℃温度将地下水样品蒸干后所得的干涸残余物总量来表示矿化度。也可以将分析所得阴阳离子含量相加,求得理论干涸残余物总量。由于在蒸干时有将近一半的 HCO_3^- 分解生成 CO_2 及 H_2O 而逸失。所以,阴阳离子相加时,HCO_3^- 只取重量的 50%。由于地下水中盐类的溶解度不同,使得离子成分与地下水矿化度之间有一定的规律。

总体上看,氯盐的溶解度最大,硫酸盐次之,碳酸盐较小,钙的硫酸盐,特别是钙、镁的碳酸盐溶解度最小,见表 5-4。随着矿化度增大,钙、镁的碳酸盐首先达到饱和并沉淀析出，继续增大时，钙的硫酸盐也饱和析出，因此，高矿化水中便以易溶的氯和钠占优势。

地下水中常见盐类的溶解度（0℃，g/L）　　　　表 5-4

盐 类	溶解度	盐类	溶解度	盐类	溶解度
NaCl	350	NaSO$_4$	50	Na$_2$CO$_3$	193.9 (18℃)
KCl	290	MgSO$_4$	270	MgCO$_3$	0.1
MgCl$_2$	558.1 (18℃)	CaSO$_4$	1.9	CaCO$_3$	0.18
CaCl$_2$	731.9 (18℃)				

Cl^- 主要来源：①沉积岩中所含岩盐或其他氯化物的溶解；②岩浆岩中含氯矿物的风化溶解；③海水；④火山喷发物的溶滤；⑤工业、生活污水及粪便中的大量 Cl。氯离子不会被植物和细菌所摄取，不被土粒表面吸附，氯盐溶解度大，不易沉淀析出，因此，它的含量随着矿化度增长而不断增加。

SO_4^{2-} 离子主要来自：①含石膏（$CaSO_4 \cdot H_2O$）或其他硫酸盐的沉积岩的溶解；②硫和硫化物的氧化，例如：

$$2S + 3O_2 + 2H_2O \longrightarrow 4H^+ + 2SO_4^{2-}$$

$$2FeS_2 + 7O_2 + 2H_2O \longrightarrow 2FeSO_4 + 4H^+ + 2SO_4^{2-}$$

（黄铁矿）

SO_4^{2-} 在地下水中的含量大大低于 Cl^- 的含量，而且也不如 Cl^- 稳定。这是由于作为 SO_4^{2-} 主要来源的 $CaSO_4$ 溶解度较小，其次，在还原环境中，SO_4^{2-} 将被还原为 H_2S 及 S。

HCO_3^- 离子主要来自：①含碳酸盐沉积岩的溶解：

$$CaCO_3 + H_2O + CO_2 \rightleftharpoons 2HCO_3^- + Ca^{2+}$$

$$MgCO_3 + H_2O + CO_2 \rightleftharpoons 2HCO_3^- + Mg^{2+}$$

当水中 CO_2 存在时，$CaCO_3$ 和 $MgCO_3$ 才会有一定数量的溶解，所以地下水中 HCO_3^- 离子的含量取决于与 CO_2 含量的平衡关系。②在岩浆岩与变质岩地区，HCO_3^- 主要来源于铝硅酸盐矿物的风化溶解。例如：

$$Na_2Al_2Si_6O_{16} + 2CO_2 + 3H_2O \longrightarrow 2HCO_3^- + 2Na^+ + H_4Al_2Si_2O_9 + 4SiO_2$$

（钠长石）

$$CaO \cdot 2Al_2O_3 \cdot 4SiO_2 + 2CO_2 + 5H_2O \longrightarrow 2HCO_3^- + Ca^+ + 2H_4Al_2Si_2O_9$$

（钙长石）

地下水中 HCO_3^- 的含量一般小于 1g/L。

Na^+ 离子和 K^+ 离子在地下水中的分布特点基本相同，但是，K^+ 离子的含量比 Na^+ 离子的含量少得多。这是因为 K^+ 大量地参与形成不溶于水的次生矿物（水云母、蒙脱石、绢云母），并为植物所摄取之故，Na^+ 离子和 K^+ 离子主要来源于：①含钠盐、钾盐的沉积岩的溶解；②岩浆岩和变质岩中含钠、钾矿物的风化溶解。

Ca^{2+} 离子的来源主要是：①碳酸盐类沉积物和石膏沉积物的溶解；②岩浆岩、变质岩中含钙矿物的风化溶解。地下水中 Ca^{2+} 的含量一般不超过数百毫克/升，通常低于 Na^+ 离的含量。Ma^{2+} 离子的来源及其在地下水中的分布与 Ca^{2+} 离子相近。但是，Mg^{2+} 离子的含量通常比 Ca^{2+} 离子少。Mg^{2+} 离子主要来自含镁的碳酸盐类沉积岩（白云岩、泥灰岩）以及岩浆岩、变质岩中含镁矿物的风化溶解。

2. 地下水中主要气体成分

O_2、N_2、CO_2 及 H_2S 是地下水中的主要气体成分。一般情况下，地下水中气体含量只有几毫克/升～几十毫克/升。但是，气体成分能够很好地反映地球化学环境；同时，地下水中存在某些气体能够影响盐类在水中的溶解度以及其他化学反应。

地下水中的氧气和氮气主要来自大气层。它们随同大气降水及地表水补给地下水。地下水中溶解氧含量愈高，愈利于氧化作用，在封闭的地球化学环境中，O_2 将耗尽而只残留 N_2，这是由于 O_2 的化学性质远比 N_2 活泼之故。因此，N_2 的单独存在，通常可说明地下水起源于大气并处于还原环境。

一般情况下，以入渗补给为主，与大气圈关系密切的地下水中含 O_2 和 N_2 较多。

地下水处在与大气较为隔绝的环境中，当有有机质存在时，由于微生物的作用，SO_4^- 将还原生成 H_2S。因此，H_2S 一般出现于封闭地质构造的地下水中，如油田水中。

植物根系的呼吸作用及有机质残骸的发酵作用，会在包气带水中形成 CO_2，这种由有机物的氧化生成的 CO_2 随同水一起入渗补给地下水，浅部地下水中主要含有这种成因的 CO_2。含碳酸盐类的岩石，在深部高温影响下，会分解生成 CO_2，即：

$$CaCO_3 \xrightarrow{高温} CaO + CO_2$$

由于近代工业的发展，大气中人为产生的 CO_2 有显著增加，尤其在某些集中的工业区，补给地下水的降水中 CO_2 含量往往很高。

地下水中 CO_2 的含量越多，其溶解碳酸盐类的能力以及对结晶岩类风化作用的能力也越强。地下水中存在侵蚀性 CO_2 时，就会对钢筋混凝土产生腐蚀作用。

3. 地下水中的胶体成分与有机质

以碳、氢、氧为主的有机质，经常以胶体方式存在于地下水中。大量有机质的存在，有利于进行还原作用，从而使地下水化学成分发生变化。

很难以离子状态溶于水的化合物也往往以胶体状态存在于地下水中，其中分布最广的是 $Fe(OH)_2$、$Al(OH)_3$ 及 SO_2。

§5.4 地下水对建筑工程的影响

地下水对建筑工程的不良影响主要有：降低地下水位会使软土地基产生固结

沉降;不合理的地下水流动会诱发某些土层出现流砂现象和机械潜蚀;地下水对位于水位以下的岩石、土层和建筑物基础产生浮托作用;某些地下水对钢筋混凝土基础产生腐蚀。

5.4.1 地下水位下降引起软土地基沉降

在沿海软土层中进行深基础施工时,往往需要人工降低地下水位。若降水措施不当,会使周围地基土层产生固结沉降,轻者造成邻近建筑物或地下管线的不均匀沉降;重者使建筑物基础下的土体颗粒流失,甚至掏空,导致建筑物开裂和危及安全使用。例如:上海康乐路十二层大楼,采用箱基,开挖深度为5.5m,采用钢板桩外加井点降水,抽水6天后,各沉降观测点的沉降量见表5-5。

降水与地面沉降　　　　　　　　　　表5-5

离降水井点距离(m)	3	5	10	20	31	41
地面沉降量(mm)	10	4.5	2.5	2	1	0

降水期间,距基坑6～10m处,旧民房有裂缝。在上海地区井点降水的影响范围一般为84m。

如果抽水井滤网和砂滤层的设计不合理或施工质量差,那么,抽水时会将软土层中的黏粒、粉粒、甚至细砂等细小土颗粒随同地下水一起带出地面,使周围地面土层很快产生不均匀沉降,造成地面建筑物和地下管线不同程度的损坏。另一方面,井管埋设完成开始抽水时,井内水位下降,井外含水层中的地下水不断流向滤管,经过一段时间后,在井周围形成漏斗状的弯曲水面——降水漏斗。在这一降水漏斗范围内的软土层会发生渗透固结而造成地基土沉降。而且,由于土层的不均匀性和边界条件的复杂性,降水漏斗往往是不对称的,因而使周围建筑物或地下管线产生不均匀沉降,甚至开裂。

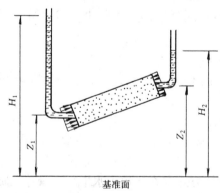

图5-7 动水压力的试验原理示意图

5.4.2 动水压力产生流砂和潜蚀

设想在地下水渗流的任意一个土体微段两端装上测压管,如图5-7所示。

因为我们只考虑计算相应的平均值,所以假设测压管都位于断面的中点。该土体微段的长度为Δl,截面积为ΔS,其体积$\Delta V=\Delta l \cdot \Delta S$。当地下水从左端向右端渗流时,左面的水头高度为$H_1$,右面的水头高度为$H_2$,其两点间的水头差$\Delta H$为:

$$\Delta H = H_1 - H_2 \tag{5-5}$$

土体微段左截面上作用的水压力 $F_2=\gamma_w H_1 \Delta S$，右截面上作用的水压力 $F_2=\gamma_w H_2 \Delta S$，如果忽略渗流过程中水的惯性力，则沿渗流方向作用于土体微段上水压力的合力 ΔF 为：

$$\Delta F = F_1 - F_2 = \gamma_w[(H_1-Z_1)-(H_2-Z_2)]\Delta S$$
$$= \gamma_w[(H_1-H_2)+(Z_2-Z_1)]\Delta S \tag{5-6}$$

当地下水静止不动时，$\Delta H=0$，此时，沿渗流方向作用于土体微段上水压力的合力 ΔF_0 为：

$$\Delta F_0 = \gamma_w(Z_1-Z_2)\Delta S \tag{5-7}$$

实际上 ΔF_0 就是作用于与土体微段同体积的水上的重力在渗流方向上的分力。所以，地下水在渗流时，作用于土体微段上动水压力的合力 ΔF_w 为：

$$\Delta F_w = \Delta F - \Delta F_0 = \gamma_w(H_1-H_2)\Delta S \tag{5-8}$$

我们把地下水在渗流时作用于单位体积土骨架（土颗粒）上的力称为动水压力 f_d，即：

$$f_d = \frac{\Delta F_w}{\Delta V} = \frac{\gamma_w(H_1-H_2)\Delta S}{\Delta L \Delta S}$$
$$= \gamma_w \frac{H_1-H_2}{\Delta L} = \gamma_w \frac{\Delta H}{\Delta L} = \gamma_w I \tag{5-9}$$

式中 I——地下水渗流水力坡度。$\left(I=\dfrac{\Delta H}{\Delta L}\right)$

设土颗粒密度为 ρ_s，纯水在 4℃ 时的密度为 ρ_w，土的孔隙比为 e，则土的有效重度 γ' 为：

$$\gamma' = \frac{G-1}{1+e}\gamma_w \tag{5-10}$$

式中 $G=\dfrac{\rho_s}{\rho_w}$——土的颗粒比重。

当地下水自下而上流动时产生的动水压力 f_d 等于土体的有效重度 γ' 时，即：

$$f_d = \gamma' = \frac{G-1}{1+e}\gamma_w \tag{5-11}$$

土颗粒之间的有效应力等于零，土粒就处于悬浮状态，这种现象称为流砂。出现流砂时的水力坡度称为临界水力坡度，用 I_{cr} 表示，由式（5-9）及式（5-11）可得：

$$I_{cr} = \frac{G-1}{1+e} \tag{5-12}$$

流砂是一种不良的工程地质现象，在建筑物深基础工程和地下建筑工程的施工中所遇到的流砂现象。按其严重程度可分为下列三种：

（1）轻微流砂：当基坑围护桩排间隙处隔水措施不当或施工质量欠缺时，或当地下连续墙接头的施工质量不佳时,有些细小的土颗粒会随着地下水渗漏一起穿过缝隙而流入基坑,增加坑底的泥泞程度。

(2) 中等流砂:在基坑底部,尤其是靠近围护桩墙的地方,常常会出现一堆粉细砂缓缓冒起,仔细观察,可以看到粉细砂堆中形成许多小小的排水沟,冒出的水夹带着细小土粒在慢慢地流动。

(3) 严重流砂:基坑开挖时如发生上述现象而仍然继续往下开挖,流砂的冒出速度会迅速增加,有时会像开水初沸时的翻泡,此时基坑底部成为流动状态,给施工带来很大困难,甚至影响邻近建筑物的安全。如果在沉井施工中,产生严重流砂,那么沉井就突然下沉,无法用人力控制,以致沉井发生倾斜,甚至发生重大事故。

根据对上海软土地层的研究,得出易产生流砂的土层条件为:
1) 黏粒含量小于10%~15%,粉粒含量大于65%~75%;
2) 颗粒级配不均匀系数 $u<5$;
3) 土的孔隙比 $e>0.85$;
4) 土的含水量大于30%;
5) 地层中粉细砂或粉土层厚度大于25cm。

如果地下水渗流产生的动水压力小于土颗粒的有效重度 γ',即渗流水力坡度小于临界水力坡度。那么,虽然不会发生流砂现象,但是土中细小颗粒仍有可能穿过粗颗粒之间的孔隙被渗流携带而走。时间长了,在土层中将形成管状空洞,使土体结构破坏,强度降低,压缩性增加,我们将这种现象称为机械潜蚀。

5.4.3 地下水的浮托作用

当建筑物基础底面位于地下水位以下时,地下水对基础底面产生静水压力,即产生浮托力。如果基础位于粉土、砂土、碎石土和节理裂隙发育的岩石地基上,则按地下水位100%计算浮托力;如果基础位于节理裂隙不发育的岩石地基上,则按地下水位50%计算浮托力;如果基础位于黏性土地基上;其浮托力较难确切地确定,应结合地区的实际经验考虑。

5.4.4 承压水对基坑的作用

当深基坑下部有承压含水层时,必须分析承压水头是否会冲毁基坑底部的黏性土层,通常用压力平衡概念进行验算,即:

$$\gamma M = \gamma_w H \tag{5-13}$$

式中 γ、γ_w——分别为黏性土的重度和地下水的重度;
H——相对于含水层顶板的承压水头值;
M——基坑开挖后黏性土层的厚度。

所以,基坑底部黏性土层的厚度必须满足(5-14)式,见图5-8。

$$M > \frac{\gamma_w}{\gamma} H \cdot K \qquad (5\text{-}14)$$

式中 K——安全系数，一般取 1.5～2.0，主要视基坑底部黏性土层的裂隙发育程度及坑底面积大小而定。如果 $M < \frac{\gamma_w}{\gamma} H \cdot K$，则必须用深井抽汲承压含水层中的地下水，使其承压水头下降，如图 5-9。而且，相对于含水层顶板的承压水头 H_w 必须满足：

$$H_w < \frac{\gamma}{K \cdot \gamma_w} \cdot M \qquad (5\text{-}15)$$

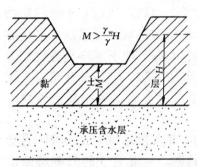

图 5-8 基坑底黏土层最小厚度

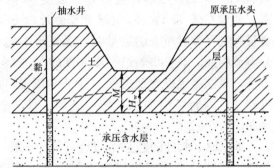

图 5-9 抽水降低承压水头

5.4.5 地下水对钢筋混凝土的腐蚀

1. 腐蚀类型

硅酸盐水泥遇水硬化，并且形成 $Ca(OH)_2$、水化硅酸钙 $CaOSiO_2 \cdot 12H_2O$、水化铝酸钙 $CaOAl_2O_3 \cdot 6H_2O$ 等，这些物质往往会受到地下水的腐蚀。根据地下水对建筑结构材料腐蚀性评价标准，将腐蚀类型分为三种：

（1）结晶类腐蚀

如果地下水中 SO_4^{2-} 离子的含量超过规定值，那么 SO_4^{2-} 离子将与混凝土中的 $Ca(OH)_2$ 起反应，生成二水石膏结晶体 $CaSO_4 \cdot 2H_2O$，这种石膏再与水化铝酸钙 $CaOAl_2O_3 \cdot 6H_2O$ 发生化学反应，生成水化硫铝酸钙，这是一种铝和钙的复合硫酸盐，习惯上称为水泥杆菌。由于水泥杆菌结合了许多的结晶水，因而其体积比化合前增大很多，约为原体积的 221.86%，于是在混凝土中产生很大的内应力，使混凝土的结构遭受破坏。

水泥中 $CaOAl_2O_3 \cdot 6H_2O$ 含量少，抗结晶腐蚀强，因此，要想提高水泥的抗结晶腐蚀，主要是控制水泥的矿物成分。

（2）分解类腐蚀

地下水中含有 CO_2 和 HCO_3^-，CO_2 与混凝土中的 $Ca(OH)_2$ 作用，生成碳酸

钙沉淀。
$$Ca(OH)_2+CO_2=CaCO_3\downarrow+H_2O$$

由于$CaCO_3$不溶于水，它可填充混凝土的孔隙，在混凝土周围形成一层保护膜，能防止$Ca(OH)_2$的分解。但是，当地下水中CO_2的含量超过一定数值，而HCO_3^-离子的含量过低，则超量的CO_2再与$CaCO_3$反应，生成重碳酸钙$Ca(HCO_3)_2$，并溶于水，即：
$$CaCO_3+CO_2\Longleftrightarrow Ca^++2HCO_3^-$$

上述这种反应是可逆的：当CO_2含量增加时，平衡被破坏，反应向右进行，固体$CaCO_3$继续分解；当CO_2含量变少时，反应向左移动，固体$CaCO_3$沉淀析出。如果CO_2和HCO_3^-的浓度平衡时，反应就停止。所以，当地下水中CO_2的含量超过平衡时所需的数量时，混凝土中的$CaCO_3$就被溶解而受腐蚀，这就是分解类腐蚀。我们将超过平衡浓度的CO_2叫侵蚀性CO_2。地下水中侵蚀性CO_2愈多，对混凝土的腐蚀愈强。地下水流量、流速都很大时，CO_2易补充，平衡难建立，因而腐蚀加快。另一方面，HCO_3^-离子含量愈高，对混凝土腐蚀性愈弱。

如果地下水的酸度过大，即pH值小于某一数值，那么混凝土中的$Ca(OH)_2$也要分解，特别是当反应生成物为易溶于水的氯化物时，对混凝土的分解腐蚀很强烈。

(3) 结晶分解复合类腐蚀

当地下水中NH_4^+、NO_3^-、Cl^-和Mg^{2+}离子的含量超过一定数量时，与混凝土中的$Ca(OH)_2$发生反应，例如：
$$MgSO_4+Ca(OH)_2=Mg(OH)_2+CaSO_4$$
$$MgCl_2+Ca(OH)_2=Mg(OH)_2+CaCl_2$$

$Ca(OH)_2$与镁盐作用的生成物中，除$Mg(OH)_2$不易溶解外，$CaCl_2$则易溶于水，并随之流失；硬石膏$CaSO_4$一方面与混凝土中的水化铝酸钙反应生成水泥杆菌：
$$3CaO\cdot Al_2O_3\cdot 6H_2O+3CaSO_4+25H_2O=3CaO\cdot Al_2O_3\cdot 3CaSO_4\cdot 31H_2O$$
另一方面，硬石膏遇水后生成二水石膏：
$$CaSO_4+2H_2O\Longleftrightarrow CaSO_4\cdot 2H_2O$$

二水石膏在结晶时，体积膨胀，破坏混凝土的结构。

综上所述，地下水对混凝土建筑物的腐蚀是一项复杂的物理化学过程，在一定的工程地质与水文地质条件下，对建筑材料的耐久性影响很大。

2. 腐蚀性评价标准

根据各种化学腐蚀所引起的破坏作用，将SO_4^{2-}离子的含量归纳为结晶类腐蚀性的评价指标；将侵蚀性CO_2、HCO_3^-离子和pH值归纳为分解类腐蚀性的评价指标；而将Mg^{2+}、NH_4^+、Cl^-、SO_4^{2-}、NO_3^-离子的含量作为结晶分解类腐蚀性的评价指标。同时，在评价地下水对建筑结构材料的腐蚀性时必须结合建筑场地所属的环境类别。建筑场地根据气候区、土层透水性、干湿交替和冻融交替情况区分为三类环境，见表 5-6。

混凝土腐蚀的场地环境类别　　　　　　　　　　表 5-6

环境类别	气候区	土 层 特 性	干 湿 交 替	冰 冻 区（段）
I	高寒区 干旱区 半干旱区	直接临水，强透水土层中的地下水，或湿润的强透水土层	有	混凝土不论在地面或地下，无干湿交替作用时，其腐蚀强度比有干湿交替作用时相对降低	混凝土不论在地面或地面下，当受潮或浸水时；并处于严重冰冻区（段）、冰冻区段、或微冰冻区（段）
II	高寒区 干旱区 半干旱区	弱透水土层中的地下水，或湿润的强透水土层	有		
	湿润区 半湿润区	直接临水，强透水土层中的地下水，或湿润的强透水土层	有		
III	各气候区	弱透水土层	无		不冻区（段）
备 注	当竖井、隧洞、水坝等工程的混凝土结构一面与水（地下水或地表水）接触，另一面又暴露在大气中时，其场地环境分类应划分为 I 类				

地下水对建筑材料腐蚀性评价标准见表 5-7～表 5-9。

结晶类腐蚀评价标准　　　　　　　　　　表 5-7

腐蚀等级	SO_4^{2-} 在水中含量（mg/L）		
	I 类环境	II 类环境	III 类环境
无腐蚀性	<250	<500	<1500
弱腐蚀性	250～500	500～1500	1500～3000
中腐蚀性	500～1500	1500～3000	3000～6000
强腐蚀性	>1500	>3000	>6000

分解类腐蚀评价标准　　　　　　　　　　表 5-8

腐蚀等级	pH 值		侵蚀性 CO_2（mg/L）		HCO_3^-（mmol/L）
	A	B	A	B	A
无腐蚀性	>6.5	>5.0	<15	<30	>1.0
弱腐蚀性	6.5～5.0	5.0～4.0	15～30	30～60	1.0～0.5
中腐蚀性	5.0～4.0	4.0～3.5	30～60	60～100	<0.5
强腐蚀性	<4.0	<3.5	>60	>100	—
备 注	A——直接临水、或强透水土层中的地下水、或湿润的强透水土层 B——弱透水土层的地下水或湿润的弱透水土层				

结晶分解复合类腐蚀评价标准　　　　表 5-9

腐蚀等级	Ⅰ 环境		Ⅱ 环境		Ⅲ 环境	
	$Mg^{2+}+NH_4^+$	$Cl^-+SO_4^{2-}+NO_3^-$	$Mg^{2+}+NH_4^+$	$Cl^-+SO_4^{2-}+NO_3^-$	$Mg^{2+}+NH_4^+$	$Cl^-+SO_4^{2-}+NO_3^-$
	mg/L					
无腐蚀性	<1000	<3000	<2000	<5000	<3000	<10000
弱腐蚀性	1000～2000	3000～5000	2000～3000	5000～8000	3000～4000	10000～20000
中腐蚀性	2000～3000	5000～8000	3000～4000	8000～10000	4000～5000	20000～30000
强腐蚀性	>3000	>8000	>4000	>10000	>5000	>30000

思 考 题

5.1 什么是地下水？地下水的补给和储存条件有哪些？

5.2 利用达西定律解释决定渗流的因素是如何影响渗流速度的？

5.3 地下水按埋藏条件和含水层的空隙性质各分为哪几种？

5.4 概述潜水和承压水的形成条件和特点。

5.5 什么是流砂和机械潜蚀现象？它们是怎样产生的？

5.6 泉是怎么形成的？分为哪几种类型？各有什么样的特点？

5.7 地下水的物理性质有哪些方面？地下水的化学成分有哪几大类？

5.8 地下水对建筑工程有哪些影响？如何防治地下水造成的灾害？

第6章 不良地质现象的工程地质问题

万丈高楼从地起，所有建筑场址都具有地层、构造和地下水等的一般地质条件。但是在地壳上部的岩土层还遭受各种的内外动力地质作用，如地壳运动、地震、大气营力作用、流水作用以及人类工程活动等因素作用，造成了各种各样的地质现象。例如岩石风化、斜坡滑动与崩塌、河流的侵蚀与堆积、岩溶、地震等。这些地质现象虽然不是每个建筑场地都有发生，但在有些场地是存在的，它对工程的安全和使用起到不同程度的不良影响，甚至危害甚大，因而称这些地质现象为不良地质现象。在工程地质学中，它占有很重要的地位。由于这些不良地质现象不是所有工程场地都能遇到的。因而，具有这些地质现象的工程场地，其工程地质条件有其特殊性。对于工程地质任务来说，对这些不良地质现象应查明其类型、范围、活动性、影响因素、发生机理、对工程的影响和评价以及为改善场地的地质条件而应采取的防治措施。

§6.1 风 化 作 用

6.1.1 风化作用的意义

位于地壳表面或接近于地面的岩石经受着风、电、大气降水和温度等大气营力以及生物活动等因素的影响，岩石会发生破碎或成分变化，这种变化的过程称为风化。风化作用可理解为岩石中的物理和化学作用，而引起这些作用发生的风化因素统称为风化营力。风化作用的结果导致岩石的强度和稳定性降低，对工程建筑条件起着不良的影响。此外，许多滑坡、崩塌等不良地质现象大部分都是在风化作用的基础上逐渐形成和发展起来的。因而对风化作用的了解，风化带及其岩石风化程度的确定，对评价工程建筑条件是必要的。

6.1.2 风化作用类型

按风化营力的不同，风化作用可分为三大类型：

1. 物理风化作用

物理风化作用是指岩石在风化营力的影响下，产生一种单纯的机械破坏作用。其特点是破坏后岩石的化学成分不改变，只是岩石发生崩解、破碎、形成岩屑，岩石由坚硬变疏松。引起岩石物理风化作用的因素很多，主要是温度变化和岩石裂隙中水分的冻结。

温度变化是引起岩石物理风化作用的最主要因素。由于温度的变化产生温差，温差可促使岩石膨胀和收缩交替地进行，久之则引起岩石破裂。我们知道，岩石是热的不良导体，导热性差，当它受太阳照射时（图 6-1a），表层首先受热发生膨胀，而内部还未受热，仍然保持着原来的体积，这样，必然会在岩石的表层引起壳状脱离。在夜间，外层首先冷却收缩，而内部余热未散，仍保持着受热状态时的体积，这样表层便会发生径向开裂，形成裂缝（图 6-1b）。由于温度变化所引起的这种表里不协调的膨胀和收缩作用，昼夜不停地长期进行，就会削弱岩石表层和内部之间的联结，使之逐渐松动，在重力或其他外力作用下产生表层剥落（图 6-1c、d）。

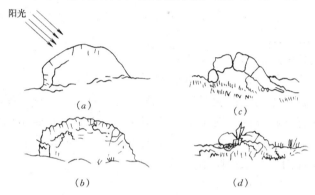

图 6-1 气温变化引起岩石膨胀收缩的崩解过程示意图

岩石本身的某些性质，如岩石的颜色、矿物成分和矿物颗粒的大小等对于温度变化的感应程度是不同的。①含深色矿物多的岩石，其颜色较深，当温度发生变化时，其膨胀和收缩的幅度也大，所以较之浅色岩石容易风化。②岩石中一般含有多种矿物，如花岗岩含有石英、长石和角闪石等矿物，它们的热膨胀系数不同，如在 50℃时，石英的热膨胀系数为 $31×10^{-6}$，正长石为 $17×10^{-6}$，角闪石为 $28.4×10^{-6}$。当温度发生变化时，在矿物颗粒间产生很大的温度应力，削弱晶粒间的联结，导致岩石结构破坏，坚固致密的花岗岩风化成松散矿物颗粒。③岩石的矿物颗粒大小不一，矿物颗粒小而均匀的岩石，由于膨胀和收缩的变化比较一致，所以比矿物颗粒大或颗粒大小不均匀的岩石，其风化速度会慢些。

水的冻结在严寒地区和高山接近雪线地区经常发生。当气温到 0℃ 或以下时，在岩石裂隙中的水，就产生冰冻现象（图 6-2a、b）。水由液态变成固态时，体积膨胀约 9%，对裂隙两壁产生很大的膨胀压力，起到楔子的作用，称为"冰劈"。据有关资料证实，1g 水结冰时，可产生

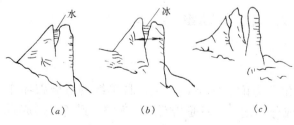

图 6-2 水的冻结扩大了岩石裂隙示意图

96.0MPa 的压力，使储水裂隙进一步扩大。当冰融化后，水沿着扩大了的裂隙向深部渗入，软化或溶蚀岩体，如此反复融冻，使岩石崩解成块（图 6-2c）。

2. 化学风化作用

化学风化作用是指岩石在水和各种水溶液的化学作用和有机体的生物化学作用下所引起的破坏过程。其特点不仅破碎了岩石，而且改变了化学成分，产生了新的矿物，直到适应新的化学环境为止。

化学风化作用有水化作用、氧化作用、水解作用以及溶解作用。

(1) 水化作用

水化作用是水分和某种矿物质的结合，在结合时，一定分量的水加入到物质的成分里，改变了矿物原有的分子式，引起体积膨胀，使岩石破坏。如硬石膏（$CaSO_4$）遇水后变成普通石膏（$CaSO_4 \cdot 2H_2O$）其体积膨胀 60%，这对围岩产生巨大压力，使围岩胀裂。

(2) 氧化作用

氧化作用常是在有水存在时发生的，常与水化作用相伴进行。在自然界中低氧化合物、硫化物和有机化合物最易遭受氧化作用。尤其低价铁，常被氧化成高价铁。常见的黄铁矿（FeS_2），在水溶液中可氧化，变成硫酸亚铁（$FeSO_4$）和硫酸（H_2SO_4），而硫酸又有腐蚀作用。硫酸亚铁进一步氧化成褐铁矿（$Fe_2O_3 \cdot 2H_2O$）。黄铁矿在风化过程中会析出游离的硫酸，这种硫酸具有很强的腐蚀作用，能溶蚀岩石中某些矿物，形成一些洞穴和斑点，致使岩石破坏。此外，若水中含有多量的硫酸，对钢筋混凝土和石料等增加了腐蚀破坏。

(3) 水解作用

水解作用是指矿物与水的成分起化学作用形成新的化合物。如正长石（$KAlSi_3O_8$）经水解后形成高岭土（$Al_2O_3 \cdot 2SiO_2 \cdot H_2O$）、石英（$SiO_2$）和氢氧化钾（$KOH$）。

大气中和水中经常含有二氧化碳（CO_2），它与围岩矿物相互作用形成碳酸化合物，称其为碳酸盐化作用。它是岩石风化的重要因素之一，主要是在硅酸盐或铝硅酸盐中以 CO_2 代替 SiO_2 的化学作用，如正长石的风化经常是碳酸盐化作用，其反应式为：

$$K_2O \cdot Al_2O_3 \cdot 6SiO_2 + CO_2 + H_2O \longrightarrow Al_2O_3 \cdot 2SiO_2 \cdot H_2O + K_2CO_3 + 4SiO_2$$
（正长石）　　　　　　　　　　（高岭土）　　（碳酸钾）（石英）

(4) 溶解作用

溶解作用是指水直接溶解岩石矿物的作用，使岩石遭到破坏。最容易溶解的是卤化盐类（岩盐、钾盐），其次是硫酸盐（石膏、硬石膏），再次是碳酸盐类（石灰岩、白云岩等）。其他岩石虽然也溶解于水，但溶解的程度低得多。岩石在水里的溶解作用一般进行得十分缓慢，但是，当水中含有侵蚀性 CO_2 而发生碳酸化作用时，水的溶解作用就会显著增强，如在石灰岩地区经常有溶洞、溶沟等岩溶现象，就是这种溶解作用造成的。此外，当水的温度增高以及压力增大时，水的溶解作用就会比较活跃。

3. 生物风化作用

岩石在动、植物及微生物影响下所起的破坏作用称为生物风化作用。生物在地表的风化作用相当广泛，它对岩石的破坏有物理的和化学的。

植物对于岩石的物理风化作用表现在根部楔入岩石裂隙中，而使岩石崩裂；动物对于岩石的物理风化作用表现为穴居动物的掘土、穿凿等的破坏作用并促进岩石风化。

生物的化学风化作用表现为生物的新陈代谢，其遗体以及其产生的有机酸、碳酸、硝酸等的腐蚀作用，使岩石矿物分解和风化。造成岩石成分改变、性质软化和疏松。

6.1.3 岩石风化程度和风化带

1. 岩石风化程度

岩石风化的结果，使原来母岩性质改变，形成不同风化程度的风化岩。按岩石风化深浅和特征，可将岩石风化程度划分为六级（见表6-1）：

岩石按风化程度分类　　　　　　　　　　　　　表6-1

风化程度	野外特征	风化程度参数指标	
		波速比 K_v	风化系数 K_f
未风化	岩质新鲜，偶见风化痕迹	0.9~1.0	0.9~1.0
微风化	结构基本未变，仅节理面有渲染或略有变色，有少量风化裂隙	0.8~0.9	0.8~0.9
中等风化	结构部分破坏，沿节理面有次生矿物、风化裂隙发育，岩体被切割成岩块。用镐难挖，岩芯钻方可钻进	0.6~0.8	0.4~0.8
强风化	结构大部分破坏，矿物成分显著变化，风化裂隙很发育，岩体破碎，用镐可挖，干钻不易钻进	0.4~0.6	<0.4
全风化	结构基本破坏，但尚可辨认，有残余结构强度，可用镐挖，干钻可钻进	0.2~0.4	—
残积土	组织结构全部破坏，已风化成土状，锹镐易挖掘，干钻易钻进，具可塑性	<0.2	—

注：1. 波速比 K_v 为风化岩石与新鲜岩石压缩波速度之比。
　　2. 风化系数 K_f 为风化岩石与新鲜岩石饱和单轴抗压强度之比。
　　3. 岩石风化程度，除按表列野外特征和定量指标划分外，也可根据当地经验划分。
　　4. 花岗岩类岩石，可采用标准贯入试验划分，$N \geq 50$ 为强风化；$50 > N \geq 30$ 为全风化；$N < 30$ 为残积土。
　　5. 泥岩和半成岩，可不进行风化程度划分。

2. 风化带

岩石的风化一般是由表及里的，地表部分受风化作用的影响最显著，由地表往下风化作用的影响逐渐减弱以至消失。因此在风化剖面的不同深度上，岩石的物理力学性质有明显的差异。从岩石风化程度的深浅，在风化剖面上自下而上可分成四个风化带：微风化带、弱风化带、强风化带和全风化带。

岩石风化带的界线，在工程建筑中是一项重要的工程地质资料。许多工程，特别是岩石工程都需要运用风化带的概念来划分地表岩体不同风化带的分界线，作为岩基持力层、基坑开挖、挖方边坡坡度以及采取相应的加固措施的依据之一。但是要确切地划分风化界线尚无有效方法，通常只根据当地的地质条件并结合实践经验予以确定。况且，由于各地的岩性、地质构造、地形和水文地质条件不同，岩石风化带的分布情况变化很大。并且往往地下存在有风化囊，因而增加了风化带界线划分的难度。所以，划分岩石风化带需要结合实际情况进行综合分析。

6.1.4 岩石风化的治理

岩石风化的治理方法可采用挖除和防治两种措施。

1. 挖除方法

这种措施是采取挖除一部分危及建筑物安全的风化厉害的岩层，挖除的深度是根据风化岩的风化程度、风化裂隙、风化岩的物理力学性质和工程要求等来确定。挖除风化岩石是一个困难而耗费时间的过程，因而宜少挖。

2. 防治方法

这种方法是采取制止风化作用继续发展，或采用人工方法加固风化岩的措施。防治风化的方法甚多，如①覆盖防止风化营力入侵的材料，如沥青、水泥、黏土盖层等；②灌注胶结和防水的材料，如水泥、沥青、水玻璃、黏土等浆液，使其起到封闭和胶结岩石裂隙的作用；③整平地区，加强排水，这是以防为主的方法。水是风化作用最活跃因素之一，隔绝了水就能减弱岩石的风化速度；④当岩石风化速度较快时，必须通过敞露的探槽观测岩石的风化速度，从而确定基坑的敞开期限内岩石风化可能达到的程度，据此拟定保护基坑免受风化破坏的措施。

§6.2 河流地质作用

河流是在河谷中流动的常年水流，河谷由谷底、河床、谷坡、坡缘及坡麓等要素（图6-3）构成。

河流中的流水具有一定的流速（v），即流水有一定的动能（E）。流水的动能大小可以物理学的公式表示：$E=\frac{1}{2}mv^2$。其中 m 是流水的质量。流速 v 主要受河床水流的水力坡度影响。水力坡度越大，则流速越大，动能 E 也越大。在单股水流中，流水的能量可消耗在下列方面：

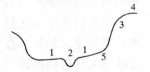

图6-3 河谷要素
1—谷底；2—河床；3—谷坡；
4—坡缘；5—坡麓

(1) 能量消耗于水的黏滞性、水的紊流、环流、波浪及涡流等,可用 T_n 表示;
(2) 能量消耗于侵蚀作用,可用 T_P 表示;
(3) 能量消耗于搬运作用,可用 T_k 表示。

总消耗能 T 为 $T_n+T_P+T_k$ 之和。当 $T=E$ 时,则流水的总能量消耗与流水的能量达到均衡。若 T_n 值减少时,流水的侵蚀能力加强,并且加大了对物质的搬运能力。当流水的能量不足以搬运所携带的物质时就会发生沉积作用。因此,河流地质作用包括两个方面:一方面是侵蚀,切割地面和冲刷河岸;另一方面是堆积,形成各种沉积物和流水沉积地貌,如河流阶地、冲积平原等。

6.2.1 流水的侵蚀作用

流水的侵蚀作用包括溶蚀和机械侵蚀两种方式。溶蚀作用在可溶性岩石分布的地区内比较显著,它能溶解岩石中的一些可溶性矿物,其结果使岩石结构逐渐松散,加速了机械侵蚀作用。

河流的机械侵蚀是河谷地质发展过程中的一个重要现象。对工程地质来说,由于流水的机械侵蚀作用,可使河床移动和河谷变形,也可使河岸冲刷破坏,这就严重地威胁河谷两岸的建筑物和构筑物的安全。为此在这里有必要分析水流是如何对河床或两岸侵蚀的。

1. 流水对河床的冲刷

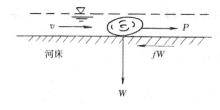

图 6-4 颗粒滚动时力的平衡

组成河床的土石颗粒在流水作用下逐渐松动,最后可以和水流共同运动(图 6-4)。当水流作用于土石颗粒的力(P)超过阻止其运动的摩擦力($T=fw$,f 为摩擦系数)时,土石粒就开始随水流一起移动,这就形成冲刷。这时水流的流速为土石粒开始移动的临界流速(v_{cr})。亦称此流速为河床开始被冲刷的流速。根据水力学原理,泥砂开始被冲刷的流速 v_{cr} 为:

$$v_{cr} = A\sqrt{d} \tag{6-1}$$

如 v_{cr} 以 m/s 为单位,而泥砂粒直径 d 以 mm 为单位,则根据实际观测,当 $d<400mm$ 时,A 值取 0.2。在工程地质调查中,式 (6-1) 可根据流速估计被冲刷的粒径或根据粒径估计流速。

当水流速度 v 超过 v_{cr} 时,河床上的泥砂就开始滚动或间歇性跃动,推移前进。当流速大到某一程度时,泥砂粒跃起混入水中,呈不着底的悬移运动,这种泥砂称为悬移质泥砂。

流水对河床冲刷的重要条件是只有当水流未被泥砂饱和时才会发生冲刷。如果上游河段流来的水流中含有泥砂量小于这一河段的输砂能力,则由于输砂能力未被充分利用就会冲刷;如果输砂量超过了这一河段的输砂能力则产生沉积。

2. 流水对河岸的掏蚀

河岸的掏蚀与破坏起因是河床的冲刷。而河床在平面图上常呈蛇曲形。由于河床蛇曲，在河曲范围内的水流方向和流速有别于河床平直地段范围内的水流方向和流速。在河曲地段范围内河流的水流成横向环流。实际观测证明，河流中最大流速是在水面下水深的3/10处，最大流速各点的流线叫主流线。在平面上它的位置与河床最深处的延伸方向是一致的。主流线上的动能最大。平直河道中主流线位于中央，流速大，故水位较两侧略低，于是水流从两岸斜向流回主流线，然后变为下降水流沿河底分别流回两岸。形成向下游推进的螺旋形对称横向环流，形成河流不断的向下侵蚀切割（图6-5a）。河流流动的过程中，由于河床的岩性、微地形及地质构造的影响，河流不可能是平直的，会发生弯曲。在弯曲的河道中主流线交错地偏向河流的左岸或右岸，于是对称的横向环流遭到破坏，而形成不对称的主流线偏向凹岸的单向横向环流（图6-5b）。横向环流引起凹岸的侧向侵蚀冲刷，岸坡的下部被掏空，上部失稳而垮落，致使河流不断向凹岸及下游推移。侧蚀作用的产物，随同横向环流的底流，不断地在凸岸或下游适当地点堆积下来。由此可见，由于侧蚀作用，河道愈来愈弯曲，并导致河谷不断加宽。

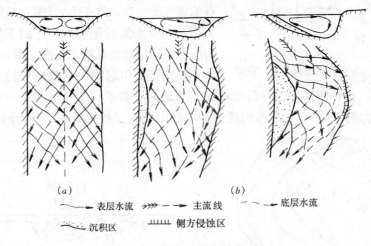

图6-5 河谷表层和底层水流
(a) 平直河床对称环流；(b) 不对称环流

现在我们来看看河曲处横向环流的形成。河流产生横向环流的原因，主要是与河流弯曲处水流的离心力和地球自转所产生的惯性力有关。在河曲处，运动的水质点受离心力P的作用（图6-6a）。离心力P可从式（6-2）求得。

$$P = \frac{mv^2}{R} \tag{6-2}$$

式中　m——水的质量；
　　　v——水质点的纵向流速；
　　　R——水质点运动迹线的曲率半径。

由于这一离心力的作用,使水质点向凹岸运动(图6-6b)。结果,水面形成倾向凸岸的横向水力坡度 I_n,它可从式(6-3)求得。

$$I_n = \tan\alpha = \frac{v^2}{Rg} \tag{6-3}$$

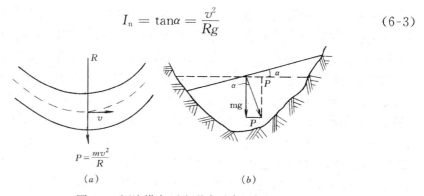

图 6-6 河流横向环流形成示意图解

离心力 P 的大小与流速平方成正比,而流速又是表面大深处小,所以 P 也应是愈深愈小(图6-7a)。形成横向水力坡度就产生了附加压力,其方向与离心力相反,且在所有的深度上一致,等于 $I_n\gamma$(图6-7b)。在这种压力下,上层水流就流向凹岸,而下层水流就流向凸岸,形成螺旋状横向环流(图6-7c)。

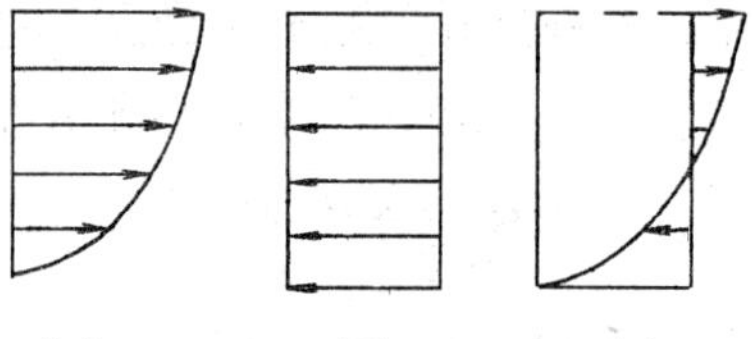

图 6-7 表面流与底流的流向图解

横向环流引起凹岸的侧向侵蚀,凸岸堆积(图6-8)。这种凹岸侧蚀与凸岸堆积不断地向下游扩展。在河流的一岸,是由凹岸凸岸相间排列的。如果在河流的一岸凹岸受到强烈的侧蚀,不断地向下游方向

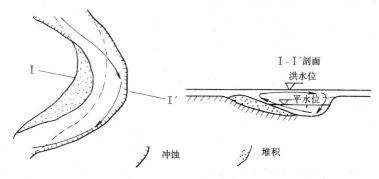

图 6-8 河曲中冲蚀与堆积

推进,则其下游的一个凸岸在不久的将来就要遭到同样的命运,由凸岸变为凹岸。而相对的一岸,也将要接受被横向环流所带来的大量物质,而逐渐由凹岸变为凸岸。这样导致河谷愈来愈宽;河道愈来愈弯曲。当河流弯曲较大时,河流发展成蛇曲(图6-9a)。当河曲发展到一定程度时,洪水在河曲的上下段河槽间最窄的陆地处很容易被冲开,河流则可顺利地取直畅流,这种现象称为河流的截弯

取直现象（图 6-9b）。而原来被废弃的这部分河曲，逐渐淤塞断流，而成牛轭湖。再发展而成沼泽，沉积了湖泊相的淤泥和有机质土。

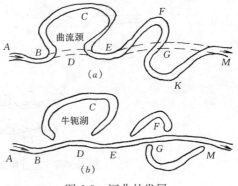

图 6-9 河曲的发展

6.2.2 河谷的类型及河流阶地

山区河谷从其成因来看可分为构造谷和侵蚀谷。构造谷一般是受地质构造控制的，它沿地质构造线发展。如果河流确实是在构造运动所生成的凹地内流动，流水开凿出自己的河谷，这种河谷称为真正的构造谷。例如向斜谷、地堑断裂谷等。如果河流沿着构造软弱带流动，河谷完全是由本身的流水冲刷出来的，这种河谷称为适应性的构造谷，也称侵蚀构造谷。如断层谷、背斜谷、单斜谷等。侵蚀谷是由水流侵蚀而成，侵蚀谷不受地质构造的影响，它可以任意切穿构造线。侵蚀谷发展为成形河谷一般可分三个阶段：

第一阶段是峡谷型，当冲沟坳谷底部出现经常性水流之后，水流急剧下切，使河谷切成 V 字形状态，谷底纵剖面倾斜度很大，谷壁陡峻，水流汹涌，多瀑布与急流。本阶段按其发展的形态分为隘谷、嶂谷和峡谷。隘谷的谷底极窄，成线形，两壁陡峻，且很接近，由坚硬的岩石组成，河水充满谷坡。当河水侵蚀使河道加宽，两壁很陡直，呈显著的 U 字形时称为嶂谷。峡谷是河床不断下切，以致谷壁上常有阶梯状陡坎，顶部有早期宽谷之痕迹，河谷横剖面呈显著 V 字形。

第二阶段是河漫滩河谷。当峡谷形成后，谷道不会很直，河床主流线是弯曲的。由于主流线弯曲，河床就会受到侧蚀加宽作用。即凹岸被冲刷，凸岸被堆积，乃造成浜河床浅滩。以后浅滩不断扩大和固定，形成洪水期才能淹没的滩地，是为河漫滩。这就是河漫滩河谷。

第三阶段是成形河谷。河漫滩河谷继续发展，使河漫滩不断加宽加高。但是地壳运动稳定一段时期后，又恢复上升，于是老河漫滩被抬高，河水在原河漫滩内侧重新开辟河道。被抬高的河漫滩则转变为阶地（图 6-10）。

河流阶地不会被水所淹没。根据侵蚀与堆积之间关系的不同，可分为侵蚀阶地、基座阶地和堆积阶地三大类型（图 6-11）。

（1）侵蚀阶地（图 6-11e）：这种阶地的特点是阶面上的基岩毕露，或覆盖的冲积物很薄。一般多分布于山间河谷原始流速较大的河段，或者分布在河流的上游。侵蚀阶地的生成是因地壳有一段宁静时期，而后由于地壳上升、河流下蚀很快，而形成侵蚀阶地。侵蚀阶地由于基岩出露地表，作为厂房地基或桥梁和水坝的接头是属好的地质条件。

（2）堆积阶地：这种阶地完全由冲积所组成，土层深厚，阶地面不见基岩。

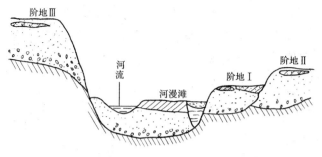

图 6-10 河流阶地

堆积阶地可分为上迭阶地、内迭阶地及嵌入阶地。

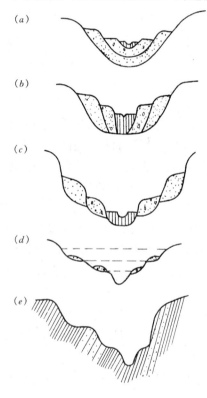

图 6-11 各类阶地
(a) 上迭阶地；(b) 内迭阶地；(c) 嵌入阶地；(d) 基座阶地；(e) 侵蚀阶地

1) 上迭阶地（图 6-11a）

上迭阶地是新阶地完全落在老阶地之上，其生成是由于河流的几次下切都不能达到基岩，下切侵蚀作用逐次减小，堆积作用规模也一次次地减小。这说明每一次升降运动的幅度都是逐渐减小的。

2) 内迭阶地（图 6-11b）

内迭阶地是新的阶地套在老的阶地内，每一次新的侵蚀作用都只切到第一次基岩所形成的谷底。而所堆积的阶地范围一次比一次小，厚度也一次比一次小。这说明地壳每次上升的幅度基本一致，而堆积作用却逐渐衰退。

3) 嵌入阶地（图 6-11c）

嵌入阶地的阶地面和陡坎都不露出基岩，但它不同于上迭和内迭阶地。因为嵌入阶地的生成，后期河床比前一期下切要深，而使后期的冲积物嵌入到前期的冲积物中。这说明每一次地壳上升幅度一次比一次剧烈。

堆积阶地作为厂房地基要看其冲积物性质以及土层分布情况。最值得注意的是：是否有掩埋的古河道或牛轭湖堆积的透镜体。在工程地质勘察中应予查明。

(3) 基座阶地（图 6-11d）：基座阶地是属于侵蚀阶地到堆积阶地的过渡类型。阶地面上有冲积物覆盖着，但在阶地陡坎的下部仍可见到基岩出露。形成这种阶地是由于河水每一次的深切作用比堆积作用大得多。作为厂房地基，因土层薄可减轻基础沉降。若桩尖落在基岩上,沉降量更小。

6.2.3 河岸掏蚀破坏的预测和防护

河岸掏蚀破坏防护首先要确定河岸掏蚀破坏地段。这些地段通常是正处于向宽度发展时期,并且河岸是由松软土层构成,这样,在河曲的凹岸最容易遭受冲刷。如果在凹岸一些地段出现直立的高陡边坡,而且近洪水面附近出现有掏蚀洞穴,则此凹岸段为掏蚀和冲刷地段。此时要取土样确定其允许不冲刷流速,以便将它与该地段的实际流速相对比。此外还要进行访问或实际观测,以确定河岸掏蚀范围、河流平水位和高水位、河岸破坏和后退的速度,预测河岸掏蚀对邻近建筑物和构筑物的威胁性。所收集到的资料都应标识于工程地质图上。

对河岸掏蚀破坏地段的防护措施可分两类:一类是直接防护边岸不受冲蚀作用的措施。如抛石、铺砌、混凝土块堆砌、混凝土板、护岸挡墙、岸坡绿化等。另一类是调节径流以改变水流方向、流速和流量的措施。如为改变河水流向,则可兴建各类导流工程如丁坝、横墙等。这些工程是从河岸以某种角度伸向下游(图6-12),水流在其前进途中遇到这些工程而受阻,便改变流向和避开被防护的岸边或降低其流速。在河岸地段,这些工程构筑物之间将会出现松散物质的堆积,形成浅滩。

图 6-12 防治边岸掏蚀的
调节性工程布置示意图
1—导流建筑;2—松散物质淤积带;
增长的岸边浅滩

整治河岸免于掏蚀破坏的经验表明:只有当综合采用整治与预防措施并举,以及按经济技术指标对比的办法来选择决定方案时,才能取得最大的效益。

§6.3 滑 坡 与 崩 塌

6.3.1 滑坡的定义及构造

滑坡是斜坡土体和岩体在重力作用下失去原有的稳定状态,沿着斜坡内某些滑动面(或滑动带)作整体向下滑动的现象。首先,滑动的岩土体具有整体性,除了滑坡边缘线一带和局部一些地方有较少的崩塌和产生裂隙外,总的来看它大体上保持着原有岩土体的整体性;其次,斜坡上岩土体的移动方式为滑动,不是倾倒或滚动,因而滑坡体的下缘常为滑动面或滑动带的位置。此外,规模大的滑坡一般是缓慢地往下滑动,其位移速度多在突变加速阶段才显著。有时会造成灾难性的。有些滑坡滑动速度一开始也很快,这种滑坡经常是在滑坡体的表层发生翻滚现象,因而称这种滑坡为崩塌性滑坡。

一个发育完全的比较典型的滑坡具有如下的基本构造特征（图6-13）：

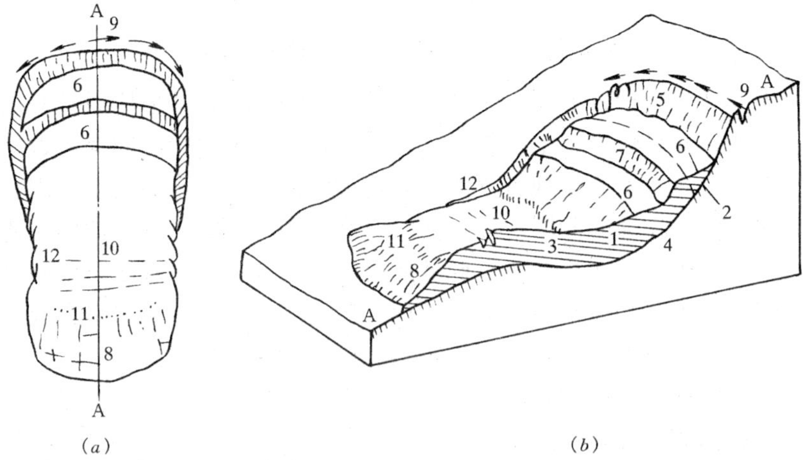

图 6-13　滑坡形态和构造示意图
(a) 平面图；(b) 块状图
1—滑坡体；2—滑动面；3—滑动带；4—滑坡床；5—滑坡后壁；
6—滑坡台地；7—滑坡台地陡坎；8—滑坡舌；9—拉张裂缝；
10—滑坡鼓丘；11—扇形张裂缝；12—剪切裂缝

（1）滑坡体：斜坡内沿滑动面向下滑动的那部分岩土体。这部分岩土体虽然经受了扰动，但大体上仍保持原来的层位和结构构造的特点。滑坡体和周围不动岩土体的分界线叫滑坡周界。滑坡体的体积大小不等，大型滑坡体可达几千万立方米。

（2）滑动面、滑动带和滑坡床：滑坡体沿其滑动的面称滑动面。滑动面以上，被揉皱了的厚数厘米至数米的结构扰动带，称滑动带。有些滑坡的滑动面（带）可能不止一个，在最后滑动面以下稳定的岩土体称为滑坡床。

滑动面的形状随着斜坡岩土的成分和结构的不同而各异。在均质黏性土和软岩中，滑动面近于圆弧形。滑坡体如沿着岩层层面或构造面滑动时，滑动面多呈直线形或折线形。多数滑坡的滑动面由直线和圆弧复合而成，其后部经常呈弧形，前部呈近似水平的直线。

滑动面大多数位于黏土夹层或其他软弱岩层内。如页岩、泥岩、千枚岩、片岩、风化岩等。由于滑动时的摩擦，滑动面常常是光滑的，有时有清楚的擦痕；同时，在滑动面附近的岩土体遭受风化破坏也较厉害。滑动面附近的岩土体通常是潮湿的，甚至达到饱和状态。许多滑坡的滑动面常常有地下水活动，在滑动面的出口附近常有泉水出露。

（3）滑坡后壁：滑坡体滑落后，滑坡后部和斜坡未动部分之间形成的一个陡度较大的陡壁称滑坡后壁。滑坡后壁实际上是滑动面在上部的露头。滑坡后壁的左右呈弧形向前延伸，其形态呈"圈椅"状，称为滑坡圈谷。

（4）滑坡台地：滑坡体滑落后，形成阶梯状的地面称滑坡台地。滑坡台地的台面往往向着滑坡后壁倾斜。滑坡台地前缘比较陡的破裂壁称为滑坡台坎。有两个以上滑动面的滑坡或经过多次滑动的滑坡，经常形成几个滑坡台地。

（5）滑坡鼓丘：滑坡体在向前滑动的时候，如果受到阻碍，就会形成隆起的小丘，称为滑坡鼓丘。

（6）滑坡舌：滑坡体的前部如舌状向前伸出的部分称为滑坡舌。

（7）滑坡裂缝：在滑坡运动时，由于滑坡体各部分的移动速度不均匀，在滑坡体内及表面所产生的裂缝称为滑坡裂缝。根据受力状况不同，滑坡裂缝可以分为四种：

1）拉张裂缝。在斜坡将要发生滑动的时候，由于拉力的作用，在滑坡体的后部产生一些张口的弧形裂缝。与滑坡后壁相重合的拉张裂缝称主裂缝。坡上拉张裂缝的出现是产生滑坡的前兆。

2）鼓张裂缝。滑坡体在下滑过程中，如果滑动受阻或上部滑动较下部为快，则滑坡下部会向上鼓起并开裂，这些裂缝通常是张口的。鼓张裂缝的排裂方向基本上与滑动方向垂直，有时交互排列成网状。

3）剪切裂缝。滑坡体两侧和相邻的不动岩土体发生相对位移时，会产生剪切作用；或滑坡体中央部分较两侧滑动快而产生剪切作用，都会形成大体上与滑动方向平行的裂缝。这些裂缝的两侧常伴有如羽毛状平行排列的次一级裂缝。

4）扇形张裂缝。滑坡体向下滑动时，滑坡舌向两侧扩散，形成放射状的张开裂缝，称为扇形张裂缝，也称滑坡前缘放射状裂缝。

（8）滑坡主轴：滑坡主轴也称主滑线，为滑坡体滑动速度最快的纵向线，它代表整个滑坡的滑动方向。滑动迹线可以为直线，也可以是折线，如图6-14所示。运动最快之点相连的主轴为折线形。

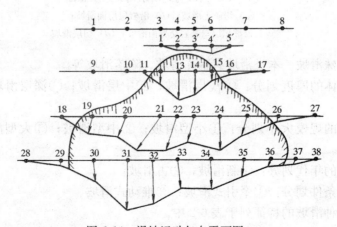

图 6-14　滑坡运动矢向平面图

6.3.2 滑坡的分类

为了滑坡的认识和治理，需要对滑坡进行分类。但由于自然界的地质条件和作用因素复杂，各种工程分类的目的和要求又不尽相同，因而可从不同角度进行滑坡分类。根据我国的滑坡类型可有如下的滑坡划分：

按滑坡体的主要物质组成和滑坡与地质构造关系划分：

(1) 覆盖层滑坡　本类滑坡有黏性土滑坡、黄土滑坡、碎石滑坡、风化壳滑坡。

(2) 基岩滑坡　本类滑坡与地质结构的关系可分为：均质滑坡（图 6-15a）、顺层滑坡（图 6-15b、c）、切层滑坡（图 6-15d）。顺层滑坡又可分为沿层面滑动或沿基岩面滑动的滑坡。

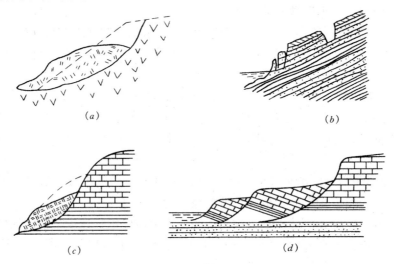

图 6-15　滑坡与地质结构关系示意图
(a) 均质土滑坡；(b) 沿岩层层面滑坡；
(c) 沿坡积层与基岩交界面滑坡；(d) 切层滑坡

(3) 特殊滑坡　本类滑坡有融冻滑坡、陷落滑坡等。

按滑坡体的厚度划分：①浅层滑坡；②中层滑坡；③深层滑坡；④超深层滑坡。

按滑坡的规模大小划分：①小型滑坡；②中型滑坡；③大型滑坡；④巨型滑坡。

按形成的年代划分：①新滑坡；②古滑坡。

按力学条件划分：①牵引式滑坡；②推动式滑坡。

以上各种滑坡的特征列于表 6-2 中。

滑坡类型及其特征表 表 6-2

划分依据	名称类型		滑坡的特征
按滑坡物质组成成分	覆盖层滑坡	黏性土滑坡	黏性土本身变形滑动，或与其他成因的土层接触面或沿基岩接触面而滑动
		黄土滑坡	不同时期的黄土层中的滑坡，并多群集出现，常见于高阶地前缘斜坡上
		碎石滑坡	各种不同成因类型的堆积层体内滑动或沿基岩面滑动
		风化壳滑坡	风化壳表层间的滑动。多见于岩浆岩（尤其是花岗岩）风化壳中
	基岩滑坡	均质滑坡	发生在层理不明显的泥岩、页岩，泥灰岩等软弱岩层中，滑动面均匀光滑
		切层滑坡	滑动面与层面相切的滑坡，在坚硬岩层与软弱岩层相互交替的岩体中的切层滑坡等
		顺层滑坡	沿岩层面或裂隙面滑动，或沿坡积层与基岩交界面或基岩间不整合面等滑动
	特殊滑坡		如融冻滑坡、陷落滑坡等
按滑坡体厚度	浅层滑坡		滑坡体厚度在 6m 以内
	中层滑坡		6～20m 左右
	深层滑坡		20～30m 左右
	超深层滑坡		超过 30m 以上
按滑坡的规模大小	小型滑坡		滑坡体体积小于 3 万 m^3
	中型滑坡		3～50 万 m^3
	大型滑坡		50～300 万 m^3
	巨型滑坡		超过 300 万 m^3
按形成的年代	新滑坡		由于开挖山体所形成的滑坡
	古滑坡		久已存在的滑坡，其中又可分为死滑坡、活滑坡及处于极限平衡状态的滑坡
按力学条件	牵引式滑坡		滑坡体下部先行变形滑动，上部失去支撑力量，因而随着变形滑动
	推动式滑坡		上部先滑动、挤压下部引起变形和滑动

6.3.3 滑坡的发育过程

一般说来,滑坡的发生是一个长期的变化过程,通常将滑坡的发育过程划分为三个阶段:蠕动变形阶段、滑动破坏阶段和渐趋稳定阶段。研究滑坡发育的过程对于认识滑坡和正确地选择防滑措施具有很重要意义。

1. 蠕动变形阶段

斜坡在发生滑动之前通常是稳定的。有时在自然条件和人为因素作用下,可以使斜坡岩土强度逐渐降低(或斜坡内部剪切力不断增加),造成斜坡的稳定状况受到破坏。在斜坡内部某一部分因抗剪强度小于剪切力而首先变形,产生微小的移动,往后变形进一步发展,直至坡面出现断续的拉张裂缝。随着拉张裂缝的出现,渗水作用加强,变形进一步发展,后缘拉张,裂缝加宽,开始出现不大的错距,两侧剪切裂缝也相继出现。坡脚附近的岩土被挤压、滑坡出口附近潮湿渗水,此时滑动面已大部分形成,但尚未全部贯通。斜坡变形再进一步继续发展,后缘拉张裂缝不断加宽,错距不断增大,两侧羽毛状剪切裂缝贯通并撕开,斜坡前缘的岩土挤紧并鼓出,出现较多的鼓张裂缝,滑坡出口附近渗水混浊,这时滑动面已全部形成,接着便开始整体地向下滑动。从斜坡的稳定状况受到破坏,坡面出现裂缝,到斜坡开始整体滑动之前的这段时间称为滑坡的蠕动变形阶段。蠕动变形阶段所经历的时间有长有短。长的可达数年之久,短的仅数月或几天的时间。一般说来,滑动的规模愈大,蠕动变形阶段持续的时间愈长。斜坡在整体滑动之前出现的各种现象,叫做滑坡的前兆现象,尽早发现和观测滑坡的各种前兆现象,对于滑坡的预测和预防都是很重要的。

2. 滑动破坏阶段

滑坡在整体往下滑动的时候,滑坡后缘迅速下陷,滑坡壁越露越高,滑坡体分裂成数块,并在地面上形成阶梯状地形,滑坡体上的树木东倒西歪地倾斜,形成"醉林"。滑坡体上的建筑物(如房屋、水管、渠道等)严重变形以致倒塌毁坏。随着滑坡体向前滑动,滑坡体向前伸出,形成滑坡舌。在滑坡滑动的过程中,滑动面附近湿度增大,并且由于重复剪切,岩土的结构受到进一步破坏,从而引起岩土抗剪强度进一步降低,促使滑坡加速滑动。滑坡滑动的速度大小取决于滑动过程中岩土抗剪强度降低的绝对数值,并和滑动面的形状,滑坡体厚度和长度,以及滑坡在斜坡上的位置有关。如果岩土抗剪强度降低的数值不多,滑坡只表现为缓慢的滑动,如果在滑动过程中,滑动带岩土抗剪强度降低的绝对数值较大,滑坡的滑动就表现为速度快、来势猛,滑动时往往伴有巨响并产生很大的气浪,有时造成巨大灾害。

3. 渐趋稳定阶段

由于滑坡体在滑动过程中具有动能,所以滑坡体能越过平衡位置,滑到更远的地方。滑动停止后,除形成特殊的滑坡地形外,在岩性、构造和水文地质条件等方面都相继发生了一些变化。例如：地层的整体性已被破坏，岩石变得松散破碎，透水性增强含水量增高，经过滑动，岩石的倾角或者变缓或者变陡，断层、节理的方位也发生了有规律的变化；地层的层序也受到破坏，局部的老地层会覆盖在第四纪地层之上等等。

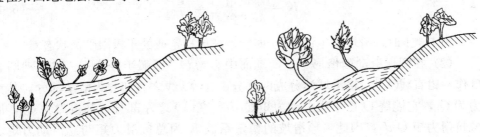

图 6-16　醉林　　　　　图 6-17　马刀树

在自重的作用下，滑坡体上松散的岩土逐渐压密，地表的各种裂缝逐渐被充填，滑动带附近岩土的强度由于压密固结又重新增加，这时对整个滑坡的稳定性也大为提高。经过若干时期后，滑坡体上的东倒西歪的"醉林"（图 6-16）又重新垂直向上生长，但其下部已不能伸直，因而树干呈弯曲状，有时称它谓"马刀树"（图 6-17），这是滑坡趋于稳定的一种现象。当滑坡体上的台地已变平缓，滑坡后壁变缓并生长草木，没有崩塌发生；滑坡体中岩土压密，地表没有明显裂缝，滑坡前缘无水渗出或流出清晰的泉水时，就表示滑坡已基本趋于稳定。

滑坡趋于稳定之后，如果滑坡产生的主要因素已经消除，滑坡将不再滑动，而转入长期稳定。若产生滑坡的主要因素并未完全消除，且又不断积累，当积累到一定程度之后，稳定的滑坡便又会重新滑动。

6.3.4　滑坡的力学分析及影响因素

1. 滑坡的力学分析

滑坡是在斜坡上岩土体遭到破坏，使滑坡体沿着滑动面(带)下滑而造成的地质现象。滑动面有平直的或弧形的(图6-18)。

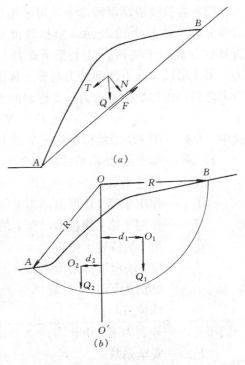

图 6-18　滑坡力学平衡示意图
(a) 平面滑动；(b) 圆弧滑动

在均质滑坡中，滑动面多呈圆形。

(1) 在平面滑动面情形下，滑坡体的稳定系数 K 为滑动面上的总抗滑力 F 与岩土体重力 Q 所产生的总下滑力 T 之比。即

$$K = \frac{总抗滑力}{总下滑力} = \frac{F}{T} \tag{6-4}$$

当 $K<1$ 时，滑坡发生；$K \geqslant 1$ 时，滑坡体稳定或处于极限平衡状态。

(2) 在圆形滑动面情形下，滑动面中心为 O，滑弧半径为 R。过滑动圆心 O 作一铅直线 $\overline{OO'}$，将滑坡体分成两部分。在 $\overline{OO'}$ 线之右部分为滑动部分，其重力为 Q_1，它能绕 O 点形成滑动力矩 $Q_1 d_1$，在 $\overline{OO'}$ 之左部分，其重力为 Q_2，形成抗滑力矩 $Q_2 d_2$，因此，该滑坡的稳定系数 K 为总抗滑力矩与总滑动力矩之比。即

$$K = \frac{总抗滑力矩}{总滑动力矩} = \frac{Q_2 \cdot d_2 + \tau \cdot \widehat{AB} \cdot R}{Q_1 \cdot d_1} \tag{6-5}$$

式中　τ——滑动面上的抗剪强度。

当 $K<1$ 时，滑坡失去平衡，而发生滑坡。

(3) 在折线滑动面情形下，可采用分段的力学分析。如图 6-19 所示，沿折线滑面的转折处划分成若干块段，从上至下逐块计算推力，每块滑坡体向下滑动的力与岩土体阻挡下滑力之差，也称剩余下滑力，是逐级向下传递的。即

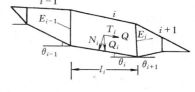

图 6-19　折线滑面的滑坡稳定计算图

$$E_i = F_s T_i - N_i f_i - c_i l_i + E_{i-1} \psi \tag{6-6}$$

式中　E_i——第 i 块滑坡体的剩余下滑力（kN/m）；

E_{i-1}——第 $i-1$ 块滑坡体的剩余下滑力（kN/m），（如为负值则不计入）；

ψ——传递系数，$\psi = \cos(\theta_{i-1} - \theta_i) - \sin(\theta_{i-1} - \theta_i)\tan\varphi_i$；

T_i——作用于第 i 块段滑动面上的滑动分力（kN/m）；$T_i = Q_i \sin\theta_i$；

N_i——作用于第 i 块段滑动面上的法向分力（kN/m），$N_i = Q_i \cos\theta_i$；

Q_i——第 i 块段岩土体重量（kN/m）；

f_i——第 i 块滑坡体沿滑动面岩土的内摩擦系数，$f_i = \tan\varphi_i$；

φ_i、c_i——分别为第 i 块滑坡体沿滑动面岩土的内摩擦角（度）和内聚力（kN/m²）；

θ_i、θ_{i-1}——分别为第 i 块和第 $i-1$ 块滑坡体的滑动面与水平角之夹角（度）；

F_s——安全系数。

当任何一块剩余下滑力为零或负值时，说明该块对下一块不存在滑坡推力。当最终一块岩土体的剩余下滑力为负值或零时，表示整个滑坡体是稳定的。如为

正值，则不稳定。应按此剩余下滑力设计支挡结构。由此可见，支挡结构设置在剩余下滑力最小位置处较合理。

2. 影响滑坡的因素

凡是引起斜坡岩土体失稳的因素称为滑坡因素。这些因素可使斜坡外形改变、岩土体性质恶化以及增加附加荷载等而导致滑坡的发生。概括起来，主要的滑坡因素有：

(1) 斜坡外形：斜坡的存在，使滑动面能在斜坡前缘临空出露。这是滑坡产生的先决条件。同时，斜坡不同高度、坡度、形状等要素可使斜坡内力状态变化，内应力的变化可导致斜坡稳定或失稳。当斜坡愈陡、高度愈大以及当斜坡中上部突起而下部凹进，且坡脚无抗滑地形时，滑坡容易发生。

(2) 岩性：滑坡主要发生在易亲水软化的土层中和一些软岩中。例如黏质土、黄土和黄土类土、山坡堆积、风化岩以及遇水易膨胀和软化的土层。软岩有页岩、泥岩和泥灰岩、千枚岩以及风化凝灰岩等。

(3) 构造：斜坡内的一些层面、节理、断层、片理等软弱面若与斜坡坡面倾向近于一致，则此斜坡的岩土体容易失稳成为滑坡。这时，此等软弱面组合成为滑动面。

(4) 水：水的作用可使岩土软化、强度降低，可使岩土体加速风化。若为地表水作用还可以使坡脚侵蚀冲刷；地下水位上升可使岩土体软化、增大水力坡度等。不少滑坡有"大雨大滑、小雨小滑、无雨不滑"的特点，说明水对滑坡作用的重要性。

(5) 地震：地震可诱发滑坡发生，此现象在山区非常普遍。地震首先将斜坡岩土体结构破坏，可使粉砂层液化，从而降低岩土体抗剪强度；同时地震波在岩土体内传递，使岩土体承受地震惯性力，增加滑坡体的下滑力，促进滑坡的发生。

(6) 人为因素

1) 在兴建土建工程时，由于切坡不当，斜坡的支撑被破坏，或者在斜坡上方任意堆填岩土方、兴建工程、增加荷载，都会破坏原来斜坡的稳定条件。

2) 人为地破坏表层覆盖物，引起地表水下渗作用的增强，或破坏自然排水系统，或排水设备布置不当，泄水断面大小不合理而引起排水不畅，漫溢乱流，使坡体水量增加。

3) 引水灌溉或排水管道漏水将会使水渗入斜坡内，促使滑动因素增加。

6.3.5 滑坡的治理

1. 治理原则

滑坡的治理，要贯彻以防为主、整治为辅的原则；尽量避开大型滑坡所影响的位置；对大型复杂的滑坡，应采用多项工程综合治理；对中小型滑坡，应注意调整建筑物或构筑物的平面位置，以求经济技术指标最优；对发展中的滑坡要进行整治，对古滑坡要防止复活，对可能发生滑坡的地段要防止滑坡的发生；整治滑坡应先做好排水工程，并针对形成滑坡的因素，采取相应措施。

2. 治理措施

(1) 排水

1) 地表排水　主要是设置截水沟和排水明沟系统。截水沟是用来截排来自滑坡体外的坡面径流，在滑坡体上设置树枝状的排水明沟系统，以汇集坡面径流引导出滑坡体外（图 6-20）。

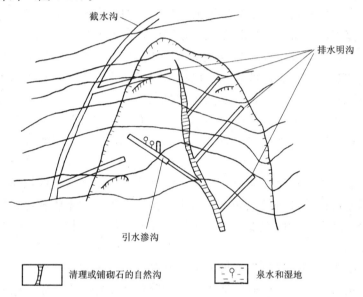

图 6-20　树枝状排水系统

2) 地下排水　为了排除地下水可设置各种形式的渗沟（图 6-22）或盲沟系统，以截排来自滑坡体外的地下水流（图 6-21）。

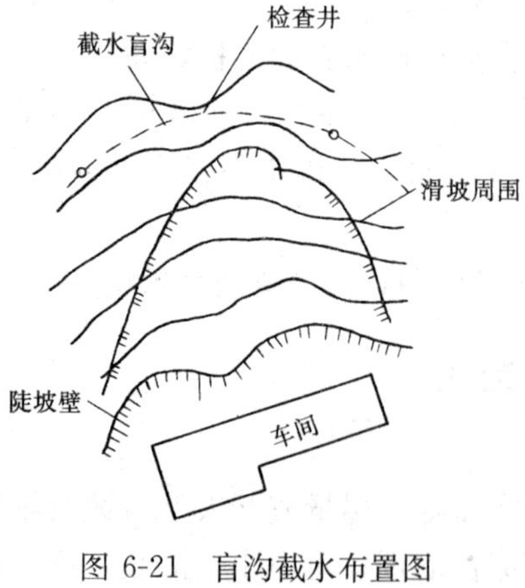

(2) 支挡

在滑坡体下部修筑挡土墙（图 6-23a）、抗滑桩或用锚杆加固（图 6-23b）等工程以增加滑坡下部的抗滑力。在使用支挡工程时，应该明确各类工程的作用。如滑坡前缘有水流冲刷，则应首先在河岸作支挡等防护工程，然后又考虑滑体上部的稳定。

(3) 刷方减重

主要是通过削减坡角或降低坡高，以减

图 6-21　盲沟截水布置图

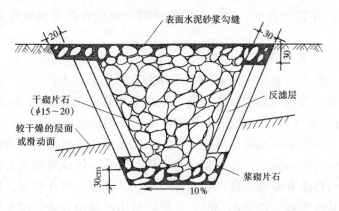

图 6-22 渗水沟（小盲沟）示意剖面

轻斜坡不稳定部位的重量，从而减少滑坡上部的下滑力。如拆除坡顶处的房屋和搬走重物等。

（4）改善滑动面（带）的岩土性质

主要是为了改良岩土性质、结构，以增加坡体强度。本类措施有：对岩质滑坡采用固结灌浆；对土质滑坡采用电化学加固、冻结、焙烧等。

此外，还可针对某些影响滑坡滑动因素进行整治，如防水流冲刷、降低地下水位、防止岩石风化等具体措施。

6.3.6 崩　　塌

1. 概述

陡峻或极陡斜坡上，某些大块或巨块

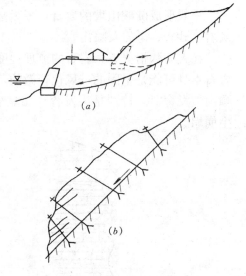

图 6-23 滑坡的支挡加固

岩块，突然地崩落或滑落，顺山坡猛烈地翻滚跳跃，岩块相互撞击破碎，最后堆积于坡脚，这一过程称为崩塌，堆积于坡脚的物质为崩塌堆积物，也称岩堆。崩塌的发生是突然地，但是不平衡因素却是长期积累的。崩塌的规模往往很大，有时成千上万方石块崩落而下。崩塌堆积以大块岩石为主，直径大于 0.5m 者往往达 50%～70% 以上。在我国西南、西北地区铁路两侧的崩塌以数百万立方米为最常见。规模极大的崩塌可称为山崩，而仅个别巨石崩落称坠石。

崩塌会使建筑物，有时甚至使整个居民点遭到毁坏，使公路和铁路被掩埋。由崩塌带来的损失，不单是建筑物毁坏的直接损失，并且常因此而使交通中断，给运输带来重大损失。我国兴建天兰铁路时，为了防止崩塌掩埋铁路耗费大量工程量。崩塌有时还会使河流堵塞形成堰塞湖，这样就会将上游建筑物及农田淹没,在宽河谷中,由于崩塌能使河流改道及改变河流性质,而造成急湍地段。

2. 崩塌发生条件和发育因素

崩塌的主要发生条件和发育因素可分为下列几个方面:

(1) 山坡的坡度及其表面的构造:造成崩塌作用要求斜坡外形高而且陡峻,其坡度往往达 $55°\sim75°$。山坡的表面构造对发生崩塌也有很大的意义。如果山坡表面凹凸不平,则沿突出部分可能发生崩塌。然而山坡表面的构造并不能作为评价山坡稳定性的惟一依据,还必须结合岩层的裂隙、风化等情况来评价。

(2) 岩石性质和节理程度:岩石性质不同其强度、风化程度、抗风化和抗冲刷的能力及其渗水程度都是不同的。如果陡峻山坡是由软硬岩层互层组成,由于软岩层属易于风化,硬岩层失去支持而引起崩塌(图 6-24)。

一般形成陡峻山坡的岩石,多为坚硬而性脆的岩石,属于这种岩石的有厚层灰岩、砂岩、砾岩及喷出岩。

在大多数情况下,岩石的节理程度是决定山坡稳定性的主要因素之一。虽然岩石本身可能是坚固的,风化轻微的,但其节理发育亦会使山坡不稳定。当节理顺山坡发育时,特别是当发育在山坡表面的突出部分时(图 6-25)最有利于发生崩塌。

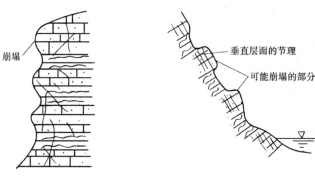

图 6-24 软硬岩层互层,软岩石风化后使硬岩石失去支持而引起崩塌

图 6-25 节理与崩塌关系示意图

(3) 地质构造:岩层产状对山坡稳定性也有重要的意义。如果岩层倾斜方向和山坡倾向相反,则其稳定程度较岩层顺山坡倾斜的大。岩层顺山坡倾斜其稳定程度的大小还取决于倾角大小和破碎程度。

一切构造作用,正断层、逆断层、逆掩断层,特别在地震强烈地带对山坡的稳定程度有着不良影响,而其影响的大小又决定于构造破坏的性质、大小、形状和位置。

3. 崩塌的防治

只有小型崩塌,才能防止其不发生,对于大的崩塌只好绕避。路线通过小型崩塌区时，防止的方法分防止崩塌产生的措施及拦挡防御措施。

防止产生的措施包括削坡、清除危石、胶结岩石裂隙、引导地表水流，以避免岩石强度迅速变化，防止差异风化以避免斜坡进一步变形及提高斜坡稳定性等。

(1) 爆破或打楔。将陡崖削缓，并清除易坠的岩石。

(2) 堵塞裂隙或向裂隙内灌浆。有时为使单独岩坡稳定，可采用铁链锁绊或铁夹，以提高有崩塌危险岩石的稳定性。

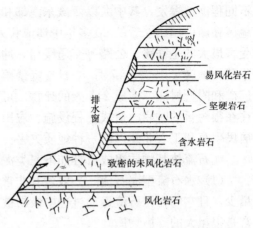

图 6-26 用砌石护面防止易风化岩层风化

(3) 调整地表水流。在崩塌地区上方修截水沟，以阻止水流流入裂隙。

(4) 为了防止风化将山坡和斜坡铺砌覆盖起来（图 6-26）。或在坡面上喷浆。

(5) 筑明峒或御塌棚（图 6-27）。

(6) 筑护墙及围护棚（木的、石的、铁丝网）以阻挡坠落石块，并及时清除围护建筑物中的堆积物。

(7) 在软弱岩石出露处修筑挡土墙，以支持上部岩石的质量（这种措施常用于修建铁路路基而需要开挖很深的路堑时）。

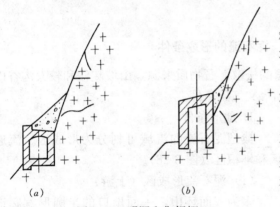

图 6-27 明洞和御坍棚
(a) 明洞；(b) 御坍棚

§6.4 泥 石 流

6.4.1 泥石流的概念

泥石流是指在山区一些流域内，主要是在暴雨降落时所形成的、并由固体物质（石块、砂砾、黏粒）所饱和的暂时性山地洪流。一般地说，泥石流的组成成分是水体和岩石破坏产物。泥石流是山区特有的一种不良地质现象，它具有暴发突然、运动快速、历时短暂和破坏力却极大的特点。泥石流在我国许多山区都有不同程度地爆发，其中尤以西藏东南部和川滇黔等山区最为严重。据统计，这些地区在新中国成立后的60多年中造成百人以上丧生的恶性泥石流事件有数十起。受害最大的是铁路、公路等交通线路，冲毁城镇及厂矿和村庄等也有数十起，仅华蓥山地区于1989年7月10日连降暴雨形成泥石流就冲毁了下游一城镇的数个厂矿和附近村庄，造成215人的死亡。可见，泥石流的爆发，其破坏力极大。往往在很短暂的时间内造成工程设施、农田和生命财产的严重损失。形成威胁山区居民生存和工农业建设的一种地质灾害。

泥石流按其物质组成可分如下三类泥石流：

（1）水石流型泥石流　一般含有非常不均的粗颗粒成分，黏土质细粒物质含量少，且它们在泥石流运动过程中极易被冲洗掉。所以水石流型泥石流的堆积物常是很粗大的碎屑物质。

（2）泥石流型泥石流　一般含有很不均匀的粗碎屑物质和相当多的黏土质细粒物质，因而具有一定的黏结性，所以堆积物常形成连结较牢固的土石混合物。

（3）泥水流型泥石流　固体物质基本上由细碎屑和黏土质物质组成。这类泥石流主要分布在我国黄土高原地区。

6.4.2　泥石流的形成条件

泥石流的形成必须具备有丰富的松散泥石物质来源，山坡陡峻和较大沟谷以及能大量集中水源的地形、地质和水文气象条件。

1. 地形条件

典型泥石流的流域可划分为形成区、流通区和堆积区（图6-28）。

（1）泥石流形成区（上游）

多为三面环山，一面出口的半圆形宽阔地段，周围山坡陡峻，多为30°～60°的陡坡。其面积大者可达数十平方公里。坡体往往光秃破碎，无植被覆盖，斜坡常被冲沟切割，且有崩塌、滑坡发育。这样的地形条件有利于汇集周围山坡上的水流和固体物质。

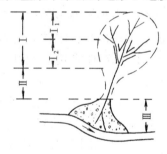

图6-28　泥石流流域分区示意图
Ⅰ—形成区（I_1—汇水动力区；I_2—固体物质供给区）；Ⅱ—流通区；Ⅲ—堆积区

（2）泥石流流通区（中游）

泥石流流通区是泥石流搬运通过地段。多为狭窄而深切的峡谷或冲沟，谷壁陡峻而坡降较大，且多陡坎和跌水。泥石流进入本区后具有极强的冲刷能力，将沟床和沟壁上的土石冲刷下来携走。当流通区纵坡陡长而顺直时，泥石流流动畅通，可直泄而下，造成很大危害。

（3）泥石流堆积区（下游）

泥石流堆积区是为泥石流物质的停积场所，一般位于山口外或山间盆地边缘、地形较平缓之地。由于地形豁然开阔平坦，泥石流的动能急剧变小，最终停积下来，形成扇形、锥形或带形的堆积体，统积洪积扇。当洪积扇稳定而不再扩展时，泥石流对其破坏力减缓而至消失。

2. 地质条件

地质条件决定了松散固体物质来源，当汇水区和流通区广泛分布有厚度很大、结构松软、易于风化、层理发育的岩土层时，这些软弱岩土层是提供泥石流的主要固体物质来源。此外，还应注意到泥石流流域地质构造的影响，如断层、裂隙、劈理、片理、节理等发育程度和破碎程度，这些构造破坏现象是给岩层破碎创造条件，从而也为泥石流的固体物质提供来源。

3. 水文气象条件

水既是泥石流的组成部分，又是搬运泥石流物质的基本动力。泥石流的发生与短时间内大量流水密切相关，没有大量的流水，泥石流就不可能形成。因此，就需要在短时间内有强度较大的暴雨或冰川和积雪的强烈消融，或高山湖泊、水库的突然溃决等。气温高或高低气温反复骤变，以及长时期的高温干燥，均有利于岩石的风化破碎，再加上水对山坡岩土的软化、潜蚀、侵蚀和冲刷等，使破碎物质得以迅速增加，这就有利于泥石流的产生。

6.4.3 泥石流的防治措施

由于泥石流的发生极为迅速，它又是一种水、泥、石的混合物，其容重可达 $1.8t/m^3$，而且泥石流来势突然、凶猛，冲刷力和摧毁力强；在堆积区堆积的范围和厚度迅速加大，故有着掩埋和破坏工程的威胁，故对泥石流应予以防治。

防治泥石流的原则是以防为主，兼设工程措施。可采用如下的防范对策。

1. 预防

在上游汇水区，作好水土保持工作，如植树造林，种植草皮等；调整地表径流，横穿斜坡修建导流堤，筑排水沟系，使水不沿坡度较大处流动，以降低流速；加固岸坡，以防岩土冲刷和崩塌，尽力减少固体物质来源。

2. 拦截

在中游流通区，设置一系列拦截构筑物，如拦截坝、拦栅、溢流坝等，以阻挡泥石流中挟带的物质。用改变沟床坡降降低流速的方法，防止沟床下切，

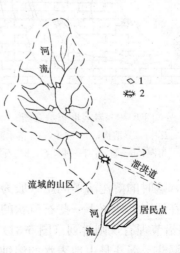

图 6-29 泥石流排导措施
1—坝和堤防；2—导流堤

如修建不太高的挡墙，筑半截堰堤等。

3. 排导

在泥石流下游设置排导措施使泥石流顺利排除。例如修排洪道、导流坝、急流槽等，用以固定沟漕，约束水流，改善沟床平面，或者引导泥石流避开建筑物而安全地泄走（图6-29）。

§6.5 岩溶与土洞

岩溶，也称喀斯特（Karst），它是由于地表水或地下水对可溶性岩石溶蚀的结果而产生的一系列地质现象。如溶沟溶槽、溶洞、暗河等。土洞则是由于地表水和地下水对土层的溶蚀和冲刷而产生空洞，空洞的扩展，导致地表陷落的地质现象。

岩溶与土洞作用的结果，可产生一系列对工程很不利的地质问题。如岩土体中空洞的形成；岩石结构的破坏；地表突然塌陷；地下水循环改变等。这些现象严重地影响建筑场地的使用和安全。

6.5.1 岩溶

1. 岩溶的主要形态

岩溶形态是可溶岩被溶蚀过程中的地质表现。可分为地表岩溶形态和地下岩溶形态。地表岩溶形态有溶沟（槽）、石芽、漏斗、溶蚀洼地、坡立谷、溶蚀平原等。地下岩溶形态有落水洞（井）、溶洞、暗河、天生桥等（图6-30）。

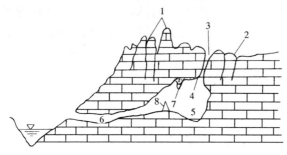

图 6-30 岩溶形态示意图
1—石林；2—溶沟；3—漏斗；4—落水洞；
5—溶洞；6—暗河；7—钟乳石；8—石笋

（1）溶沟溶槽 溶沟溶槽是微小的地形形态，它是生成于地表岩石表面，由于地表水溶蚀与冲刷而成的沟槽系统地形。溶沟溶槽将地表刻切成参差状，起伏不平，这种地貌称溶沟原野，这时的溶沟溶槽间距一般为2~3m。当沟槽继续发展，以致各沟槽互相沟通，在地表上残留下一些石笋状的岩柱。这种岩柱称为石芽。石芽一般高1~2m，多沿节理有规则排列（图6-31）。

（2）漏斗 漏斗是由地表水的溶蚀和冲刷并伴随塌陷作用而在地表形成的漏斗状形态。漏斗的大小不一，近地表处直径可大到上百

图 6-31 溶沟石芽断面示意图

米，漏斗深度一般为数米。漏斗常成群地沿一定方向分布，常沿构造破碎带方向排列。漏斗底部常有裂隙通道，通常为落水洞的生成处，使地表水能直接引入深部的岩溶化岩体中。如果漏斗底部的通道被堵塞，则漏斗内积水而成湖泊。

（3）溶蚀洼地　溶蚀洼地是由许多的漏斗不断扩大汇合而成。平面上呈圆形或椭圆形，直径由数百米到数米。溶蚀洼地周围常有溶蚀残丘、峰丛、峰林，底部有漏斗和落水洞。

（4）坡立谷和溶蚀平原　坡立谷是一种大型的封闭洼地，也称溶蚀盆地。面积由几平方公里到数百平方公里，坡立谷再发展而成溶蚀平原。在坡立谷或溶蚀平原内经常有湖泊、沼泽和湿地等。底部经常有残积洪积层或河流冲积层覆盖。

（5）落水洞和竖井　落水洞和竖井皆是地表通向地下深处的通道，其下部多与溶洞或暗河连通。它是岩层裂隙受流水溶蚀、冲刷扩大或坍塌而成。常出现在漏斗、槽谷、溶蚀洼地和坡立谷的底部，或河床的边部，呈串珠状排列。

（6）溶洞　溶洞是由地下水长期溶蚀、冲刷和塌陷作用而形成的近于水平方向发育的岩溶形态。溶洞早期是作为岩溶水的通道。因而其延伸和形态多变，溶洞内常有支洞、有钟乳石、石笋和石柱等岩溶产物（图6-32）。这些岩溶沉积物是由于洞内的滴水为重碳酸钙水，因环境改变释放 CO_2，使碳酸钙沉淀而成。

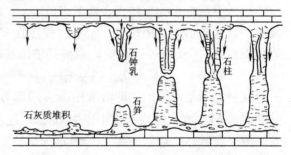

图 6-32　石钟乳、石笋和石柱生成示意图

（7）暗河　暗河是地下岩溶水汇集和排泄的主要通道。部分暗河常与地面的沟槽、漏斗和落水洞相通，暗河的水源经常是通过地面的岩溶沟槽和漏斗经落水洞流入暗河内。因此，可以根据这些地表岩溶形态分布位置，概略地判断暗河的发展和延伸。

（8）天生桥　天生桥是溶洞或暗河洞道塌陷直达地表而局部洞道顶板不发生塌陷，形成的一个横跨水流的石桥。称其为天生桥。天生桥常为地表跨过槽谷或河流的通道。

2. 岩溶的形成条件

岩溶的形成是由于水对岩石的溶蚀结果。因而其形成条件是必须有可溶于水而且是透水的岩石；同时，水在其中是流动的、有侵蚀力的。这就是说，造成岩溶的物质基础有两个方面：岩体和水质。而水在岩体中是流动的。

（1）岩体

岩体首先是可溶解的。根据岩石的溶解度，能造成岩溶的岩石可分三大组：①碳酸盐类岩石，如石灰岩、白云岩和泥灰岩；②硫酸盐类岩石，如石膏和硬石膏；③卤素岩，如岩盐。这三组岩石中以碳酸盐类岩石的溶解度最低，但当水中含有碳酸时，其溶解度将剧烈增加。应指出，在碳酸盐类矿物中分布最广的有方解石和白云石，其中方解石的溶解度比白云石大得多。第二组为硫酸盐岩石，其溶解度远远大于碳酸盐类岩石，硬石膏在蒸馏水中的溶解度几乎等于方解石的190倍。第三组是卤素岩石如岩盐，其溶解度比上两类岩石都大。就我国分布的情况来看，以碳酸盐类岩石特别是石灰岩分布最广，次为石膏和硬石膏，岩盐最少。

岩体不仅是由可溶解的岩石组成，而且岩体必须具有透水性能，这才有发展岩溶的可能。岩体的透水性要注意两个方面：一是可溶岩本身的透水性，这就是说在岩石内要有畅通水流的孔隙，而另一是在岩体内要有裂隙，它们往往成为地下水流畅通的通道，是造成岩溶最发育之所在地。裂隙类型很多，而造成岩溶的裂隙以构造裂隙和层理裂隙影响最大。它是造成深处岩溶发育的必要条件之一。

(2) 水质

岩体中是有水的，特别在地下水位以下的岩体。大家知道，天然水是有溶解能力的，这是由于水中含有一定量的侵蚀性 CO_2。当含有游离 CO_2 的水与其围岩的碳酸钙（$CaCO_3$）作用时，碳酸钙被溶解，这时其化学作用如下：

$$CaCO_3 + CO_2 + H_2O \rightleftharpoons Ca^{2+} + 2HCO_3^-$$

这种作用是可逆的，即溶液中所含的部分 CO_2 在反应后处于游离状态。一定的游离 CO_2 含量相应于水中固体 $CaCO_3$ 处于平衡状态时一定的 HCO_3^- 含量，这一与平衡状态相应的游离 CO_2 量称为平衡 CO_2。如果水中的游离 CO_2 含量比平衡所需的数量要多，那么，这种水与 $CaCO_3$ 接触时，就会发生 $CaCO_3$ 的溶解。这一部分消耗在与碳酸钙发生反应上的碳酸称作侵蚀性 CO_2。

确定水中的侵蚀性 CO_2 是有意义的，因为水中含侵蚀性 CO_2 越多，则水的溶蚀能力越大。在我国发生岩溶的地方几乎是在石灰岩层中产生的。如果水中含有过多侵蚀性 CO_2，无疑这里岩溶发育必定是剧烈的。但是水中侵蚀性 CO_2 的含量是随水的活动程度不同而不同的。为此我们下面着重讨论水在岩体中的活动性。

(3) 水在岩体中活动方面

水在可溶岩体中活动是造成岩溶的主要原因。它主要表现为水在岩体中流动，地表水或地下水不断交替。因而造成水流一方面对其围岩有溶蚀能力，另一方面造成水流对其围岩的冲刷。

地下水或地表水主要来源于大气降水的补给。而大气中是含有大量 CO_2 的，这些 CO_2 就溶解于大气降水中，造成水中含有碳酸，这里应指出，土壤与地壳上部强烈的生物化学作用经常排出 CO_2，这就使水渗入地下过程中，将碳酸携带走。这样使水具有溶解可溶性岩石的能力。但水是流动的，不管是地表水或地下水。如为地表水则在地表的可溶岩石表面的凹槽流动，一方面溶解围岩，另一方面流水有动力的结果，又同时冲刷围岩，于是产生了溶沟溶槽和石芽。地下水在向地下流动过程中，与岩石相互作用而不断地耗费了其中具有侵蚀性的 CO_2，这样造成了地下水的溶解能力随深度的加深而减弱。再加上深部水的循环较慢，溶解能力及冲刷能力大大减少，使深部的岩溶作用减弱。

岩溶地区地下水对其围岩的溶解作用和冲刷作用两者是同时发生的。但是在一些裂隙或小溶洞中溶蚀作用占主要地位。而在一些大的地下暗河中，地下水的冲刷能力很强，这时溶解能力已退居次要地位了。

(4) 岩溶的垂直分带

在岩溶地区地下水流动有垂直分带现象，因而所形成的岩溶也有垂直分带的特征(图6-33)。

1) 垂直循环带，或称包气带。这带位于地表以下，地下水位以上。这里平时无水，只有降水时有水渗入，形成垂直方向的地下水通道。如呈漏斗状的称为漏斗，成井状的称为落水洞。大量的漏斗和落水洞等多发育于本

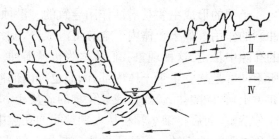

图 6-33 岩溶水的垂直分带
Ⅰ—垂直循环带；Ⅱ—季节循环带；
Ⅲ—水平循环带；Ⅳ—深部循环带

带内。但是应注意，在本带内如有透水性差的凸镜体岩层存在时，则形成"悬挂水"或称"上层滞水"。于是岩溶作用形成局部的水平或倾斜的岩溶通道。

2) 季节循环带，或称过渡带。这带位于地下水最低水位和最高水位之间，本带受季节性影响，当干旱季节时，则地下水位最低，这时该带与包气带结合起来，渗透水流成垂直下流。而当雨季时，地下水上升为最高水位，该带则为全部地下水所饱和，渗透水流则成水平流动，因而在本带形成的岩溶通道是水平的与垂直的交替。

3) 水平循环带，或称饱水带。这带位于最低地下水位之下，常年充满着水，地下水作水平流动或往河谷排泄。因而本带形成水平的通道，称为溶洞，如溶洞中有水流，则称为地下暗河。但是往河谷底向上排泄的岩溶水，具有承压性质。因而岩溶通道也常常呈放射状分布。

4) 深部循环带，本带内地下水的流动方向取决于地质构造和深循环水。由于地下水很深，它不向河底流动而排泄到远处。这一带中水的交替强度极小，岩溶发育速度与程度很小，但在很深的地方可以在很长的地质时期中缓慢地形成岩溶现象。但是这种岩溶形态一般为蜂窝状小洞，或称溶孔。

上述讨论了水的活动引起各种岩溶的现象，但是水的活动不仅限于其围岩的溶蚀和冲刷，而很多时候岩溶水还可以造成很多的堆积现象，最普遍的见到是在溶洞内沉淀有石钟乳、石笋、石柱、钙华等。组成这些岩溶沉积物一般为 $CaCO_3$，有时混杂有泥砂质。

6.5.2 土洞与潜蚀

土洞因地下水或者地表水流入地下土体内,将颗粒间可溶成分溶滤,带走细小颗粒,使土体被掏空成洞穴而形成。这种地质作用的过程称为潜蚀。当土洞发展到一定程度时,上部土层发生塌陷,破坏地表原来形态,危害建(构)筑物安全和使用。

1. 土洞的形成条件

土洞的形成主要是潜蚀作用导致的。潜蚀是指地下水流在土体中进行溶蚀和冲刷的作用。如果土体内不含有可溶成分,则地下水流仅将细小颗粒从大颗粒间的孔隙中带走,这种现象我们称之为机械潜蚀。其实机械潜蚀也是冲刷作用之一,所不同者是它发生于土体内部,因而也称内部冲刷。如果土体内含有可溶成分,例如黄土,含碳酸盐、硫酸盐或氯化物的砂质土和黏质土等,地下水流先将土中可溶成分溶解,而后将细小颗粒从大颗粒间的孔隙中带走,因而这种具有溶滤作用的潜蚀称之为溶滤潜蚀。溶滤潜蚀主要是因溶解土中可溶物而使土中颗粒间的联结性减弱和破坏,从而使颗粒分离和散开,为机械潜蚀创造条件。

机械潜蚀的发生,除了土体中的结构和级配成分能容许细小颗粒在其中搬运移动外,地下水的流速是搬运细小颗粒的动力。能起动颗粒的流速称为临界流速(V_{cr}),不同直径(d)大小的颗粒具有一定的临界流速。其关系列于表6-3中。当地下水流速(V)大于(V_{cr})时,就要注意发生潜蚀的可能性。

表 6-3

被挟出的颗粒直径 d (mm)	水流临界速度 V_{cr} (cm/s)
1	10
0.5	7
0.1	3
0.05	2
0.01	0.5
0.005	0.12
0.001	0.02

2. 土洞的类型

根据我国土洞的生长特点和水的作用形式,土洞可分为由地表水下渗发生机械潜蚀作用形成的土洞和岩溶水流潜蚀作用形成的土洞。

(1) 由地表水下渗发生机械潜蚀作用形成的土洞

这种土洞的主要形成因素有三点:

1) 土层的性质:土层的性质是造成土洞发育的根据。最易发育成土洞的土层性质和条件是含碎石的砂质物土层内。这样给地表水有向下渗入到碎石砂质粉土层中,造成潜蚀的良好条件。

2) 土层底部必须有排泄水流和土粒的良好通道:在这种情况下,可使水流挟带土粒向底部排泄和流失。上部覆盖有土层的岩溶地区,土层底部岩溶发育是造成水流和土粒排泄的最好通道。在这些地区土洞发育一般较为剧烈。

3) 地表水流能直接渗入土层中:地表水渗入土层内有三种方式:第一种是

利用土中孔隙渗入；第二种是沿土中的裂隙渗入；第三种是沿一些洞穴或管道流入。其中以第二种渗入水流造成土洞发育的最主要方式。土层中的裂隙是在长期干旱条件下，使地表产生收缩裂隙。随着旱期延长，不仅裂隙缝数量增多，裂口扩大，而且不断向深延展，使深处含水量较高的土层也干缩开裂，裂缝因长期干缩扩大和延长，这就成为下雨时良好的通道，于是水不断地向下潜蚀。水量越大，潜蚀越快，逐渐在土层内形成一条不规则的渗水通道。在水力作用下，将崩散的土粒带走，产生了土洞，并继续发育，直至顶板破坏，形成地表塌陷。

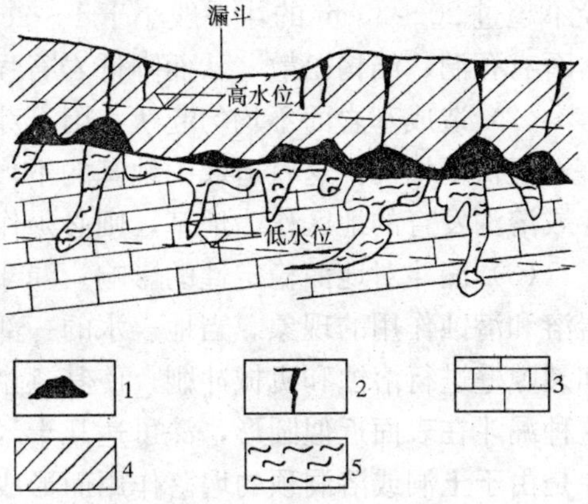

(2) 由岩溶水流潜蚀作用形成土洞

图 6-34 土洞的分布和发育示意图
1—土洞；2—裂隙；3—石灰岩；
4—黏性土；5—软土或稀泥

这类土洞与岩溶水有水力联系的，它分布于岩溶地区基岩面与上复的土层（一般是饱水的松软土层）接触处图 6-34。

这类土洞的生成是由于岩溶地区的基岩面与上覆土层接触处分布有一层饱水程度较高的软塑至半流动状态的软土层。而在基岩表面有溶沟、裂隙、落水洞等发育。这样，基岩透水性很强。当地下水在岩溶的基岩表面附近活动时，水位的升降可使软土层软化，地下水的流动能在土层中产生潜蚀和冲刷可将软土层的土粒带走，于是在基岩表面处被冲刷成洞穴，这就是土洞形成过程。当土洞不断地被潜蚀和冲刷，土洞逐渐扩大，致顶板不能负担上部压力时，地表就发生下沉或整块塌落，使地表呈蝶形的，盆形的，深槽的和竖井状的洼地。

本类土洞发育的快慢主要取决于：

1) 基岩面上覆土层性质：如为软土或高含水量的稀泥则基岩面上容易被水流潜蚀和冲刷，如果基岩面上土层为不透水的和很坚实的黏土层，则土洞发育缓慢。

2) 地下水的活动强度：水位变化大，容易产生土洞。地下水位以下土洞的发育速度较快，土洞形状多呈上面小，下面大的形状。而当地下水位在土层以下时，土洞的发育主要由于渗入水的作用，发育较缓，土洞多呈竖井状。

(3) 基岩面附近岩溶和裂隙发育程度：当基岩面与土层接触面附近，如裂隙和溶洞溶沟溶槽等岩溶现象发育较好时，则地下水活动加强，造成潜蚀的有利条件。故在这些地下水活动强的基岩面上，土洞一般发育都较快。

6.5.3 岩溶与土洞的工程地质问题

岩溶与土洞地区对建（构）筑物稳定性和安全性有很大影响。

(1) 溶蚀岩石的强度大为降低。岩溶水在可溶岩体中溶蚀，可使岩体发生孔洞。最常见的是岩体中有溶孔或小洞。所谓溶孔，是指在可溶岩石内部溶蚀有孔径不超过 20~30cm 的，一般小于 1~3cm 的微溶蚀的空隙。岩石遭受溶蚀可使岩石有孔洞、结构松散，从而降低岩石强度和增大透水性能。

(2) 造成基岩面不均匀起伏。因石芽、溶沟溶槽的存在，使地表基岩参差不整、起伏不均匀。这就造成了地基的不均匀性以及交通的难行。因而，如利用石芽或溶沟发育的地区作为地基，则必须作出处理。

(3) 漏斗对地面稳定性的影响。漏斗是包带气带中与地表接近部位所发生的岩溶和潜蚀作用的现象。当地表水的一部分沿岩土缝隙往下流动时，水便对孔隙和裂隙壁进行溶蚀和机械冲刷，使其逐渐扩大成漏斗状的垂直洞穴，是为漏斗。这种漏斗在表面近似圆形，深可达几十米，表面口径由几米到几十米。另一种漏斗是由于土洞或溶洞顶的塌落作用而形成。崩落的岩块堆于洞穴底部成一漏斗状洼地。这类漏斗因其塌落的突然性，使地表建（构）筑物面临遭到破坏的威胁。

(4) 溶洞和土洞对地基稳定性的影响。溶洞和土洞地基稳定性必须考虑如下三个问题：

1) 溶洞和土洞分布密度和发育情况。一般认为，对于溶洞或土洞分布密度很密，并且溶洞或土洞的发育处在地下水交替最积极的循环带内，洞径较大，顶板薄，并且裂隙发育，此地不宜选择为建筑场地和地基。但是对于该场地虽有溶洞或土洞，但溶洞或土洞是早期形成的，已被第四纪沉积物所充填，并已证实目前这些洞已不在活动。这种情况，可根据洞的顶板承压性能，决定其作为地基。此外，石膏或岩盐溶洞地区不宜选择作为天然地基。

2) 溶洞或土洞的埋深对地基稳定性影响。一般认为，溶洞特别是土洞如埋置很浅，则溶洞的顶板可能不稳定，甚至会发生地表塌落。如若洞顶板厚度 H 大于溶洞最大宽度 b 的 1.5 倍时（即 $H>1.5b$），而同时溶洞顶板岩石比较完整、裂隙较少，岩石也较坚硬，则该溶洞顶板作为一般地基是安全的。如若溶洞顶板岩石裂隙较多，岩石较为破碎，则上覆岩层的厚度 H，如能大于溶洞最大宽度 b 的三倍时（即 $H>3b$），则溶洞是安全的。上述评定是对溶洞和一般建（构）筑物的地基而言，不适用于土洞、重大建（构）筑物和震动基础。对于这些地质条件和特殊建筑物基础所必需的稳定土洞或溶洞顶板的厚度，须进行地质分析和力学验算，以确定顶板的稳定性。

3) 抽水对土洞和溶洞顶板稳定的影响。一般认为，在有溶洞或土洞的场地，特别是土洞大片分布，如果进行地下水的抽取，由于地下水位大幅度下降，使保持多年的水位均衡遭到急剧破坏，大大地减弱了地下水对土层的浮托力。再者，由于抽水时加大了地下水的循环，动水压力会破坏一些土洞顶板的平衡，因而引起了一些土洞顶板的破坏和地表塌陷。一些土洞顶板塌落又引起土层震动，或加大地下水的动水压力，结果振波或动水压力传播于近处的土洞，又促使附近一些土洞顶板破坏，以致地表塌陷危及地面的建（构）筑物的安全。

6.5.4 岩溶与土洞地基的防治

在进行建（构）筑物布置时，应先将岩溶和土洞的位置勘察清楚，然后针对实际情况做出相应的防治措施。

当建（构）筑物的位置可以移位时，为了减少工程量和确保建（构）筑物的安全，应首先设法避开有威胁的岩溶和土洞区，实在不能避开时，再考虑处理方案。

(1) 挖填：即挖除溶洞或土洞中的软弱充填物，回填以碎石、块石或混凝土等，并分层夯实，以达到改良地基的效果。对于土洞回填的碎石上设置反滤层，以防止潜蚀发生。

(2) 跨盖：当洞埋藏较深或洞顶板不稳定时，可采用跨盖方案。如采用长梁式基础或桁架式基础或刚性大平板等方案跨越。但梁板的支承点必须放置在较完整的岩石上或可靠的持力层上，并注意其承载能力和稳定性。

(3) 灌注：对于溶洞或土洞，因埋藏较深，不可能采用挖填和跨盖方法处理时，溶洞可采用水泥或水泥黏土混合灌浆于岩溶裂隙中；对于土洞，可在洞体范围内的顶板打孔灌砂或砂砾，应注意灌满和密实。

(4) 排导：洞中水的活动可使洞壁和洞顶溶蚀、冲刷或潜蚀，造成裂隙和洞体扩大，或洞顶坍塌。因而对自然降雨和生产用水应防止下渗，采用截排水措施，将水引导至他处排泄。

(5) 打桩：对于土洞埋深较大时，可用桩基处理，如采用混凝土桩、木桩、砂桩或爆破桩等。其目的除提高支承能力外，并有靠桩来挤压挤紧土层和改变地下水渗流条件的功效。

§6.6 地 震 及 其 效 应

6.6.1 地 震 的 概 念

地震是一种地质现象，就是人们常说的地动，它主要是由于地球的内力作用而产生的一种地壳振动现象。根据统计，地球上每年约有15万次以上或大或小的地震。人们能感觉到的地震平均每年达三千次，具有很大破坏性的达100次。

地震主要发生在近代造山运动区和地球的大断裂带上，即形成于地壳板块的边缘地带。这是由于在板块边缘处可能因上地幔的对流运动引起地壳的缓慢位移，差动的位移可引起岩石弹性应变，当应力最终超过岩石强度时就产生断层。在弹性应力的作用下，已受到应变的岩石因释放弹性能以振波的形式传播于周围岩石上，引起相邻岩石振动而产生地震。

由于地震是地壳运动的表现之一，它分布于新生代以来（从6000万年前到现在）明显的构造活动带上。即大地震主要发生在板块边缘及大断裂带上。在地球上，地震主要发生在环太平洋边缘地区和欧亚大陆的南部边缘一带。在我国，位于这些地震带内只有台湾全省及云南、西藏的边境一部分；我国内陆地区，地震活动的分布是不均匀的，主要发生在构造活动较强的褶皱带与较稳定的地块的相接触地带上，因而中国的东部比西部的地震相对较弱；此外，在地台内部的大断裂带或现代凹陷边缘地区也有地震的发生。

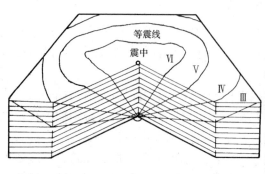

图 6-35 震源、震中示意图

1. 震源和震中

震源是指地球深处因岩石破裂产生地壳振动的发源地。震源正对着的地面位置称震中，即震中是震源在地表的垂直投影（图 6-35）。震源与地面的垂直距离称震源深度。震源一般发生在地壳一定的深度内，震源深度的下界约为 700km。震源深度发生在 70km 以内的称为浅源地震；震源深度位于 70～300km 范围内的称为中源地震；震源深度位于 300～700km 范围内的称为深源地震。

2. 地震的一般特点

在地震的时候，通常地面的振动最初在短时间内不断地微动，接着便发生剧烈振动，经过短时间以后才逐渐消失，在大地震时像这样一系列的振动要反复发生若干次。其中最初发生的小振动称为前震。前震活动逐渐增加后，接着发生激烈的大地震，称做主震。主震之后继续发生的大量的小地震称为余震。余震是成群的，最初发生的频度（单位时间内震动的次数）很高往后逐渐衰减，持续时间长短不一。有的大地震之后余震很少；有的则很多，持续数月乃至数年之久还有小地震发生。

在历史上记载地震以我国为最早。在夏桀 52 年时（公元前 1767）就有地震记载。对地震的研究也以我国为最早。东汉张衡在公元 132 年（东汉顺帝阳嘉元年）就创制了候风地动仪，这个地震仪可以测定某个方向有地震发生。最近的年代，由于地震的频繁和破坏性影响很大，因而促进了对地震研究的发展。在工程地质上也加强对地震的研究，特别是地震对工程建筑场地和地基稳定影响的研究。

6.6.2 地震的成因

地震按其成因，可以分为四类：构造地震、火山地震、陷落地震和人工触发地震。

构造地震：是由于地壳运动而引起的地震。地壳运动使地壳岩层发生变形，并在岩体内产生应力。随着变形的增加，应力亦逐渐增高。当应力超出岩体的强度时，便从地壳岩层的弱处发生断裂，积累大量的能量，迅速放出，因之弹性振动就传播到地表之上，使地面振动。构造地震的特点是传播范围广，振动时间长而且强烈，往往造成突然性和灾害性。世界上有90%的地震属于构造地震。

火山地震：是由于火山活动而引起的地震。当岩浆突破地壳和冲出地面时，是十分迅速和猛烈的，同时从火山口喷出大量气体和水蒸气，引起地壳的振动。这类地震的影响范围不大，强度也不大，地震前有火山发作为预兆。火山地震占世界总地震次数7%左右。

陷落地震：是由于山崩或地面陷落而引起的地震。影响范围很小。一般不超过几平方公里，强度也微弱。这种地震次数很少，占世界总地震次数3%左右。

此外，由于人类工程活动，尚可引起人工触发地震。例如修水库或人工向地下大量灌水，这样使地下岩层增大负荷，如果地下有大断裂或构造破碎带存在，就促使该处岩层变形，就易触发地震。所以说修建大小水库或深井灌水只是发生地震的一个可能条件，而主要取决于当地的地质构造。人工触发地震特点是：一般小震多，震动次数多，最大的震级根据目前已记录的不超过6.5级。震中位置发生在离蓄水处近，一般10～20km范围内，极少超过40km。震源深度较浅。

6.6.3 地震波及其传播

地震时，震源释放的能量以波动的形式向四面八方传播，这种波称为地震波。地震波在地壳内部传播时的波称为体波；当其到达地表时，使地面发生波动，称为面波。地震波是一种弹性波，它具有振幅和周期（图7-34）。从物理学中知道，振动系统的能量和振幅的平方成正比，所以能量随传播过程减少时，振幅也随传播过程而减小，这就是所谓的阻尼振动，于是离震源愈远，振动愈小。在地面上将会出现距震中愈远，震动强度愈小的等震线（图6-36）。

地震时由震源发出的能量成为波动而传播于地中，然后达于地表。这时在地中传播的波动有两种，即纵波和横波，也总称体波。纵波和横波的性质各不相同：纵波的质点振动方向与震波传播方向相一致，即由介质扩张及收缩而传播，其传播速度是所有的震波中最快的，平均7～13km/s。而在横波中，其质点振动方向与震波传播方向垂直。这种波的传播速度较小，平均4～7km/s。约为纵波速度的0.5～0.6倍（图6-36）。

从震源发出的震波达到地表面时，就使地面发生波动，这种能沿着地面传播的波也称瑞利波，它具有下列特点：

（1）地面质点在平行于波传播方向的垂直面内作振动，质点沿椭圆轨道运动。椭圆轨道的长轴垂直于地表面，并且差不多大于水平轴的1.5倍。这样，在

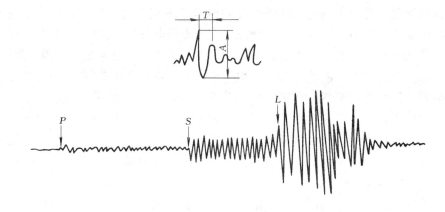

图 6-36 地震波记录
T—周期；A—全振幅；P—纵波；S—横波；L—面波

面波经过时，地面质点既有水平方向的位移，也有垂直方向的位移。

(2) 瑞利波的强度随离开地表面的深度加深，而迅速减弱。

(3) 面波传播的速度近似把等于在同一介质中横波传播速度的 0.9 倍。因此面波的传播速度慢于在同一介质中传播的其他弹性波。

(4) 当表面波从震中向外扩展时，其振幅实质上随离开震中的距离的平方根成反比。另一方面，我们知道，地震体波（即纵波和横波）的振幅与距离的一次方成反比。因此在地球表面离开震中较远的点上，表面波与体波相比较，表面波将相对地占优势。因而距离震中较远的振动主要是地面波。

6.6.4 地震级和地震烈度

地震发生后，大家很关心这次地震有多大？它在各地的破坏程度怎么样？要回答上述两个问题，首先必须要定出一个标准才能衡量地震的大小和地面破坏的轻重程度。这个标准就是地震级和地震烈度。

1. 震级

地震级是通常地震学上所说的地震的大小。是依据地震释放出来的能量多少来划分成震级的，释放出来的能量越多，震级就越大。地震时所释放的能量可以根据地震仪记录到的地震波来测定。按照目前国际通用的李希特—古登堡震级的定义：震级是 μm 为单位（1mm 的千分之一）来表示离开震中 100km 的标准地震仪所记录的最大振幅，并用对数来表示。这里所说的标准地震仪是指周期为 0.8s，衰减常数约等于 1，放大倍数为 2800 倍的地震仪。震级是按下法决定的：例如在离震中 100km 处的地震仪，其记录纸上的振幅是 10mm，用 μm 单位计算是：10,000 μm，取其对数则等于 4，根据定义，这次地震是 4 级。

地震的能量（E）与地震的震级（M）之间有一定关系，将地震台站所收到的地震波的能量和震级加以比较有如下关系式：

$$\lg E = 11.8 + 5M \tag{6-7}$$

此处 E 的单位是尔格，也就是厘米、克、秒制所表示的能量。M 与 E 的关系见表 6-4。

地震震级与能量的关系表　　　　表 6-4

M（级）	E（尔格）	M 级	E（尔格）
1	2.0×10^{13}	7	2.0×10^{22}
2	6.3×10^{14}	8	6.3×10^{23}
3	2.0×10^{16}	8.5	3.6×10^{24}
4	6.3×10^{17}		
5	2.0×10^{19}		
6	6.3×10^{20}		

2. 地震烈度

地震级是根据地震仪记录推算地震时的能量而划分的，它是表示某处地震能量的大小。但在历史上是没有地震仪的记录的，甚至在今天地震仪的使用也不是到处普及。而记录地震的强弱是靠一些地物破坏现象和人物的感觉来辨别，也就是说确定地震的大小按一些宏观现象作为依据，因而就引出了另一个地震大小的概念——地震烈度。

地震烈度是表明地震对具体地点的实际影响，它不仅取决于地震能量，同时也受震源深度、震中距离、地震波的传播介质及表土性质等条件的强烈影响。

地震烈度是根据地震时人的感觉，器物动态，建筑物毁坏及自然现象的表现等宏观现象判定的。地震时按其破坏程度的不同，而将地震的强弱排列成一定的次序作为确定地震烈度的标准，这就是地震烈度表。由于地震烈度以宏观现象为依据的分度方法，往往给人一种不够精确的印象，而且评比不易精确。为此通过大量的客观实践的地震观测，总结出地震烈度与地震的加速度的关系，以便地震烈度在工程上应用。目前我国已制定出地震烈度表（表 6-5）。

表 6-4 将地震烈度分为 12 度，每一烈度均有相应的地震加速度和地震系数以及相应的地震情况，以作为确定地震烈度的标准，对地区进行工程地质调查时，必须收集有关该地区的地震烈度资料。这种资料可向有关地震研究机关索取，查阅当地有关历史档案记载（文史记录、碑文、札记等）。并到当地向居民进行调查访问。

地震烈度在 Ⅴ 度以下的地区，具有一般安全系数的建筑物是足够稳定的，不会引起破坏。地震烈度达到 Ⅵ 度的地区，一般建筑物是不采取加固措施，但要注意地震可能造成的影响。地震烈度达 Ⅶ～Ⅸ 度的地区，会引起建筑物的损坏，必须采取一系列防震措施来保证建筑物的稳定性和耐久性。Ⅹ 度以上的地震区有很大的灾害，选择建筑物场地时应予避开。

3. 震级与地震烈度的关系

震级与地震烈度既有区别，又相互联系。一次地震，只有一个震级，但在不同的地区烈度大小是不一样的。震级是说这次地震大小的量级。而烈度是说该地的破坏程度。在浅源地震（震源深度 10～30km）中，震级和震中烈度（即最大烈度）的关系，根据经验大致如表 6-6 所列：

地震烈度的本身又可分为基本烈度、建筑场地烈度和设计烈度。

基本烈度是指代表一个地区的最大地震烈度。这就是指从震源发出来的能量在较大区域的影响程度。基本烈度一般靠近震中烈度大，远离震中烈度少。基本烈度的划分已列于表 6-5 中。

建筑场地烈度也称小区域烈度，它是指建筑场地内因地质条件、地貌地形条件和水文地质条件的不同而引起基本烈度的降低或提高的烈度，一般来说，建筑场地烈度比基本烈度提高或降低半度至一度。

设计烈度是指抗震设计所采用的烈度，它是根据建筑物的重要性、永久性、抗震性以及工程的经济性等条件对基本烈度的调整。设计烈度一般可采用国家批准的基本烈度。但遇不良的地质条件或有特殊重要意义的建筑物，经主管部门批准，可对基本烈度，加以调整作为设计烈度。

中国地震烈度鉴定标准表 表 6-5

烈度	名称	加速度 (cm/s^2)	地震系数表 (K)	地 震 情 况
Ⅰ	无震感	<0.25	<$\frac{1}{4000}$	人不能感觉，只有仪器可以记录
Ⅱ	微震	0.26～0.5	$\frac{1}{4000}$～$\frac{1}{2000}$	少数在休息中极宁静的人感觉，住在楼上者更容易
Ⅲ	轻震	0.6～1.0	$\frac{1}{2000}$～$\frac{1}{1000}$	少数人感觉地动（如有轻车从旁经过），不能立即断定是地震。震动来自的方向或继续时间，有时约略可定
Ⅳ	弱震	1.1～2.5	$\frac{1}{1000}$～$\frac{1}{400}$	少数在室外的人和绝大多数在室内的人都感觉。家具等物有些摇动，盘碗及窗户玻璃震动有声，屋梁天花板等格格地响，缸里的水或敞口皿中的液体有些荡漾，个别情形惊醒了睡着的人
Ⅴ	次强震	2.6～5.0	$\frac{1}{400}$～$\frac{2}{200}$	差不多人人感觉，树木摇晃，如有风吹动，房屋及室内物件全部震动，并格格地响，悬吊物如帘子、灯笼、电灯等来回摆动，挂钟停摆或乱打，器皿中的水满的溅出一些，窗户玻璃现出裂纹，睡的人被惊醒，有些惊逃户外
Ⅵ	强震	5.1～10.0	$\frac{1}{200}$～$\frac{1}{100}$	人人感觉，大都惊骇跑到户外，缸里的水激动地荡漾，墙上挂图，架上的书都会落下来，碗碟器皿打碎，家具移动位置或翻倒，墙上的灰泥发生裂缝。坚固的庙堂房屋亦不免有些地方掉落了些泥灰，不好的房屋受相当损伤，但还是轻的

续表

烈度	名称	加速度 (cm/s²)	地震系数表 (K)	地 震 情 况
Ⅶ	损害震	10.1～25.0	$\frac{1}{100}\sim\frac{1}{40}$	室内陈设物品和家具损伤甚大，池塘里腾起波浪并翻出浊泥，河岸砂砾处有些崩滑，井泉水位改变，房屋有裂缝，灰泥及雕塑装饰大量脱落，烟囱破裂，骨架建筑的隔墙亦有损伤，不好的房屋严重损伤
Ⅷ	破坏震	25.1～50.0	$\frac{1}{40}\sim\frac{1}{20}$	树木发生摇摆有时摧折，重的家具物件移动很远或抛翻，纪念碑或人像从座上扭转或倒下。建筑较坚固的房屋，如庙宇亦被损坏，墙壁间起了缝或部分裂坏，骨架建筑隔墙倾脱，塔或工厂烟囱倒塌，建筑特别好的烟囱顶部亦遭破坏。陡坡或潮湿的地方发生小小裂缝，有些地方涌出泥水
Ⅸ	毁坏震	50.1～100	$\frac{1}{20}\sim\frac{1}{10}$	坚固的建筑，如庙宇等损伤颇重，一般砖砌房屋严重破坏，有相当数量的倒塌，而致不能再住。骨架建筑根基移动，骨架歪斜，地上裂缝颇多
Ⅹ	大毁坏震	100.1～250	$\frac{1}{10}\sim\frac{1}{4}$	大的庙宇，大的砖墙及骨架建筑连基础遭受破坏，坚固的砖墙发生危险的裂缝，河堤、坝、桥梁。城垣均严重损伤，个别的被破坏，钢轨亦挫曲。地下输送管破坏，马路及柏油街道起了裂缝和皱纹，松散软湿之地开裂相当宽及深的长沟，且有局部崩滑，崖顶岩石有部分崩落。水边惊涛拍岸
Ⅺ	灾震	250.1～500	$\frac{1}{4}\sim\frac{1}{2}$	砖砌建筑全部坍塌，大的庙宇与骨架建筑亦只部分保存。坚固的大桥破裂。桥柱崩裂，钢梁弯曲（弹性大的木桥损坏较轻），城墙开裂崩坏。路基堤坝断开，错离很远。钢轨弯曲且凸起。地下输送线完全破坏，不能使用。地面开裂甚大，沟道纵横错乱，到处土滑山崩，地下水夹泥砂，从地下涌出
Ⅻ	大灾震	500.1～1000	$>\frac{1}{2}$	一切人工建筑物无不毁坏，物件抛掷空中。山川风景变异，范围广大。河流堵塞，造成瀑布，湖底升高，地崩山摧，水道改变等

注：1. Ⅶ类中所说的"不好的房屋"相当于西北的箍窑（即地上砖拱而用土填充的窑及不规则形的石块垒成的窑），土坯墙托梁窑的房屋；用细木柱子的土墙房屋；砖砌而用土坯或砖填窑或空斗砖的房屋。"正常的建筑物"相当于真材实料，结构合乎要求的普通瓦房，以及与之相称的一般庙宇。

2. Ⅸ类中所说"坚固的建筑"，即现代结构的坚固房屋。

3. 一般城墙垛口地震时倒塌的原因与房屋的烟囱倒塌原因相似。

震级与烈度关系表　　　　　　　表 6-6

震　级（级）	3以下	3	4	5	6	7	8	8以上
震中烈度（度）	1～2	3	4～5	6～7	7～8	9～10	11	12

6.6.5 地 震 效 应

地震区对场地的地震效应有：地震力效应、地震破裂效应、地震液化效应和地震激发地质灾害的效应等。

1. 地震力效应

地震可使建（构）筑物受到一种惯性力的作用，这就是地震波对建（构）筑所直接产生的惯性力，这种力称为地震力。当建筑物经受不住这种地震力的作用时，建（构）筑物将会发生变形、开裂，甚至倒塌。

从物理学知道，力的大小可以传至单位质量上物体的加速度来测定的，如果受力物体的加速度为已知，即可计算受力物体所受的外力。对于建筑物来说，地震的作用是一种外加的强迫运动，当地震时，如果建筑物为刚性体，并承受一个均匀的不变的水平加速度，这时的地震力在物理意义上是地震时建筑物自身的惯性力。设建筑物重为 Q，作用在建筑物上的地震力 P 为：

$$P = \frac{a_{\max}}{g}Q \tag{6-8}$$

式中　g——为重力加速度；

　　　$a_{\max}$——为地面最大加速度。

令
$$K = \frac{a_{\max}}{g} \tag{6-9}$$

则
$$P = KQ \tag{6-10}$$

我们称 K 为地震系数。它是地震时地面最大加速度与重力加速度之比值。通过大量数据的总结，目前我国的地震烈度表上已列出各级烈度相应的地震最大加速度值，亦即总结出地面最大加速度与地震烈度的关系。其规律是：烈度每增一度，最大地面加速度大致地增大一倍，亦即地震系数 K 增大一倍。

地震时，地震加速度是有方向性的，有水平向的及垂直向的，因而地震力也有方向性。根据许多观察，地震力也有垂直向的及水平向的。它们与震源位置和震中位置有关（图 6-37）。从震源发射出来的体波（纵波和横波）传到震中位置，这里垂直向地震力最大，传到地表的振波愈远，则其垂直向地震力则愈小，而水平向地震力却增大。在距震中的某一距离上，垂直向地震力实际上等于零。除了体波的作用以外，还有从震中沿地面传播出一种表面波，当振动时，地面各点在通过地震线（即震波传播线）的垂直面上绘成椭圆形，这种地面波在大地震时，像海水波浪的状态一样向前滚动，质点在地平面内成表面波动，表面波的周期较长，在地面上能引起最大的位移，如图6-37表示表面波质点运动轨迹的形态是随震中距离的不同而变化，但水平向分量则相应地超过垂直分力量。所以，在地震区中，离震中愈远，作用于建（构）筑物的地震力就以水平方向地震力为主了。同时，考虑到建

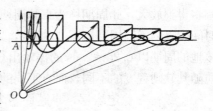

图 6-37 震波在地表运动的变化
O—震源；A—震中

（构）筑物的垂直向和水平向的刚度（刚度指物体抵抗形状改变的性质）不同关系，在许多情况下，特别是在高层建（构）筑物，水平向刚度是比垂直向刚度小得多，因而建（构）筑物的损毁主要是由水平分力的造成，故一般在抗震设计中，都必须考虑水平向地震力的影响。而地震烈度表所示的加速度值也是指水平向加速度值。

根据强震观测资料，可以认为，垂直向与水平向的加速度的比值的变化范围很大，但其统计平均值约在1/2，即垂直向地震系数取为水平向的1/2（表6-7）。

地 震 系 数 K　　　　　　　　　　表 6-7

地震加速度方向	烈　　度			
	7	8	9	10
水　平　向	0.075	0.15	0.30	0.60
垂　直　向	0.038	0.075	0.15	0.30

上述的地震分析属于拟静力法，也称静力系数法，它是把建筑物作为刚性体在静荷载条件下求得的地震力。此法不考虑地震时的建（构）筑物和地基的动力反应，例如，建（构）筑物和地基振动时各自的周期，特别是它们二者的周期近似或相同，则会引发共振，使建（构）筑物的振幅加大而遭破坏。一般认为，拟静力法对振动周期短的低层砖砌或混凝土建（构）筑物比较适用，而对振动周期长的高层或细长建（构）筑物，则宜按动力法考虑其动力反应。即地震波对地基土的振动反应以及对建（构）筑物的振动反应。

地基土质条件对于建（构）筑的抗震性能的影响是很复杂的，它涉及地基土层接收振动能量后如何传达到建（构）筑物上。地震时，从震源发出的地震波，在土层中传播时，经过不同性质界面的多次反射，将出现不同周期的地震波。若某一周期的地震波与地基土层固有周期相近，由于共振的作用，这种地震波的振

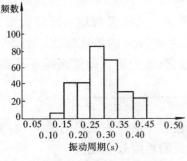

图 6-38 频数—周期曲线

幅将得到放大，此周期称为卓越周期。卓越周期是按地震记录统计的。即统计一定时间间隔内不同周期地震波的频数，作出频数—周期曲线（图6-38）。此图中表明该地的周期以0.25～0.3s的振动出现最多。亦即卓越周期为0.25～0.3s。地基土质随其软硬程度的不同，而有不同的卓越周期，可划分为四级：

Ⅰ级——稳定岩层，卓越周期为0.1～0.2s，平均0.15s。
Ⅱ级——一般土层，卓越周期为0.51～0.4s，平均0.27s。
Ⅲ级——松软土层，卓越周期在Ⅱ～Ⅳ级之间。
Ⅳ级——异常松软土层，卓越周期为0.3～0.7s，平均0.5s。

地震时，由于地面运动的影响，使建（构）筑物发生自由振动。一般低层建筑因刚度较大，其自由振动周期一般都小，大多数小于0.5s。高层建（构）筑物刚度小，其自由振动周期一般在0.5s以上。很多震害是由于场地、地基土与工程设施的共振而引起的。经实测，软土场地的高柔建筑、坚硬场地的拟刚性建筑的震害都比较严重，这与上述地基土层的卓越周期与建（构）筑物的刚度不同的自振周期相近有关。为了准确估计和防止这类震害的出现，必须使工程设施的自振周期避开场地的卓越周期。

2. 地震破裂效应

在震源处以震波的形式传播于周围的地层上，引起相邻的岩石振动，这种振动具有很大的能量，它以作用力的方式作用于岩石上，当这些作用力超过了岩石的强度时，岩石就要发生突然破裂和位移，形成断层和地裂缝，引发建（构）筑物变形和破坏，这种现象称为地震破裂效应。

（1）地震断层

在山区，特别是在震源较浅而松散沉积层不太厚的地区，地震断层在地表出露的基本特点是以狭长的延续几十至百余千米的一个带，其方向往往和本区区域大断裂相一致。在平原区，由于为巨厚的松散沉积层所覆盖，地震震源稍深，地震断层在地表的出露占据一个较宽的范围，往往由几个大致相平行的地表断裂带所组成。如1966年邢台地震时，地表的地震断层由四个带组成，总宽近20km。

地震强度愈大，发生地震断层的可能性愈大。根据我国300年来的15次大地震统计，当震级$M \geq 7$的地震，则可出现地震断层。当$M \geq 8$时，地震断层就100%出现。若$M < 7$，地震断层出现的可能性极少。从震级与地震断层长度关系的统计来看：在$M = 8$的极震区内，可出现长达300km的地震断层；而$M = 6.7 \sim 7.1$的极震区内，发生的地震断层长度已减至数公里，即震级减小1级，地震断层长度就大大地减小。

（2）地裂缝

地震地裂缝是因地震产生的构造应力作用而使岩土层产生破裂的现象。它对建（构）筑物危害甚大，而它又是地震区一种常见的地震效应现象。

地裂缝的成因有两方面：一是与构造活动有关，与其下或邻近的活动断裂带的变形有关；另一个原因是地震时震波传播，产生的地震力而使岩土层开裂。前一种成因的地裂缝，其分布是严格按照一定的方位排列组合，方向性十分明显，主裂缝带的延伸完全不受地形、地貌控制，但与其附近的断裂带或地震断层的力学关系一致。受活动断裂带控制，造成的地裂缝密集，破坏成带状。由震波传播产生的地裂缝，它与震波传播的方向及能量有关，受地形、地貌条件影响较大。

3. 地震液化效应

干的松散粉细砂土受到震动时有变得更为紧密的趋势，但当粉细砂土层饱和时，即孔隙全部为水充填时，振动使得饱和砂土中的孔隙水压力骤然上升，而在地震过程的短暂时间内，骤然上升的孔隙水压力来不及消散，这就使原来由砂粒通过其接触点所传递的压力（称有效压力）减小。当有效压力完全消失时，砂土层会完全丧失抗剪强度和承载能力，变成像液体一样的状态，这就是通常所称的砂土液化现象。

地震液化在地质上可有如下的宏观液化现象。

(1) 喷水冒砂——它是土体中剩余孔隙压力区产生的管涌所导致的水和砂在地面上喷出。

(2) 地下砂层液化——它是指地基中某些砂层，在其上虽覆盖有一定厚度（一般小于 10m）的非液化土层，但当地震烈度大于 7 度时，地下饱水砂层可发生液化。这时地基的强度降低。

上述二类液化现象都可以导致地表沉陷和变形。如斜坡内埋藏有液化砂层，则地震时可发生大规模的流动性滑坡。

液化后的土层，原来有明显层理的土，震后层理紊乱；液化前后的土质，特别是物理力学性质，差异非常显著。

4. 地震激发地质灾害的效应

强烈的地震作用能激发斜坡上岩土体松动、失稳，发生滑坡和崩塌等不良地质现象。如震前久雨，则更易发生。在山区，地震激发的滑坡和崩塌，往往是巨大的，它们可以摧毁房屋、道路交通，甚至整个村庄也能被掩埋。并因崩塌和滑坡而堵塞河道，使河水淹没两岸村镇和道路。1933 年，四川迭溪 7.4 级地震，在迭溪 15km 范围之内，滑坡和崩塌到处可见，在迭溪附近，岷江两岸山体崩塌，形成了三座高达 100 余米的堆石坝，将岷江完全堵塞，积水成湖。而后，堆石坝溃决时，高达 40 余米的水头顺河而下，席卷了两岸的村镇，造成了严重的灾害和损失。因而一般认为，地震时可能发生大规模滑坡、崩塌的地段视为抗震危险的地段，建筑场址和主要线路应尽量避开。

§6.7 不良地质现象对地基稳定性的影响

一切工程建（构）筑物都是支承在地层上，直接支承建（构）筑物重量的地层部分称为地基。建（构）筑物在地下直接与地基相接触的部分称为基础（图6-39a）。基础的作用在于把建（构）筑物的重量传布到地基中去。有时候基础也兼有别的作用，如作为地下室或地下建筑物的一部分。凡是基础直接砌置在未经加固的天然地层上时，这种地基称为天然地基。若天然地基承载能力很弱，则要事先经人工加固，再修基础，这样的地基称为人工地基。按基础的埋置深度的深浅，可将天然地基分为浅基和深基。当基础的埋置深度小于5m者，称为浅基；当基础埋置深度等于或大于5m者，则称为深基。当上部结构荷载较大，而适合作为持力层的土层又埋藏较深时，经常采用桩基来代替深基础，

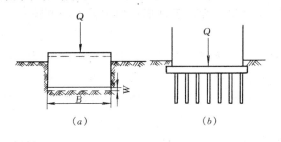

图 6-39 地基与基础示意图
(a) 天然地基；(b) 桩基础

此时上部荷载通过桩传到深处地层上。桩基是由许多根桩组成的，桩打入土中后，在桩基上砌筑承台，然后再在承台上接筑上部结构（图6-39b）。

可见，要保证建（构）筑物的安全与正常使用，必须要有牢固的地基。要保证地基的稳固可靠，就必须结合地基所处的地质条件来研究。地基是由岩土体所构成的，其间还存在地下水、孔隙、裂隙或洞穴等。这些地质条件对地基承载能力和地基的稳定性是很有影响的。

6.7.1 地 基 承 载 力

1. 地基承载力的实质

地基承载力是指地基所能承受由建（构）筑物基础传来的荷载的能力。为了使地基得到长期的、可靠的稳定和满足建（构）筑物的使用要求，地基承载力必须满足两个条件：（1）保证地基受荷后不会使地基发生破坏而丧失稳定；（2）地基变形不超过建（构）筑物对地基要求的容许变形值。

地基受荷后将会在基础下的岩土中开始由弹性变形进入局部塑性变形，若荷载超过地基所能承受的能力时，将会使塑性变形区不断扩大，导致地基塑性区连贯而发生剪切破坏（图6-40a）。此后，地基进入破坏范畴而继续发展，直至地基失效。

从上述可见，地基承载力视地基的塑性区大小而定。如控制塑区不出现时的临塑压力；控制塑区的开展深度不大于基础宽度的1/4时的临界压力；控制到地基塑区连贯，地基在受剪情况下发生地基突然破坏的极限承载力。如图6-40b中表示荷载—沉降曲线中的f点的最大荷载值。图6-40a中表示在地基破坏的发展过程中通常存在三个阶段：第一阶段，基础下面的土被向下挤成一个楔形区（图6-40a），使楔形体下面的土向下和向外挤，土体内发生弹性鼓胀和变形。第二阶

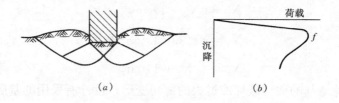

图 6-40 地基破坏模式和沉降曲线

段，基础周围的土推离基础，同时剪力从楔尖向外扩展，形成幅向剪切区，在该区内由于剪力而发生破坏。如果土是可压缩性大的或者土能出现大的变形而不发生塑性流动，则破坏限制在局部剪切的扇形区内。这时稍增加一小许荷载，基础就会向下位移；如果土是很坚硬的，则剪切区常向外扩展，直到连续破裂面延伸至地表，并使地面隆起，这就进入地基完全破坏状态的第三阶段。

从图 6-41 可见，基础下地基中出现三个区：楔形区（Ⅰ）、辐向剪切区（Ⅱ）和被动区（Ⅲ）。它由一剪切面而将其联通。被动区土的重量阻止上抬力，并通过阻止基础向下移动的楔形区和辐向剪切区提供反作用力。因此，极限承载力是对被动区上抬阻力的函数。它本身又随被动区的大小（内摩擦角的函数）、土的重度及沿这个区的

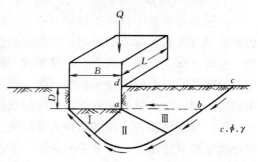

图 6-41 基础 $L=\infty$ 时的地基极限平衡情形

下表面的滑动阻力（土的内聚力、内摩擦角和重度的函数）而变化。因而在被动区上面堆载或增加基础的埋深都会增加承载力。

当矩形基础（图 6-41）的长度 $L=\infty$ 时，求得条形基础地基极限承载力式(6-11)：

$$f_u = CN_c + \gamma_0 DN_q + \frac{1}{2}\gamma BN_\gamma \tag{6-11}$$

式中 D——基础埋置深度（m）；

B——基础底面宽度（m），对于圆形或多边形基础，可按 $B=2\sqrt{\dfrac{F}{\pi}}$ 考虑，F 为圆形或多边形基础底面积。

C——基础底下一倍基础宽度的深度范围内土的内聚力（kPa）；

γ——基础底面以下土的重度，地下水位以下取有效重度（kN/m³）。

γ_0——基础底面以上土的加权平均重度，地下水位以下取有效重度（kN/m³）。

N_c、N_q 和 N_γ 为承载力系数；

$$N_c = (N_q - 1)\cot\varphi$$
$$N_q = e^{\pi\tan\varphi}\tan^2\left(\frac{\pi}{4} + \frac{\varphi}{2}\right)$$
$$N_\gamma = 2(N_q + 1)\tan\varphi$$

为了避免地基的剪切破坏或过大的剪切变形，设计所采用的基底压力在与地基极限承载力相比较时应有足够的安全系数。即需要对极限承载力取一个安全系数，所得到的值为最大安全承载力。但即使取这样的值，也仍然意味着可以有过大沉降或不均匀沉降的危险。因此，设计需要的是容许承载力值，这个值考虑到所有破坏的可能性。容许承载力值常低于安全承载力值。对于一些重要建（构）筑物，特别是高层建筑，其容许承载力值必须经过沉降和倾斜的验算，使最终所选用的容许承载力值满足容许沉降和容许倾斜的要求。

2. 持力层的选择

持力层是指地基中直接支持建（构）筑物荷载的岩土层。它直接与基础底面接触，起到直接支承基础的作用。持力层的性质、埋藏条件和承载能力等对基础类型、基础埋深、地基承载力、地基加固和施工方法等的选择有很大影响。在地基内一般选择的持力层应是承载能力高、变形小以及有利于建（构）筑物和地基稳定的岩土层。在地基的勘察中应对地层结构及其工程性质详细了解，如岩土层的产状、层厚变化、岩土层的物理力学性质。对于岩质地基，还要了解地基岩石的风化程度和风化深度，岩基中的断层、节理和破碎程度等。当可作为持力层的岩土层埋藏较深时，则宜采用深基础或桩基以利用此硬土层，或对地基上部软土层加固。

3. 地基均匀性的判定

高层建筑或一些重型建筑可能产生较大的地基变形。因此要提供地基岩土的变形性质指标以作为地基变形计算。同时，由于建（构）筑物重心高，容易产生横向整体倾斜，因而必须查清地基岩土在纵横两个方向的不均匀性。高层建筑往往周边有裙房连接，荷载差异很大，因而在选择地基时要处理好高层建筑主体与裙房之间的差异沉降问题。

一般建（构）筑物承受均匀沉降不会有多大问题。然而，过大的沉降量是不利的。有时，过大的沉降量虽没有使建（构）筑物产生明显的损坏，但是由于沉降量过大会使许多设备和管道引起严重损坏和失效。不均匀沉降量比过大沉降量具有更大的重要性，因为不均匀沉降会导致建（构）筑物扭曲或破裂。因而过大的沉降量和不均匀沉降量对建（构）物来说都应避免。对于工程地质勘察来说，必须勘察清楚地基的岩土层结构、岩土的物理力学性质、软弱夹层和透镜体的作用以及地下水的埋藏条件等，做出地基均匀性的评价。对于高层建筑要求地基的均匀性较高，在工程地质勘察中对地基均匀性可按以下标准进行判定：

（1）当基础不能以人工填土作为持力层时，填土层的层底，即持力层层面有时变化较大，这时不能将基础一边放在填土上，一边放在天然土层上。当持力层层面坡度大于10%时，可视为不均匀地基，此时可加深基础埋深，使其超过持力层最低的层面深度。

（2）地基持力层和第一下卧层在基础宽度方向上，地层厚度的差值小于$0.05b$（b为基础宽度）时，可视为均匀地基；当大于$0.05b$时，应计算横向倾斜是否满足要求。若不能满足要求，应采取结构或地基处理措施。

（3）衡量地基土压缩性的不均匀性，以压缩层内各土层的压缩模量为评价依据。

1）当$\overline{E}_{s1}$、$\overline{E}_{s2}$的平均值小于10MPa时，符合式（6-12）要求者为均匀地基。

$$\overline{E}_{s1} - \overline{E}_{s2} < \frac{1}{25}(\overline{E}_{s1} + \overline{E}_{s2}) \tag{6-12}$$

2）当$\overline{E}_{s1}$、$\overline{E}_{s2}$的平均值大于10MPa时，符合式（6-13）要求者为均匀地基。

$$\overline{E}_{s1} - \overline{E}_{s2} < \frac{1}{20}(\overline{E}_{s1} + \overline{E}_{s2}) \tag{6-13}$$

式中 $\overline{E}_{s1}$、$\overline{E}_{s2}$——分别为基础宽度方向两个钻孔中，压缩层范围内压缩模量按厚度的加权平均值（MPa），并取大者为$\overline{E}_{s1}$，小者为$\overline{E}_{s2}$。

3）当不能满足上列（1）和（2）的要求时，属不均匀地基。

6.7.2 岩溶与土洞对地基稳定性的影响

岩溶与土洞对地基稳定性有影响的主要问题是：

1. 在地基主要受力层范围内有溶洞或土洞等洞穴，当施加附加荷载或振动荷载后，洞顶坍塌，使地基突然下沉。

对洞穴顶板稳定性评价可根据洞穴空间是否填满而定。

（1）洞穴空间自行填满时的顶板稳定

洞穴顶板坍塌后塌落体体积增大，当塌落至一定高度H时，洞穴空间自行填满。这种情况下，无需考虑对地基的影响。所需顶板塌落厚度B可按式（6-14）求得：

$$B = \frac{H_0}{k-1} \tag{6-14}$$

式中 H_0——洞体最大高度（m）；

k——岩石松散（涨余）系数，石灰岩$k=1.2$，黏土$k=1.05$。

若顶板厚度H大于塌落厚度B时，则地基是稳定的。

适用范围：适用于顶板为中厚层、薄层、裂隙发育、易风化的软弱岩层，顶板有坍塌可能的溶洞。

（2）洞穴空间未填满时的顶板稳定

当洞穴不能自行填满或洞穴顶板下面脱空时，则要验算顶板的力学稳定。其要求是：

1) 洞穴顶平直　按梁板情形计算其弯矩和冲切力的大小，进行抗弯和抗切检验。

2) 洞穴顶拱曲　按拱情形计算拱脚最大压应力与拱脚处的岩体的抗压强度进行对比来检验。

2. 地表岩溶有溶槽、石芽、漏斗等，造成基岩面起伏较大，并且在凹面处往往有软土层分布，因而使地基不均匀。若基础埋置在基岩上，其附近有溶沟，竖向岩溶裂隙、落水洞等，有可能使基础下岩层沿倾向临空面的软弱结构面产生滑动。

3. 凡是岩溶地区有第四记土层分布地段，都要注意土洞发育的可能性。应查明建筑场地内土洞成因、形成条件，土洞的位置、埋深、大小以及与土洞发育有关的溶洞、溶沟（槽）的分布；研究地表土层的塌陷规律。

在塌陷地区选择建（构）筑物的地基时，应尽量遵循下列经验：

（1）建筑场地应选择在地势较高的地段；

（2）建筑场地应选择在地下水最高水位低于基岩面的地段；

（3）建筑场地应与抽、排水点有一定距离、建（构）筑物应设置在降落漏斗半径之外。如在降落漏斗半径范围内布置建筑物时，需控制地下水的降深值，使动水位不低于上覆土层底部或稳定在基岩面以下，即不使其在土层底部上下波动；

（4）建（构）筑物一般应避开抽水点地下水主要补给的方向，但当地下水呈脉状流（如可溶岩分布呈狭长条带状）时，下游亦可能产生塌陷。

6.7.3　地震液化与断裂对地基稳定性的影响

从我国多次强震中遭受破坏的建筑来看，发现有些房屋是因地基的原因而导致上部结构的破坏。这类出问题的地基多半为液化地基、易产生震陷的软弱黏土地基或不均匀地基，大量的一般性地基是具有良好的抗震能力的。

1. 液化层的判别

饱和土液化原因在于振动下土体积要收缩和排水不畅，孔隙水压力上升，导致有效应力降低之故。因此影响液化的主要因素有振动强度、透水性、密度、黏性、静应力状态等。当地基内存在如下土层的特点时应注意：

（1）若土的密度大，则振动下体积收缩的趋势小，不易液化。很密的土甚至会振松，体积有变大的趋势，此时土内的孔隙水压力不仅不增加，反而成为负值，土由外部向孔隙中吸水，土粒上的有效应力增大；

（2）当土的渗透性不好，则不易排水，孔隙水压力得以增大，因此易于液化；

（3）若土的黏性大，则在有效应力消失时土粒还可依赖黏聚力来联系，不致使骨架崩溃，因之黏性大的土不易液化；

（4）若土受的有效应力大，或土层埋深大，则液化需要较高的孔隙水压力，故比受力小的土更难液化。

(5) 振动强度增大至一定程度时会产生液化。一般经验认为：地震烈度在 6 度及其以下的地区很少发现液化造成的喷水冒砂现象。

综上所述，在一般的地震强度下（烈度 6～9 度，地面最大振动加速度平均值为 0.1～0.4g），在地面以下 15m 深度内饱和的松至中密的砂和粉土是最常见的液化土。因为这类土透水性差、黏性小、密度差且埋藏较浅。砾石、干砂、黏性土、黄土等在 7～9 的地震烈度下通常不会液化，一般作为非液化土。

在工程地质勘察中，液化层通常采用原位测试方法来判别。

2. 断层带对地基稳定性的影响

地震可能使地层内发生断裂或已有的断层复活。这对地基稳定性是有影响的。对于勘察和设计人员而言，必须关心与查清下列问题：断层是活动的还是非活动的；断层的类型及其活动方式；断层形成的时间；断层活动和破碎带对工程的影响等。

工程地质勘察中应提出场地和地基的断裂类型和特点以及其活动性。并按下列断裂的地震影响进行分类：

（1）全新活动断裂

全新活动断裂是指：在全新世地质时期（距今一万年）内有过较强烈的地震活动或近期正在活动，在将来（今后 100 年）可能继续活动的断裂。按其活动强度可将全新活动断裂分为强烈的、中等的和微弱的级别，其特征见表 6-8。

全新活动断裂分级　　　　　　　表 6-8

断裂分级	活动性	平均活动速率 v (mm/a)	历史地震及古地震（震级 M）
I	强烈全新活动断裂	中或晚更新世以来有活动，全新世以来活动强烈	$v \geq 1$	$M \geq 7$
II	中等全新活动断裂	中或晚更新世以来有活动，全新世以来活动较强烈	$v \geq 0.1$	$7 > M \geq 6$
III	微弱全新活动断裂	全新世以来有活动	$v < 0.1$	$M < 6$

（2）发震断裂

发震断裂是指：在全新活动断裂中，近期（近 500 年来）地震活动中，震级 $M \geq 5$ 的震源所在的断裂；或在未来的 100 年内，可能发生 $M \geq 5$ 级地震的断裂。

（3）非全新活动断裂

非全新活动断裂是指：一万年以来没有发生过任何形式活动的断裂。

（4）地裂

地裂可分为构造性地裂和重力性（非构造性）地裂两种：

1）构造性地裂：强烈地震作用下，在地面出现或可能出现的以水平错位为主的构造性断裂，为强烈地震动的产物，与震源没有直接联系。地裂缝最大值出现在地表,并随深度增加而逐渐消失,受震源机制控制并与发震断裂走向吻合,具有明显的继承性和重复性。

2) 重力性(非构造性)地裂:由于地基土地震液化、滑移、地下水位下降造成地面沉降等原因在地面形成沿重力方向产生的无水平错位的张性地裂缝。

非活动断裂对建筑的影响较小。在过去较长时期内,人们曾对破碎带附近的地震反应是否加强心存疑虑,经过国内外多次的震害调查,已弄清非活动断裂附近建(构)筑物的震害大多并不比其他地方明显加重。因此,没有必要专门避开这一地区。但断层破碎带如果出现在距地表不远的深度,则带来地基土均匀性差的问题,要求对跨越破碎带的房屋地基与基础设计按不均匀地基来对待,以避免地震时的不均匀震陷和上部结构的地震反应复杂化等不利影响。如有可能,则不应将建筑物跨越断层破碎带。

对于活动(发震)断裂,可将其分为非破坏性的与破坏性的。非破坏性发震断裂的震级一般 $M<5.5$,能产生小震与岩土的蠕动,在工程使用期间内可能会出现地表位移。故宜将建(构)筑物布置在一定距离以外。如为重要建筑物或高层建筑,避开距离应在300m之外。但当第四纪覆盖层大于20m时,其避开距离可适当缩小。破坏性发震断裂的震级一般 $M>5.5$,由于断裂侧岩层的错动突然,且错动的距离大,一般以 1~2m 者居多,这样大的错距使一般结构无法承受。故应避开至影响范围之外。如若第四纪覆盖层厚度大于50m,则地表一般无错位,这对建(构)筑的不利影响将大为减少。

6.7.4 斜坡岩土体移动对地基稳定性的影响

在山区建筑中,建(构)筑物经常选在斜坡上或斜坡顶、或斜坡脚或邻近斜坡地区,斜坡的稳定性将会影响建(构)物的地基稳定和建(构)筑物的安全与营用。

如图 6-42 所示,斜坡内潜伏有一弧形滑面,它是过去滑坡滑面的遗迹。目前在表面看来似乎是一个完整的斜坡。如果忽视了斜坡过去曾发生过岩土体滑动,或者没有勘察清楚斜坡的滑坡遗迹,设计人员将基础放在坡顶或坡脚,图 6-42 中基础 I 和基础 II 的安全性值得怀疑。如果滑坡复活,将导致基础失稳。

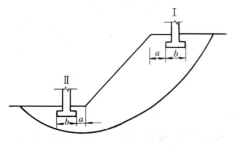

图 6-42 位于坡顶和坡脚的不稳基础

基础 I 无疑增加了滑坡的下滑力(或力矩),对斜坡显然不利。基础 II 虽然位于坡脚,但起到了压脚的作用,即增加了抗滑力(或力矩),因此对斜坡稳定作用有利。但是,一旦滑坡复活,基础 II 也随着失效。由上述可见,为确保基础稳定,最安全的方法是将基础之位置移到滑弧影响带之外,即基础Ⅰ要增大距离 a 至滑弧之外，基础Ⅱ同样要增大距离 c 至滑弧之外，使其位于滑弧之外有足够的空间位置，使下滑的滑体对基础达不到推压的作用。

可见，斜坡的稳定性是基础选址的关键。工程地质工作应予对斜坡的稳定性作出评价。

§6.8 不良地质现象对地下工程选址的影响

地下工程是指建筑在地面以下及山体内部的各类建（构）筑物，如地下交通运输用的铁道和公路隧道、地下铁道等；地下工业用房的地下工厂、电站和变电所及地下矿井巷道、地下输水隧洞等；地下储存库房用的地下车库、油库、水库和物资仓库等；地下生活用房的地下商店、影院、医院、住宅等。此外，地下军事工程用的地下指挥所、掩蔽部和各类军事装备库等。也有将这些地下建（构）筑物称为地下洞室。它具有隔热、恒温、密闭、防震、隐蔽、不占地面空间等许多优点。因而自古以来国内外都广为采用。由于地下洞室被包围于岩土体介质（称围岩）中，会遇到比较复杂的工程地质问题，既要考虑如何防止周围介质对地下工程的不良影响，如围岩塌方、地下水渗漏等，又要考虑如何尽量利用周围介质的有利功能，如把围岩改造成洞室本身的支护结构，发挥围岩的自承能力。由此可见，为确保地下洞室的安全和使用，应研究围岩的稳定性和自承能力而出现的地质问题。

下面着重就建洞山体的基本工程地质条件、地下工程总体位置和洞口、洞轴线的选择要求，分别加以分析和讨论。

6.8.1 地下工程总体位置的选择

在进行地下工程总体位置选择时，首先要考虑区域稳定性，此项工作的进行主要是向有关部门收集当地的有关地震、区域地质构造史及现代构造运动等资料，进行综合地质分析和评价。特别是对于区域性深大断裂交会处，近期活动断层和现代构造运动较为强烈的地段，尤其要引起注意。

一般认为，具备下列条件是宜于建洞的：

(1) 基本地震烈度一般小于 8 度，历史上地震烈度及震级不高，无毁灭性地震；

(2) 区域地质构造稳定，工程区无区域性断裂带通过，附近没有发震构造；

(3) 第四纪以来没有明显的构造活动。

区域稳定性问题解决以后，即地下工程总体位置选定后，进一步就要选择建洞山体，一般认为理想的建洞山体具有以下条件：

(1) 在区域稳定性评价基础上，将洞室选择在安全可靠的地段；

(2) 建洞区构造简单，岩层厚且产状平缓，构造裂隙间距大、组数少，无影响整个山体稳定的断裂带；

(3) 岩体完整，成层稳定，且具有较厚的单一的坚硬或中等坚硬的地层，岩体结构强度不仅能抵抗静力荷载，而且能抵抗冲击荷载；

(4) 地形完整，山体受地表水切割破坏少，没有滑坡、塌方等早期埋藏和近期破坏的地形。无岩溶或岩溶很不发育，山体在满足进洞生产面积的同时，具有较厚的洞体顶板厚度作为防护地层；

(5) 地下水影响小，水质满足建厂要求；

(6) 无有害气体及异常地热；

(7) 其他有关因素，例如与运输、供给、动力源、水源等因素有关的地理位置等。

上述因素实际上往往不能十全十美，应根据具体情况综合考虑。

6.8.2 洞口选择的工程地质条件

洞口的工程地质条件，主要是考虑洞口处的地形及岩性、洞口底的标高、洞口的方向等问题。至于洞口数量和位置（平面位置和高程位置）的确定必须根据工程的具体要求，结合所处山体的地形、工程地质及水文地质条件等慎重考虑，因为出入口位置的确定，一般来说，基本上就决定了地下洞室轴线位置和洞室的平面形状。

1. 洞口的地形和地质条件

洞口宜设在山体坡度较大的一面（大于 $30°$），岩层完整，覆盖层较薄，最好设置在岩层裸露的地段，以免切口刷坡时刷方太大，破坏原来的地形地貌。一般来说洞口不宜设在悬崖峭壁之下，免使岩块掉落堵塞洞口。特别是在岩层破碎地带，容易发生山崩和土石塌方，堵塞洞口和交通要道。

2. 洞口底标高的选择

洞口底的标高一般应高于谷底最高洪水位以上 $0.5\sim1.0m$ 的位置（千年或百年一遇的洪水位），以免在山洪暴发时，洪水泛滥倒灌流入地下洞室；如若离谷底较近，易聚集泥石流和有害气体，各个洞口的高程不宜相差太大，要注意洞室内部工艺和施工时所要求的坡度，便于各洞口之间的道路联系。

3. 洞口边坡的物理地质现象

在选择洞口位置时，必须将进出口地段的物理地质现象调查清楚。洞口应尽量避开易产生崩塌、剥落和滑坡等地段，或易产生泥石流和雪崩的地区。以免对工程造成不必要的损失。

6.8.3 洞室轴线选择的工程地质条件

洞室轴线的选择主要是由地层岩性、岩层产状、地质构造以及水文地质条件等方面综合分析来考虑确定。

1. 布置洞室的岩性要求

洞室工程的布置对岩性的要求是：尽可能使地层岩性均一，层位稳定，整体性强，风化轻微，抗压与抗剪强度较大的岩层中通过。一般说来，举凡没有经受剧烈风化及构造运动影响的大多数岩层都适宜修建地下工程。

岩浆岩和变质岩大部分均属于坚硬岩石，如花岗岩、闪长岩、辉长岩、辉绿岩、安山岩、流纹岩、片麻岩、大理岩、石英岩等。在这些岩石组成的岩体内建洞，只要岩石未受风化，且较完整，一般的洞室（地面下不超过200~300m，跨度不超过10m）的岩石强度是不成问题的。也就是说，在这些岩石所组成的岩体内建洞，其围岩的稳定性取决于岩体的构造和风化等方面，而不在于岩性。在变质岩中有部分岩石是属于半坚硬的，如黏土质片岩、绿泥石片岩、千枚岩和泥质板岩等，在这些岩石组成的岩体内建洞容易崩塌，影响洞室的稳定性。

沉积岩的岩性比较复杂。总的来说，比上述两类岩石差。在这类岩石中较坚硬的有岩溶不太发育的石灰岩、硅质胶结的石英砂岩、砾岩等，而岩性较为软弱的有泥质页岩、黏土岩、泥砂质胶结的砂、砾岩和部分凝灰岩等，这些较软弱的岩石往往具有易风化的特性。例如：四川红层中的黏土页岩，从其中取出的新鲜岩石试件两个月后就碎裂成0.5cm的碎块。辽宁某地采得的凝灰岩新鲜岩石试件两个月后裂成1.0cm碎块。在这类岩体中建洞，施工时围岩容易变形和崩塌，或只有短期的稳定性。

2. 地质构造与洞室轴线的关系

洞室轴线的位置确定，纯粹根据岩性好坏往往是不够的。通常与岩体所处的地质构造的复杂程度有着密切的关系。在修建地下工程时，岩层的产状及成层条件对洞室的稳定性有很大影响，尤其是岩层的层次多、层薄或夹有极薄层的易滑动的软弱岩层时，对修建地下工程很不利。

当岩层无裂隙或极少裂隙的倾角平缓的地层中压力分布情况是：垂直压力大，侧压力小。相反，岩层倾角陡，则垂直压力小，而侧压力增大。

下面进一步分析有关洞室轴线与岩层产状要素以及与地质构造的关系。

(1) 当洞室轴线平行于岩层走向时，根据岩层产状要素和厚度不同大体有如下三种情况：

1) 在水平岩层中（岩层倾角<5°~10°），若岩层薄，彼此之间联结性差，又属不同性质的岩层，在开挖洞室（特别是大跨度的洞室）时，常常发生塌顶，因为此时洞顶岩层的作用如同过梁，它很容易由于层间的拉应力到达极限强度而导致破坏。如果水平岩层具有各个方向的裂隙，则常常造成洞室大面积的坍塌。因此，在选择洞室位置时，最好选在层间联结紧密、厚度大（即大于洞室高度二倍以上者）不透水、裂隙不发育，又无断裂破碎带的水平岩体部位，这样对于修建洞室是有利的（图6-43）。

2) 在倾斜岩层中，一般说来是不利的，因为此时岩层完全被洞室切割，若岩层间缺乏紧密联结，又有几组裂隙切割，则在洞室两侧边墙所受的侧压力不一致,容易造成洞室边墙的变形(图6-44)。

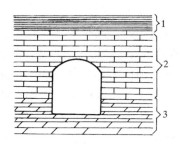

图6-43 水平岩层中洞址
1—页岩;2—石灰岩;3—泥灰岩

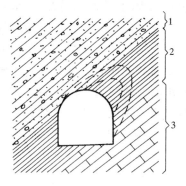

图6-44 倾斜岩层中洞址
1—砂砾岩;2—页岩;3—石灰岩

3) 在近似直立的岩层中,与上述倾斜岩层出现类似的动力地质现象,在这种情况下,最好限制洞室同时开挖的长度,而应采取分段开挖。若整个洞室位置处在厚层、坚硬、致密、裂隙又不发育的完整岩体内,其岩层厚度大于洞室跨度一倍或更大者,则情况例外。但一定要注意不能把洞室选在软硬岩层的分界线上(图6-45)。特别要注意不能将洞室置于直立岩层厚度与洞室跨度相等或小于跨度的地层内(图6-46)。因为地层岩性不一样,在地下水作用下更易促使洞顶岩层向下滑动,破坏洞室,并给施工造成困难。

(2) 当洞室轴线与岩层走向垂直正交时,为较好的洞室布置方案。因为在这种情况下,当开挖导洞时,由于导洞顶部岩石应力再分布的结果,断面形成一抛物线形的自然拱,因而由于岩层被开挖对岩体稳定性的削弱要小得多,其影响程度取决于岩层倾角大小和岩性的均一性。

1) 当岩层倾角较陡,各岩层可不需依靠相互间的内聚力联结而能完全稳定。因此,若岩性均一,结构致密,各岩层间联结紧密,节理裂隙不发育,在这些岩层中开挖地下工程最好(图6-47)。

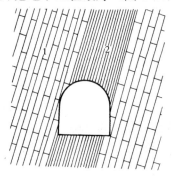

图6-45 陡立岩层中洞址
1—石灰岩;2—页岩

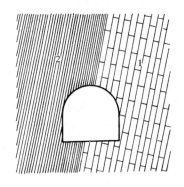

图6-46 陡立岩层岩性分界面处洞址
1—石灰岩;2—页岩

2) 当岩层倾角较平缓，洞室轴线与岩层倾斜的夹角较小，若岩性又属于非均质的、垂直或斜交层面节理裂隙又发育时，在洞顶就容易发生局部石块坍落现象，洞室顶部常出现阶梯形特征（图6-48）。

(3) 洞室轴线穿过褶曲地层时，由于地层受到强烈褶曲后，其外缘被拉裂，内缘被挤压破碎，加上风化营力作用，岩层往往破碎厉害。因而在开挖时遇到的岩层岩性变化较大，有时在某些地段常遇到大量的地下水，而在另一些地段可能发生洞室顶板岩块大量坍落。一般洞室轴线穿越褶曲地层时可遇到以下几种情况：

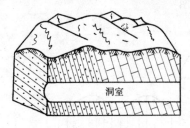

图 6-47 单斜（陡倾立）构造中洞址

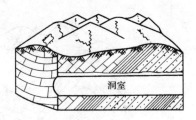

图 6-48 单斜（缓倾斜）构造中洞址

1) 洞室横穿向斜层。在向斜的轴部有时可遇到大量地下水的威胁和洞室顶板岩块崩落的危险。因轴部的岩层遭到挤压破碎常呈上窄下宽的楔形石块（图6-49），组成倒拱形，因而使其轴部岩层压力增加，洞顶岩块最容易突然地坍落到洞室。另外，由于轴部岩层破碎又弯曲呈盆形，在这些地带往往是自流水储存的场所。若当洞室开挖在多孔隙的岩层中，在高压力下，大量的地下水将突然涌入洞室；如果所处岩层是属致密的坚硬岩石，则承压状态的地下水将出现于许多节理中，对洞室围岩稳定和施工将会造成很大的威胁（图6-50）。

2) 洞室轴线横穿背斜层。由于背斜呈上拱形，虽岩层被破碎然犹如石砌的拱形结构，能很好的将上覆岩层的荷重传递到两侧岩体中去。因而地层压力既小又较少发生洞室顶部塌坍的事故。但是应注意若岩层受到剧烈的动力作用被压碎，则顶板破碎岩层容易产生小规模掉块。因此，当洞室穿过背斜层也必须进行支撑和衬砌（图6-51）。

3) 当洞室轴线与褶曲轴线重合时，也可有几种不同情况。

当洞室穿过背斜轴部时，从顶部压力来看，可以认为比通过向斜轴部优越，因为在背斜轴部形成了自然拱圈。但是另一方面，背斜轴部的岩层处于张力带，遭受过强烈的破坏，故在轴部设置洞室一般是不利的（图6-52中的1号洞室）。

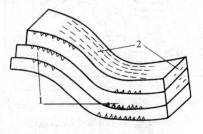

图 6-49 褶曲构造中裂隙的分布
1—张开裂隙；2—剪切裂隙

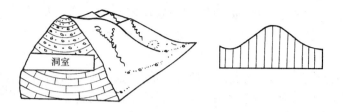

图 6-50 向斜地段洞室轴线上压力强度
分布示意图

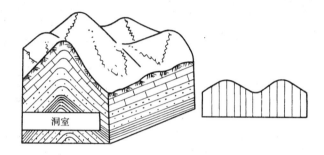

图 6-51 背斜地段洞室轴线上压力强度
分布示意图

当洞室置于背斜的翼部（图 6-52 中的 2 号洞室），此时，顶部及侧部均处于受剪切力状态，在发育剪切裂隙的同时，由于地下水的存在，将产生动水压力，因而倾斜岩层可能产生滑动而引起压力的局部加强。

当洞室沿向斜轴线开挖（图 6-52 中的 3 号洞室），对工程的稳定性极为不利，应另选位置。

若必须在褶曲岩层地段修建地下工程，可以将洞室轴线选在背斜或向斜的两翼，这时洞室的侧压力增加，在结构设计时应慎重分析，采取加固措施。

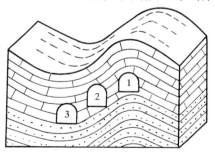

图 6-52 在褶曲地区当洞室轴线与褶曲
轴线重合时位置比较示意图

1—洞室轴线与背斜轴线重合；2—洞室置于褶曲之翼部；3—洞室轴线与向斜轴线重合

4) 在断裂破碎带地区洞室位置的布置，应特别慎重。一般情况下，应避免洞室轴线沿断层带的轴线布置，特别在较宽的破碎带地段，当破碎带中的泥砂及碎石等尚未胶结成岩时，一般不允许建筑洞室工程，因为断层带的两侧岩层容易发生变位，导致洞室的毁坏；断层带中之岩石又多为破碎的岩块及泥土充填，且未被胶结成岩，最易崩落，同时亦是地表水渗漏的良好通道，故对地下工程危害极大，如图 6-53 中的 1 号洞室。

当洞室轴线与断层垂直时（图6-53中的2号洞室），虽然断裂破碎带在洞室内属局部地段，但在断裂破碎带处岩层压力增加，有时还能遇到高压的地下水，影响施工。若断层两侧为坚硬致密的岩层，容易发生相对移动。特别遇到有几组断裂纵横交错的地段，洞室轴线应尽量避开。因为这些地段除本身压力增高外，还应考虑压力沿洞室轴线及其他相应方向重新分布，这是由几组断裂切割形成的上大下小的楔形山体可能将其自重传给与相邻的山体，而使这些部位的地层压力增加（图6-54）。

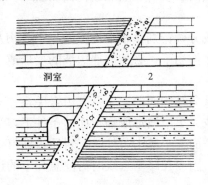 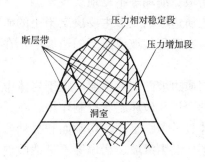

图 6-53 洞室轴线与断层轴线关系示意图　　图 6-54 洞室被几组断裂切割，洞室承受压力不同示意图

在新生断裂或地震区域的断裂，因还处于活动时期，断裂变位还在复杂地持续过程中，这些地段是不稳定的，不宜选作地下工程场地。若在这类地段修建地下工程，将会遇到巨大的岩层压力，且易发生岩体坍塌，压裂衬砌造成结构物的破坏。

总之，在断裂破碎带地区，洞室轴线与断裂破碎带轴线所成的交角大小，对洞室稳定及施工的难易程度关系很大。如洞室轴线与断裂带垂直或接近垂直，则所需穿越的不稳定地段较短，仅是断裂带及其影响范围岩体的宽度；若断裂带与洞室轴线平行或交角甚小，则洞室不稳定地段增长，并将发生不对称的侧向岩层压力。

§6.9 不良地质现象对道路选线的影响

道路是以线型工程的特点而展布的，它的工程是由三类建筑物组成的：路基工程（路堤和路堑）、桥隧工程（桥梁、隧道、涵洞等）和防护建筑物（明洞、挡土墙、护坡排水盲沟等）。由于线路往往要穿过许多地质条件复杂的地区和不同的地貌单元，特别是在山区线路中往往遇到滑坡、崩塌、泥石流和岩溶等的不良地质现象，并成为对线路工程的主要威胁，从而增加了道路结构的复杂化。为此，在道路选线中对不良地质现象的合理处置是一个重要的关键问题。

6.9.1 地质构造对路基工程的影响

路基边坡包括天然边坡，旁山线路的半填半挖路基边坡以及深路堑的人工边坡等。

任何边坡都具有一定坡度和高度，在重力作用下，边坡岩土体均处于一定的应力状态，在河流冲刷或工程影响下，随着边坡高度的增长和坡度的增大，其中应力也不断变化，导致边坡不断发生变形或沿着软弱夹层和结构面而破坏，以致发生滑坡、崩塌等不良地质现象。

土质边坡的变形主要决定于土的矿物成分，特别是亲水性强的黏土矿物及其含量，在路基边坡或路堑的边坡中，在雨水作用下，必然加速边坡的变形或土体滑动。

岩质边坡的变形主要决定于岩体中各软弱结构面的性质及其组合关系，它对边坡的变形和破坏起着控制作用、在天然或人工边坡形成临空面的条件下，当边坡岩体具备了临空面、切割面和滑动或破裂面三个基本条件时，岩质边坡就会导致变形而发生滑坡、崩塌等不良地质现象。因而在路基选线时需注意如下的地质构造影响。

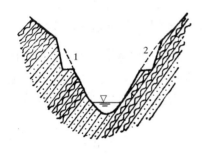

图 6-55　单斜谷的路线选择
1—有利情况；2—不利情况

（1）在单斜谷中，路线应选择在岩层倾向背向山坡的一岸（图 6-55）。

（2）在断裂谷中，两岸山坡岩层破碎，裂隙发育，对路基稳定很不利，如不能避免沿断层裂谷布线时，应仔细比较两岸边坡岩层的岩性、倾向和裂隙组合情况，选择边坡相对稳定性大的一岸。

（3）在岩层褶皱的边坡中，当路线方向与岩层走向大致平行时，则应注意岩层倾向与边坡的关系，为向斜构造时，向斜山两侧边坡对路基稳定有利（图 6-56a）；如为背斜山时，则两侧边坡对路基稳定不利（图 6-56b）；如为单斜山时，则两侧边坡的稳定性条件就不同，背向岩层倾向的山坡对路基稳定性有利，顺向岩层倾向的一侧山坡就相对的不利（图 6-56c）。

6.9.2 滑坡地带选线

通过滑坡地带调查和勘探，了解了滑坡的滑体规模、稳定状态和影响滑坡稳定的各种因素之后，就可以确定路线是否通过滑坡。

对于小型滑坡（滑坡体积一般小于 1 万 m^3，或滑面最大埋深小于 5m、滑坡分布面积小于 $2500m^2$），路线一般不必绕避。可根据滑动原因，采取调治地表水与地下水、清方、支挡等工程措施进行处理，并注意防止其进一步发展（图 6-57）。

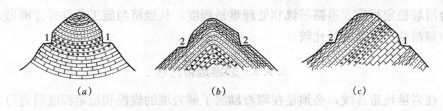

图 6-56 山坡岩层地质构造的影响
(a) 向斜山；(b) 背斜山；(c) 单斜山
1—有利情况；2—不利情况

对于中型滑坡（滑坡体积约为 1 万～10 万 m³，或滑面最大埋深 5～20m、滑坡分布面积约 2500～8000m²），路线一般可以考虑通过。但需慎重考虑滑坡的稳定性，注意调整路线平面位置，选择较有利部位通过，并采取相应的综合工程处理措施。路线通过滑坡的位置，一般以滑坡上缘或下缘比滑坡中部好。滑坡下缘的路基宜设计成路堤型式以增加抗滑力；上缘路基宜设计成路堑式，以减轻滑体重量；滑坡上的路基均应避免大填、大挖，以防止产生路堤或路堑边坡失稳现象。

如图 6-58 为一中小型滑坡地带，路线原定线为直线通过滑坡体下缘，由于左侧滑坡体较大，经过力学计算其下滑力使所设计的挡土墙都难以保证墙的滑动稳定性和倾覆稳定性。若将路线下移 50～80m，则挡土墙体积减小，稳定性也可保证；对于右侧滑坡体，设置一段高度 3m 的挡墙即可；为此将左侧路线偏移以一大的平曲线通过滑坡体下方。

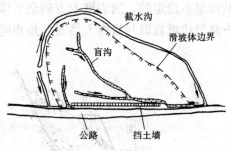

图 6-57 用排水和支挡处理小型滑坡

对于大型滑坡（体积大于 10 万 m²，或滑面最大埋深大于 20m，滑坡分布面积大于 8000m²），路线应首先考虑绕避方案。如绕避困难或路线增长过多时，应

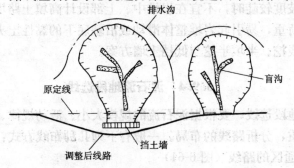

图 6-58 调整路线平面位置

结合滑坡稳定程度、道路等级和处理难易程度，从经济与施工条件等方面做出绕避与整治两个方案进行比较。

6.9.3 岩堆地带选线

在岩堆地带选线，必须是在调查勘测了解岩堆的规模和稳定程度后进行。

对处于发展阶段的岩堆，若上方山坡可能有大中型崩塌，则以绕避为宜。将路线及早提坡，让路线从岩堆上方山坡稳定的地带通过是一种可行的方案；如系沿溪线，有时需将路线转移到对岸，避开岩堆后再返回原岸，此时需建两桥，建桥绕行的费用和不避开而用工程措施处理的费用对比结果可为方案选择提供依据。

对趋于稳定的岩堆，路线可不必避让。如地形条件允许，路线宜在岩堆坡脚以外适当距离以路堤通过；如受地形限制，也可在岩堆下部以路堤通过。

对稳定的岩堆，路线可选择在适当位置以低路堤或浅路堑通过。路堤设置在岩堆体上部不利于稳定，因此路线应定在岩堆下部较合适（图6-59）。设计路堑，则要将岩堆体本身的稳定性和边坡稳定性都考虑，如图6-60所示，方案Ⅲ的断面是不稳定的，因岩堆上方剩余土体容易向下坍塌，方案Ⅰ则比较稳定。岩堆中路堑边坡宜取与岩堆天然安息角相应的坡度。

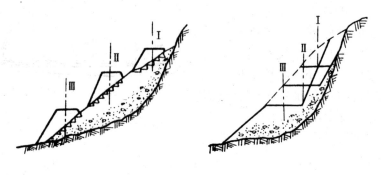

图6-59　岩堆上路堤方案　　　图6-60　路堑方案

当岩堆床坡度较陡时，不宜在岩堆中、上部设计高填土路堤与高挡土墙，因额外增加很大荷重，易引起岩堆整体滑动或沿基底下的黏性土夹层滑动，因而只能采用低填、浅挖、半填半挖与低挡土墙方案。

6.9.4 泥石流地段选线

在泥石流地段选线，要根据泥石流的规模大小、活动规律、处治难易、路线等级和使用性质，分析路线的布局。一般有下列几种布线方式：

1. 通过流通区的路线（图6-61）

流通区地段一般常为槽形，沟壁比较稳定，沟床一般不淤积，以单孔桥跨比较容易，也不受泥石流暴发的威胁。但这种方案平面线形可能较差，纵坡较大，沟口两侧路堑边坡容易发生塌方、滑坡。因为沿河线一般标高低，爬上跨沟处可能高差较大而需展线进沟时，线形技术指标有可能降低。此外，还应当考虑目前的流通区，有无转化为形成区的可能。

2. 通过洪积扇顶部的路线（图6-62）

如洪积扇顶部沟床比较稳定、冲淤变化较小，而两侧有较高台地连接路线，则在洪积扇顶部布线是比较理想的方案。应尽可能使路线靠近流通地段，调查扇顶附近路基和引道有无不稳定问题和变为堆积地段的可能性。

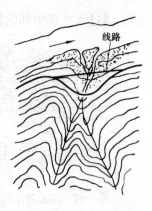

图6-61 通过流通地段的路线方案

3. 通过洪积扇外缘的路线（图6-63）。

当河谷比较开阔、泥石流沟距大河较远时，路线可以考虑走洪积扇外缘。这种路线线形一般比较舒顺，纵坡也比较平缓。但可能存在以下问题：洪积扇逐年向下延伸淤埋路基；大河水位变化；岸坡冲刷和河床摆动、路基有遭水毁的可能。

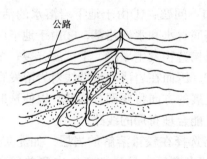

图6-62 通过洪积扇顶部的方案

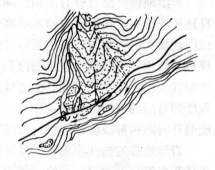

图6-63 通过洪积扇外缘的方案

4. 绕道走对岸的路线（图6-64）

当泥石流规模较大，洪积扇已发展到大河边，整治困难，外缘布线不可能，将路线提高进沟至流通区或顶部跨过也不可能，则宜将路线用两桥绕走对岸。显然，这一方案工程量大。在采用这一方案时，还要勘测对岸有无地质问题，设线是否可能。

5. 用隧道穿过洪积扇的方案（图6-64）。

当绕走对岸也存在较大困难，如对岸地质不稳定，桥址条件差，桥头引线标准太低，两桥工程费用太大等等，可考虑用隧道通过洪积扇的方案。这一方案，平纵线形都比较好，不受泥石流发展的威胁，但造价较高。

6. 通过洪积扇中部的路线（图 6-65）

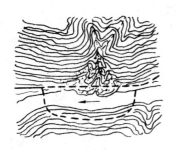

图 6-64　绕走对岸的方案和隧道穿过方案

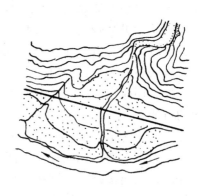

图 6-65　通过洪积扇中部方案

在泥石流分布很宽，上述各方案实现有困难时，可考虑采用从洪积扇中部通过的方案。布线时，要注意根据洪积扇处的淤积速度、冲淤变化、沟槽稳定程度，拟定路线通过的防护措施；一般应设计成路堤，用单孔桥通过，而不宜用路堑；要预留一定设计标高，以免受到回水影响和河床淤高的影响。

6.9.5　岩溶地带选线

岩溶地带广泛发育有溶沟、漏斗、槽谷、落水洞、竖井、溶洞、暗河等的不良地质现象，这些现象对修筑道路会发生如下问题：①由于地下岩溶水的活动，或因地面水的消水洞穴被阻塞，导致路基基底冒水和水泡路基；②由于地下洞穴顶板的坍塌，引起位于其上的路基及其附属构造物发生塌陷、下沉或开裂；③由于洞穴或暗河的发展，使其上边坡丧失稳定。因而在岩溶地带选线对岩溶发育的程度和岩溶的空间分布规律以及今后岩溶发展的方向将要调查清楚，以便选取既能避开岩溶病害或降低岩溶程度的影响、又能合理布局的线路。

岩溶地带的选线原则：①尽可能将线路选择在较难溶解的岩层（如泥灰岩、矿质灰岩等）上通过；②在无难溶岩的岩溶发育区，尽量选择地表覆盖层厚度大、洞穴已被充填或岩溶发育相对地微弱的地段，以最短线路通过。对于线路要在质纯的中厚层易溶岩层上通过，则要进行溶洞暗河等的发育程度和顶板稳定性分析，以便采取技术措施，合理地确定线路位置；③尽可能避开构造破碎带、断层、裂隙密集带，这些构造破碎带一般都有良好的岩溶水交替条件，使岩溶易于发育，若要通过这些构造带，应使线路与主要构造线呈大角度相交；④应避开可溶岩层与非可溶岩层的接触带，特别是与不透水层的接触带，以及低地、盆地和低台地等岩溶易发育地带，应把线路选在陷穴极少的分水岭和高台地上。

6.9.6　桥位选择

桥址位置的选择要充分注意不良地质现象的因素。在选桥位时应考虑如下工程地质方面的原则：

(1) 桥址应选在河床较窄、河道顺直、河槽变迁不大、水流平稳、两岸地势较高而稳定、施工方便的地方。避免选在具有迁移性（强烈冲刷的、淤积的、经常改道的）河床，以及活动性大河湾、大砂洲或大支流汇处。

(2) 选择覆盖层薄、河床基底为坚硬完整的岩体，若覆盖层太厚则尽量避开泥炭、沼泽淤泥沉积的软弱土层地区以及有岩溶或土洞的地段。

(3) 在山区应特别注意两岸的不良地质现象，发滑坡、崩塌、泥石流、岩溶等应查明其规模、性质和稳定性。论证其对桥梁危害的程度，以作出合理的桥址位置。

(4) 选择在区域地质构造稳定性条件好，地质构造简单，断裂不发育的地段。桥线方向应与主要构造线垂直或大交角通过。桥墩和桥台尽量不置于断层破碎带上，特别在高地震基本烈度区，必须远离活动断裂和主断裂带。

§6.10 不良地质现象对海港建设的影响

海港是海陆运输的枢纽，它由水域和陆域两大部分组成。水域是供船舶航行、运输、锚泊和停泊装卸之用，设有航道、停泊区、防波堤、导流坝、灯塔等建筑。陆域是位于海港的岸上，与水面相毗连，设有码头、栈桥、船坞、船台、仓库、道路、车间、办公楼等建筑物。由于海港工程建筑物种类繁多，各自所处的自然环境不同，遇到的工程地质问题必然是多种多样的，这里着重讨论不良地质现象对海岸稳定性的影响。

6.10.1 海岸的升降变化对建港的影响

这里应注意海平面升降变化的影响，海平面变化可分两类：一是全球气候变暖导致全球性的绝对海平面变化，这种全球海平面称为平均海平面；二是区域性的海平面变化，它是受区域性的地壳构造升降和地面沉降等因素的影响，这种区域性海平面称为相对海平面，它反映了该地区海平面变化的实际情况。据统计，近百年来全球海平面呈上升趋势，平均海平面上升速率每年为 1.0~1.5mm，近年还有加速之势，至于相对海平面，它与该地的陆地构造升降和地面沉降等有关，在我国沿海地带各地的构造升降和地面沉降的速率不同，因而海平面有表现为上升的，也有表现为下降的。一般地区相对海平面平均升降速率每年为 1~2mm，如果有过大的地面沉降的海岸，则相对海平面每年可达 5~10mm。对处于相对海平面上升的港湾，建港后随着海岸的下降，港口将有淹没的危险，因此，要判明其下降的速度，以便合理地布置建筑物；对于相对上升的港湾，建港后港池将会随陆地上升而变浅，从而使港口失效，所以在建港前也必须判明陆地上升的速度，以便作出合理规划和防治措施。

为确定相对海平面的升降变化，工程地质工作应着重在：①收集全球性的海平面变化在我国沿海地带的升降速率；②调查该港口的地质构造稳定性，特别是构造的升降、断裂带的活动性；③调查该港口及其邻近因抽取地下水造成的地面沉降而使海平面升降有影响的情况；④调查该港口及其邻近地区因土层的天然压密或建筑物及交通的荷载而导致陆地面下沉的情况；⑤综合上述各类因素的影响，作出相对海平面的上升速率和对港口影响的估计。

6.10.2 海岸稳定性对建港的影响

1. 海岸带的冲蚀与堆积

海岸带的形状、结构、物质组成以及岸线的位置是可变的，在促成这些变化的因素中，以波浪的作用最为重要，此外，潮汐、海流和入海河流的作用在某些岸带上也起巨大的作用。但相比之下，影响海岸稳定性是以波浪为主要动力。在沿岸线海区，波浪由于消能变形、破碎而产生不波浪，也称激浪（图 6-66）激浪对海岸的冲击，造成一系列海岸冲蚀地形，如海蚀洞穴、海蚀崖、海蚀柱及浅滩等，迫使海蚀岸不断地节节后退，在海岸带形成沿岸陡崖、波蚀穴、磨蚀与堆积阶地（图 6-67）等地形。

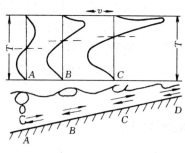

图 6-66 波浪向岸边推进时水质点运动、波形的变化图
A—深水波；B—浅水波；
C—破浪（击岸浪）；D—涌浪

当波浪的传播方向与岸线正交时，波浪进入岸带后往往造成进岸流和退岸流（图 6-66），从水质点的运动轨迹上可看出，在靠近水底部分作往返运动，位于水下岸坡上的泥砂颗粒在波浪力与重力的联合作用下，作进岸和离岸的运移。当泥砂颗粒不断地作向岸移动，至波浪能量减缓时，往往使泥砂堆积于岸滩上而成浅滩；当泥砂颗粒随回流而离岸时，波浪能量不断减弱，而于水下岸坡堆积而成堆积平台，如果不断发展，往往在此平台上不断堆积而增高，而造成砂坝。此外，波浪作用方向因受海流、风向及河口水流的干扰，因而波浪作用方向往往是与岸线斜交的，含泥砂的水流对岸带的改造是很复杂的，形成各种各样的滩地和岸外砂坝。这些滩地和砂坝随着该地的地形、风向、水文以及河流和地质等因素的变化而发生迁移，因而岸滩、砂坝是不稳定的，若工程上要利用这些滩坝，则要采取防护措施。

2. 海岸带的保护

海岸受波浪、海流和潮汐的影响发生冲蚀作用和堆积作用是普遍存在的，冲蚀作用可使边岸坍塌，也称坍岸，它使原有岸线后退；堆积作用可使水下坡地回淤，使本来可以利用的水深发生回淤现象，以至水深变浅，海床增高。这些岸线后退和海床增高都会对港口工程有影响。为此在选择港口时，应对这些不良地质现象作出估计。

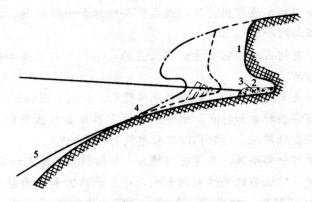

图 6-67　在波浪冲击下冲蚀台阶的形成
1—岸边陡崖；2—波蚀穴；3—浅滩；4—水下磨蚀阶地；5—水下堆积阶地

（1）沿岸线的工程设施，首先应该进行坍岸线的研究，预测坍岸线的距离，工程定位时在坍岸线以外尚应留有一定的间距。

（2）厂房地基及路基等设施应设在最高海水位之上，以免浸泡地基及工程设施，导致地基承载力降低和发生其他的如液化、沉陷土体滑动等现象。

（3）码头及防波堤的基础是建于水下海床上的，受水淹泡和波浪作用，因而在考虑地基承载力时，应注意到海流及波浪对工程的作用，会对地基施加动荷载和倾斜力，会使地基在一个比正常作用于基础底面上的力低的荷载下就发生破坏，此外，尚需考虑地基发生滑动的可能性。

（4）为了保护海岸、海港免遭冲刷和岸边建筑物的安全，以及防止海岸、港口免遭淤积的为害，应提供当地的工程地质资料，特别是不良地质现象和地基承载力等资料。在此基础上提出防治冲刷、回淤及其他不良地质现象的措施。

对于防治冲刷、回淤的措施可分为三大类：①整流措施，这是利用一定的水工建筑物调整水流，造成对防止冲刷或淤积的有利水文动态条件，改变局部地区海岸形成作用的方向，例如建筑防浪堤、破浪堤、丁坝等防止冲刷和淤积。②直接防蚀措施，这是修建一定的水工建筑物，直接保护海岸，免遭冲刷。例如修筑护岸墙、护岸衬砌等。③保护海滩措施，海滩是海岸免于冲刷的天然屏障。为保护海滩免遭破坏，可修筑丁坝以促进海滩堆积；限制在海滩采砂或破坏原海滩堆积的水文条件等。

思 考 题

6.1　什么叫不良地质现象，这些现象有哪些？

6.2　风化作用可分为几类，它是怎样形成的，各有何特点，岩石的风化程度和风化带如何划分,岩石风化如何治理?
6.3 河流地质作用有哪些地质现象,河流各段的水流动态与侵蚀堆积有何关系,地壳升降与河谷发展有何关系,造成哪些阶地和地质问题,河岸侵蚀和淤积如何判断与防护?
6.4 滑坡与崩塌有何区别,它们是如何发生的,它们的稳定性如何判断,它们又该如何防治?
6.5 岩溶和土洞是如何发生的,有哪些地质现象,如何利用和防治?
6.6 地震成因有哪些种类和特点,地震级与地震烈度如何区别和判断,地震效应能产生哪些地质现象,它们对工程建设有何影响?
6.7 泥石流流域可分哪些区,各区有何特点,如何利用其特点和防治?
6.8 不良地质现象对地基稳定性有何影响,地基承载力和持力层如何选择,地基均匀性如何判断,对岩溶、土洞、地震液化和断层等地基如何分析和利用?
6.9 不良地质现象对地下工程选址有何影响,地下工程总体位置和轴线的选择应注意哪些工程地质问题?
6.10 地质构造、滑坡、岩堆、泥石流、岩溶等地带对道路选线有何影响?
6.11 桥位选择应注意哪些工程地质问题?
6.12 海平面升降变化以及海浪冲蚀与堆积造成哪些海岸地质现象,它对海岸稳定性和海港建设有何影响,如何防护?

第 7 章 工程地质原位测试

工程地质勘察中的试验有室内试验和现场原位测试。但是室内试验有不足之处，如对饱和软土层，由于土工试样在采样、运送、保存和制备等方面，不可避免地会受到不同程度的扰动；地下某一深度处取出的试样，其应力状态与天然埋藏条件下的应力状态相比，已经发生了很大的变化；另外，试验设备性能及操作上的误差，即使试样件数很多，也往往会得出不能令人满意的数据。有时，特别是对于饱和状态的砂质粉土和砂土，还会遇到根本取不上原状试样的情况。所以，为了取得准确可靠的力学计算指标，在工程地质勘察中，必须进行一定的、相应数量的现场原位测试。

所谓原位测试就是在土层原来所处的位置基本保持土体的天然结构、天然含水量以及天然应力状态下，测定土的工程力学性质指标。

原位测试与室内土工试验相比，具有以下主要优点：

(1) 可以测定难以取得不扰动土样（如饱和砂土、粉土、流塑淤泥及淤泥质土、贝壳层等）的有关工程力学性质；

(2) 可以避免取样过程中应力释放的影响；

(3) 原位测试的土体影响范围远比室内试验大，因此代表性也强；

(4) 可大大缩短地基土层勘察周期。

但是，原位测试也有不足之处。例如：各种原位测试都有其适用条件，若使用不当则会影响其效果；有些原位测试所得参数与土的工程力学性质间的关系往往是建立在统计经验关系上；另外，影响原位测试成果的因素较为复杂，使得对测定值的准确判定造成一定的困难；还有，原位测试中的主应力方向往往与实际岩土工程中的主应力方向并不一致等等。因此，土的室内试验与原位测试，两者各有其独到之处，在全面研究土的各项性状中，两者不能偏废，而应相辅相成。

工程地质原位测试的主要方法有：静力载荷试验、触探试验、剪切试验和地基土动力特性试验与现场渗透试验等。

§7.1 静力载荷试验（PLT）

7.1.1 静力载荷试验的基本原理和意义

静力载荷试验就是在拟建建筑场地上，在挖至设计的基础埋置深度的平整坑底放置一定规格的方形或圆形承压板，在其上逐级施加荷载，测定相应荷载作用下地基土的稳定沉降量，分析研究地基土的强度与变形特性，求得地基土容许承载力与变形模量等力学数据。可见，静力载荷试验实际上是一种与建筑物基础工作条件相似，而且直接对天然埋藏条件下的土体进行的现场模拟试验。所以，对于建筑物地基承载力的确定，比其他测试方法更接近实际；当试验影响深度范围内土质均匀时，用此法确定该深度范围内土的变形模量也比较可靠。

图 7-1 $p \sim s$ 曲线

用静力载荷试验测得的压力 p（kPa）与相应的土体稳定沉降量 s（mm）之间的关系曲线（即 $p \sim s$ 曲线），按其所反映土体的应力状态，一般可划分为三个阶段，如图 7-1。

第 I 阶段：从 $p \sim s$ 曲线的原点到比例界限压力 p_0（p_0 亦称临塑压力）。该阶段 $p \sim s$ 成线性关系，故称之为直线变形阶段。在这个阶段内受荷土体中任意点产生的剪应力小于土的抗剪强度，土体变形主要由于土中孔隙的减少引起，土颗粒主要是竖向变位，且随时间渐趋稳定而土体压密，所以也称压密阶段。

第 II 阶段：从临塑压力 p_0 到极限压力 p_u，$p \sim s$ 曲线由直线关系转变为曲线关系，其曲线斜率 $\dfrac{ds}{dp}$ 随压力 p 的增加而增大。这个阶段除土体的压密外，在承压板边缘已有小范围局部土体的剪应力达到或超过了土的抗剪强度，并开始向周围土体发生剪切破坏（产生塑性变形区）；土体的变形由于土中孔隙的压缩和土颗粒剪切移动同时引起，土粒同时发生竖向和侧向变位，且随时间不易稳定，称之为局部剪切阶段。

第 III 阶段：极限压力 p_u 以后，沉降急剧增加。这一阶段的显著特点是，即使不施加荷载，承压板也不断下沉，同时土中形成连续的滑动面，土从承压板下挤出，在承压板周围土体发生隆起及环状或放射状裂隙，故称之为破坏阶段。该阶段在滑动土体范围内各点的剪应力达到或超过土体的抗剪强度；土体变形主要由土颗粒剪切变位引起，土粒主要是侧向移动，且随时间不能达到稳定。

显然，当建筑物基底附加压力 $\leqslant p_0$ 时，地基土的强度是完全保证的，且沉降也较小。而当基底附加压力大于 p_0 小于 p_u 时，地基土体不会发生整体破坏，但建筑物的沉降量较大。

静力载荷试验可用于下列目的：

1. 确定地基土的临塑荷载 p_0、极限荷载 p_u，为评定地基土的承载力提供依据；
2. 估算地基土的变形模量 E_0、不排水抗剪强度 c_u 和基床反力系数 K。

7.1.2 静力载荷试验的装置

载荷试验的装置由承压板、加荷装置及沉降观测装置等部分组成。其中承压板一般为方形或圆形板；加荷装置包括压力源、载荷台架或反力架，加荷方式可采用重物加荷和油压千斤顶反压加荷两种方式；沉降观测装置有百分表、沉降传感器和水准仪等。

图7-2为几种常见的载荷试验设备。

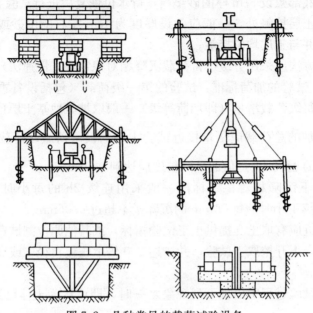

图7-2 几种常见的载荷试验设备

7.1.3 静力载荷试验的基本技术要求

静力载荷试验的承压板，一般用刚性的方形或圆形板，其面积应为$2500cm^2$或$5000cm^2$，目前工程上常用的是$70.7cm×70.7cm$和$50cm×50cm$。对于均质密实的土如Q_3老黏性土也可用$1000cm^2$的承压板。但对于饱和软土层，考虑到在承压板边缘的塑性变形影响，承压板的面积不应小于$5000cm^2$。如果地表为厚度不大的硬壳层，其下为软弱下卧层，而且建筑物基础以硬壳层为持力层，此时承压板应当选用尽量大的尺寸，使受压土层厚度与实际压缩层厚度相当，条件许可时，最好在现场浇一实体基础供试验用。但承压板面积加大，加载重量相应增加，试验的困难也就增大。故除了专门性的研究外，通常仍然采用$5000cm^2$的承压板。在软土层或一般黏性土层中，比例界限值p_0（临塑压力）一般不受或很少受承压板宽度的影响，但不同埋深对p_0有影响。p_0随埋深而增大，其变化规律与试验深度处土体原始有效覆盖压力的变化基本一致。所以，对于厚度大而且比较均匀的软土或一般黏性土地基，可以采用较小面积的承压板进行静力载荷试验，故《岩土工程勘察规范》（GB50021—2001）第10.2.3条规定：承压板面积可采用$0.25～0.5m^2$。

为了排除承压板周围超载的影响，试验标高处的坑底宽度不应小于承压板直径（或宽度）的3倍，并应尽可能减小坑底开挖和整平对土层的扰动，缩短开挖与试验的间隔时间。而且,在试验开始前应保持土层的天然湿度和原状结构。当被试土层为软黏土或饱和松散砂土时,承压板周围应预留 20~30cm 厚的原状土作为保护层。当试验标高低于地下水位时,应先将地下水位降低至试验标高以下,并在试坑底部敷设 5cm 厚的砂垫层,待水位恢复后进行试验。

承压板与土层接触处,一般应敷设厚度为 1cm 左右的中砂或粗砂层,以保证底板水平,并与土层均匀接触。

试验加荷方法应采用分级维持荷载沉降相对稳定法(慢速法)或沉降非稳定法(快速法)。试验的加荷标准:试验的第一级荷载(包括设备重量)应接近卸去土的自重。每级荷载增量(即加荷等级)一般取被试地基土层预估极限承载力的 $\frac{1}{10} \sim \frac{1}{8}$。施加的总荷载应尽量接近试验土层的极限荷载。荷载的量测精度应达到最大荷载的 1%,沉降值的量测精度应达到 0.01mm。

各级荷载下沉降相对稳定标准一般采用连续 2h 的每小时沉降量不超过 0.1mm,或连续 1 小时的每 30min 的沉降量不超过 0.05mm。

试验点附近应有取土孔提供土工试验指标,或其他原位测试资料,试验后应在承压板中心向下开挖取土试验,并描述 2.0 倍承压板直径(或宽度)范围内土层的结构变化。

静力载荷试验过程中出现下列现象之一时,即可认为土体已达到极限状态,应终止试验:

(1) 承压板周围的土体有明显的侧向挤出或发生裂纹;
(2) 在 24h 内,沉降随时间趋于等速增加;
(3) 荷载 p 增加很小,但沉降量 s 却急剧增大,$p \sim s$ 曲线出现陡降阶段,或相对沉降 $s/b \geqslant 0.06 \sim 0.08$。

7.1.4 静力载荷试验资料的应用及其有关问题

载荷试验的主要成果为在一定压力下的 $s \sim t$ 关系曲线以及 $p \sim s$ 曲线。这些资料可以应用于以下几个方面:

1. 确定地基的承载力

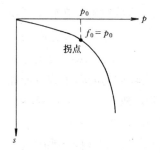

图 7-3 $p \sim s$ 曲线拐点法

根据实验得到的 $p \sim s$ 曲线,可以按强度控制法、相对沉降控制法或极限荷载法来确定地基的承载力。

(1) 强度控制法

以 $p \sim s$ 曲线对应的比例界限压力或临塑压力作为地基上极限承载力的基本值。

当 $p \sim s$ 曲线上有明显的直线段时,一般使用该直线段的终点所对应的压力为比例界限压力或临塑压力 p_0,见图 7-3。

当 $p\sim s$ 曲线上没有明显的直线段时，$\lg p\sim\lg s$ 曲线或 $p\sim\dfrac{\Delta s}{\Delta p}$ 曲线上的转折点所对应的压力即为比例界限压力或临塑压力 p_0，见图 7-4、图 7-5。

(2) 相对沉降控制法

根据相对沉降量 s/b，即沉降量和承压板的宽度或直径之比来确定地基承载力。若承压板面积为 $0.25\sim0.50\mathrm{m}^2$，对于低压缩性土和砂土，可取 $s/b=0.01\sim0.015$ 所对应的荷载值作为地基土的承载力基本值；对于中、高压缩性土可取 $s/b=0.02$ 所对应的荷载值为承载力的基本值。

(3) 极限荷载法

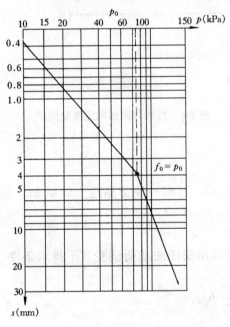

图 7-4 $\lg p\sim\lg s$ 曲线

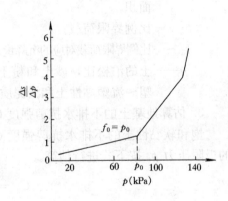

图 7-5 $p\sim\dfrac{\Delta s}{\Delta p}$ 曲线

若比例界限压力 p_0 和极限承载力 p_u 接近，即当 $p\sim s$ 曲线上的比例界限点出现后，土体很快达到破坏时，可以用 p_u 除以安全系数 K 作为地基土承载力的基本值；当 p_0 与极限荷载 p_u 不接近时，此时 $p\sim s$ 曲线上既有 p_0，又有 p_u，可按下式计算地基承载力基本值：

$$f_0 = p_0 + \dfrac{p_u - p_0}{F_s} \tag{7-1}$$

其中　　f_0——地基承载力基本值；

　　　　F_s——经验系数，一般取为 $2\sim3$。

地基极限承载力的确定可以用如下方法：

(1) 用 $p \sim s$ 曲线、$\lg p \sim \lg s$ 曲线或 $p \sim \dfrac{\Delta s}{\Delta p}$ 曲线的第二转折点对应荷载作为地基极限承载力；

(2) 取相对沉降 $s/b=0.06$ 相应的荷载为地基极限承载力；

(3) 采用外插作图法，见图 7-6。

2. 确定地基土的变形模量 E_0

可用下式计算地基土的变形模量 E_0：

$$E_0 = (1-\mu^2)\frac{\pi B}{4} \cdot \frac{p_0}{s_0} \quad (7\text{-}2)$$

式中　B——承压板直径，当为方形板时 $B=2\sqrt{\dfrac{A}{\pi}}$，A 为方形板面积；

　　　p_0——比例界限荷载；

　　　s_0——比例界限荷载对应的沉降量；

　　　μ——土的泊松比，砂土和粉土为 0.33，可塑～硬塑黏性土取 0.38，软塑～流塑黏性土和淤泥质黏性，$\mu=0.41$。

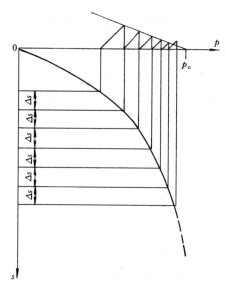

图 7-6　外插作图法确定极限荷载

3. 估算地基土的不排水抗剪强度 C_u

饱和软黏性土的不排水抗剪强度 C_u 可以用快速法载荷试验（不排水条件）的极限压力 p_u 按下式进行估算。

$$C_u = \frac{p_u - p_0}{N_c} \quad (7\text{-}3)$$

式中　p_u——快速荷载试验所得极限压力；

　　　p_0——承压板周边外的超载或土的自重应力；

　　　N_c——承压系数。对于方形或圆形承压板，当周边无超载时，$N_c=6.15$；当承压板埋深大于或等于四倍板径或边长时，$N_c=9.25$，当承压板小于四倍板径或边长时，N_c 由线性内插法确定。

4. 估算地基土基床反力系数 K_s

根据常规法载荷试验的 $p \sim s$ 曲线可按下式确定载荷试验基床反力系数 K_v：

$$K_v = \frac{p}{s} \quad (7\text{-}4)$$

式中　p/s——$p \sim s$ 曲线直线段的斜率；如 $p \sim s$ 关系曲线无初始直线段，p 可以取临塑荷载 p_0 的一半，s 为相应于该 p 的沉降值。

基准基床反力系数 K_{v1} 可以由载荷试验基床反力系数 K_v 按下式求出：

$$\left.\begin{array}{l}\text{黏性土}:K_{v1} = 3.28BK_v \\ \text{砂\quad 土}:K_{v1} = \dfrac{4B^2}{(B+0.305)^2}K_v\end{array}\right\} \quad (7-5)$$

式中 B——承压板的直径或宽度。

根据求出的基准基床反力系数 K_{v1}，可以确定地基土的基床反力系数 K_s：

$$\left.\begin{array}{l}\text{黏性土}:K_s = \dfrac{0.305}{B_f}K_{v1} \\ \text{砂\quad 土}:K_s = (\dfrac{B_f+0.305}{2B_f})^2 K_{v1}\end{array}\right\} \quad (7-6)$$

式中 B_f——基础宽度

在应用载荷试验的成果时，由于加荷后影响深度不会超过2倍承压板边长或直径，因此对于分层土要充分估计到该影响范围的局限性。特别是当表面有一层"硬壳层"、其下为软弱土层时，软弱土层对建筑物沉降起主要作用，它却不受到承压板的影响，因此试验结果和实际情况有很大差异。所以对于地基压缩范围内土层分层时，应该用不同尺寸的承压板或进行不同深度的静力载荷试验，也可以采用其他的原位测试和室内土工试验。

§7.2 静力触探试验（CPT）

静力触探是通过一定的机械装置，将一定规格的金属探头用静力压入土层中，同时用传感器或直接量测仪表测试土层对触探头的贯入阻力，以此来判断、分析、确定地基土的物理力学性质。静力触探自1917年瑞典正式使用以来，至今已有80年的历史。于60年代初期，我国与其他国家大体上在同一时期发展了电测静力触探，利用电测传感器直接量测探头的贯入阻力，大大提高了量测的精度和工效，有很好的再现性，并能实现数据的自动采集和自动绘制静力触探曲线（图7-8至图7-10），反映土层剖面的连续变化，操作快捷。

静力触探的主要优点是连续、快速、精确；可以在现场直接测得各土层的贯入阻力指标；掌握各土层原始状态（相对于土层被扰动和应力状态改变而言）下有关的物理力学性质。这对于地基土层在竖向变化比较复杂，而用其他常规勘探手段不可能大密度取土或测试来查明土层变化；对于饱和砂土、砂质粉土以及高灵敏度软黏土层中钻探取样往往不易达到技术要求，或者无法取样的情况；用静力触探连续压入测试，则显出其独特的优越性。但是，静力触探也有不足之处：不能对土层进行直接的观察、鉴别；由于稳固的反力问题没有解决，测试深度不能超过80m；对于含碎石、砾石的土层和很密实的砂层一般不适合应用等。

7.2.1 静力触探试验的主要技术要求

静力触探仪主要由三部分组成：贯入装置（包括反力装置），其基本功能是可控制等速压贯入；另一部分是传动系统，目前国内外使用的传动系统有液压和机械的两种；第三部分是量测系统，这部分包括探头、电缆和电阻应变仪（或电位差计自动记录仪）等。静力触探仪按其传动系统可分为：电动机械式静力触探仪、液压式静力触探仪和手摇轻型链式静力触探仪。

常用的静力触探探头分为单桥探头和双桥探头和孔压探头（见图7-7），其主要规格见表7-1。根据实际工程所需测定的地基土层参数选用单桥探头或双桥探头，探头圆锥截面积以10cm²为宜，也可使用15cm²。

静力触探探头规格　　　　　　　　　　表 7-1

锥头截面积 A (cm²)	探头直径 d (mm)	锥角 α (°)	单桥探头 有限侧壁长度 L (mm)	双桥探头 摩擦筒侧壁面积 (cm²)	摩擦筒长度 L (mm)
10	35.7		57	200	179
15	43.7	60	70	300	219
20	50.4		81	300	189

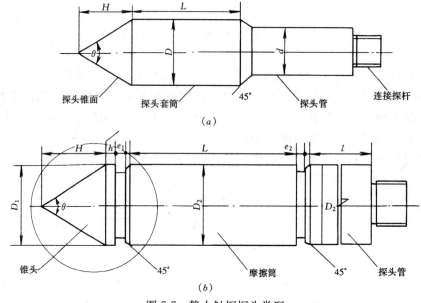

图 7-7　静力触探探头类型
(a) 单桥；(b) 双桥

1. 单桥探头

单桥探头只能测定一个触探指标——比贯入阻力 p_s，该指标的基本概念为：

(1) 这一贯入阻力对应于一定几何形状的探头，因此是相对贯入阻力，经大量试验研究，按表7-1确定的探头规格，则触探结果不受其规格尺寸的影响。

(2) p_s 值是探头锥尖底面积 A 与总贯入阻力 P 的比值：

$$p_s = \frac{P}{A} \tag{7-7}$$

总贯入阻力 P 包括了锥尖阻力和侧壁摩擦力两部分的综合作用，故 p_s 值称为比贯入阻力或视贯入阻力。单就圆锥体的贯入来说，它所受的阻力大小只取决于土体的抗剪强度，而与土的压缩性无关。为了使 p_s 值同时能反映土的变形特征，在探头的设计制作中有意识地在圆锥头底部增设了一个圆柱摩擦套筒，其长度 L 见表 7-1。摩擦筒的长度 L 与锥底直径 d 的比值 L/d 控制在 1.6~2.0，以使锥头贯入土层中产生的向上挤出的犁形滑动面能直接作用于侧壁上，增加侧摩阻作用。于是圆柱套筒与土层的摩阻力便形成了一个通过探头质心的等效集中荷载，像桩对土层的压缩作用一样，从而使 p_s 值也能反映出土层的压缩性。所以，比贯入阻力 p_s 是锥尖阻力和侧壁摩阻力的综合反映。

2. 双桥探头

双桥探头能同时测出锥尖阻力 q_c 和侧壁摩阻力 f_s。故可用于单桩的模型试验，分别测得单桩桩尖承载力和侧壁摩擦力。

锥尖阻力 q_c 和侧壁摩阻力 f_s 分别定义如下：

$$q_c = \frac{Q_c}{A} \tag{7-8}$$

$$f_s = \frac{P_f}{F} \tag{7-9}$$

式中 Q_c、P_f——分别为锥尖总阻力和侧壁摩阻力；

A、F——分别为锥底截面面积和摩擦筒表面积。

在静力触探的整个过程中，探头应匀速、垂直地压入土层中，贯入速率一般控制在 (1.2 ± 0.3) m/min。

静力触探探头传感器必须事先进行率定，室内率定非线性误差、重复性误差、滞后误差、温度飘移、归零误差范围应为 $\pm0.5\%\sim1.0\%$。在现场试验时，应检验现场的归零误差 $<3\%$，它是试验质量的重要指标。

静力触探测试时，深度记录误差范围一般为 $\pm1\%$。当贯入深度 >50m 时，应量测触探孔的偏斜度，校正土的分层界线。

7.2.2 静力触探的贯入机理

静力触探的贯入机理是个很复杂的问题，而且影响因素也比较多，因此，目前土力学还不能完善综合地从理论上解析圆锥探头与周围土体间的接触应力分布及相应的土体变形问题。已有的近似机理的理论分析可分为三大类：承载力理论分析、孔穴扩张理论分析和稳定贯入流体理论分析。承载力理论分析大多借助于对单桩承载力的半经验分析，这一理论把贯入阻力视为探头以下的土体受圆锥头的贯入产生整体剪切破坏，由滑动面处土的抗剪强度提供的，而滑动面的形状是根据实验模拟或经验假设。承载力理论分析适用于临界深度以上的贯入情况，且对于压缩性土层是不适用的。孔穴扩张理论分析的基本假设要点为：圆锥探头在均质各向同性无限土体中的贯入机理与圆球及圆柱体孔穴扩张问题相似，并将土作为可压缩的塑性体；也有的认为静力触探圆锥头在土中的贯入与桩的刺入破坏相近，球穴扩张可作为第一近似解。因此，孔穴扩张理论分析适用于压缩性土层。稳定流体理论分析是假定土是不可压缩的流动介质，圆锥探头贯入时受应变控制，根据其相应的应变路径得偏应力，并推导得出土体中的八面应力。故稳定流体理论适用于饱和软黏土。

还有一些其他的理论，不一一列举。但是必须指出，迄今还没有一种理论能很圆满地解释静力触探的贯入机理。因此，静力触探在实际工程的应用中，常常用一些经验关系把贯入阻力与土的物理力学性质联系起来，建立经验公式；或根据对贯入机理的认识做定性的分析（如模拟分析、因子分析等），在此基础上建立半经验的公式。

7.2.3 静力触探试验的目的和适用条件

静力触探试验适用于黏性土、粉土和砂土，设备的贯入能力必须满足测试土性、深度等需要，反力必须大于贯入总阻力。

静力触探试验可以用于下列目的：
(1) 根据贯入阻力曲线的形态特征或数值变化幅度划分土层。
(2) 估算地基土层的物理力学参数。
(3) 评定地基土的承载力。
(4) 选择桩基持力层、估算单桩极限承载力，判定沉桩可能性。
(5) 判定场地地震液化势。

7.2.4 静力触探试验成果的应用

静力触探试验的主要成果有：比贯入阻力—深度($p_s - h$)关系曲线（图 7-8）；锥尖阻力—深度($q_c - h$)关系曲线（图 7-9）；侧壁摩阻力—深度($f_s - h$)关系曲线（图 7-9）和摩阻比—深度($R_f - h$)关系曲线（图 7-10）。摩阻比 R_f 的定义为：

$$R_f = \frac{f_s}{q_c} \times 100\% \tag{7-10}$$

根据目前的研究与经验，静力触探试验成果的应用主要有下列几个方面：

1. 划分土层界线

在建筑物的基础设计中，对于地基土结合地质成因，按土的类型及其物理力学性质进行分层是很重要的，特别是在桩基设计中，桩尖持力层的标高及其起伏程度和厚度变化，是确定桩长的重要设计依据。

根据静探曲线（图 7-8～图 7-10）对地基土进行力学分层，或参照钻孔分层结合静探 p_s 或 q_c 及 f_s 值的大小和曲线形态特征进行地基土的力学分层，并确定分层界线。

用静力触探曲线划分土层界线的方法为：

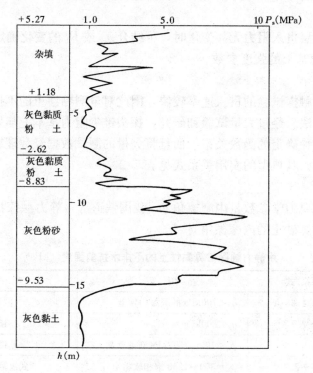

图 7-8　静力触探 $p_s \sim h$ 曲线

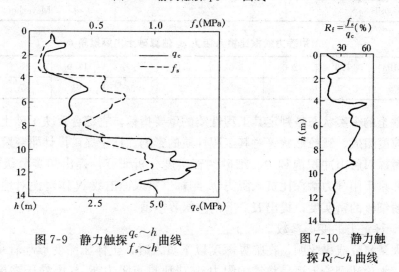

图 7-9　静力触探 $\begin{array}{c} q_c \sim h \\ f_s \sim h \end{array}$ 曲线　　　图 7-10　静力触探 $R_f \sim h$ 曲线

（1）上下层贯入阻力相差不大时，取超前深度和滞后深度的中心，或中点偏向小阻力土层 5~10cm 处作为分层界线。

(2) 上下层贯入阻力相差一倍以上时，当由软层进入硬层或由硬层进入软层时，取软层最后一个（或第一个）贯入阻力小值偏向硬层 10cm 处作为分层界线。

(3) 上下层贯入阻力无甚变化时，可结合 f_s 或 R_f 的变化确定分层界线。

2. 评定地基土的强度参数

(1) 黏性土

由于静力触探试验的贯入速率较快，因此对量测黏性土的不排水抗剪强度是一种可行的方法。经过大量试验和研究，探头锥尖阻力基本上与黏性土的不排水抗剪强度呈某种确定的函数关系，而且将大量的测试数据经数理统计分析，其相关性都很理想。其典型的实用关系式见表 7-2。

(2) 砂土

砂土的重要力学参数是内摩擦角 φ，我国铁道部《静力触探技术规则》提出可按表 7-3 估算砂土的内摩擦角 φ。

用静力触探估算黏性土的不排水抗剪强度（kPa） 表 7-2

实用关系式	适用条件	来源
$C_u = 0.071 q_c + 1.28$	$q_c < 700$kPa 的滨海相软土	同济大学
$C_u = 0.039 q_c + 2.7$	$q_c < 800$kPa	铁道部
$C_u = 0.0308 p_s + 4.0$	$p_s = 100 \sim 1500$kPa 新港软黏土	一航设计研究院
$C_u = 0.0696 p_s - 2.7$	$p_s = 300 \sim 1200$ 饱和软黏土	武汉静探联合组
$C_u = 0.1 q_c$	$\varphi = 0$ 纯黏土	日本
$C_u = 0.105 q_c$		Meyerhof

用静力触探比贯入阻力 p_s 估算砂土内摩擦角 φ 表 7-3

p_s（MPa）	1.0	2.0	3.0	4.0	6.0	11.0	15	30
φ（°）	29	31	32	33	34	36	37	39

砂土的密实状态是判定其工程性质的重要指标，它综合反映了砂土的矿物组成、粒度组成、颗粒形状等对其工程性质的影响。辽宁煤矿设计研究院等单位用静力触探对唐山冲积饱和中、细砂的密实度分析研究，提出初步分级指标见表 7-4，北京市用静力触探比贯入阻力 p_s 与标准贯入锤击数 N 作对比对地下水位以下的粉细砂的密实度，提出表 7-5 的分级界限值。

3. 评定土的变形参数

大量研究成果表明，在临界深度以下贯入时，土体压缩变形起着重要作用，因此，无论从理论上还是将锥尖阻力 q_c 或比贯入阻力 p_s 与土的压缩模量 E_s 和变形模量 E_0 的数理统计分析方面，都反映了 q_c（或 p_s）与 E_s 或 E_0 等变形指标有某种很好的关系。

§7.2 静力触探试验（CPT）

静力触探 p_s 与饱和中、细砂密实度的关系　　　　　　表 7-4

密 实 度	松 散	稍 密	中 密	密 实
p_s (MPa)	<2.5	2.5～4.5	4.5～11.0	>11.0

静力触探 p_s 与饱和粉细砂的密实度关系　　　　　　表 7-5

密 实 度	疏 松	松 散	稍 密	中 密	密 实	极 密
p_s (MPa)	<2.0	2.0～4.5	4.5～7.0	7.0～14.0	14.0～22.0	>22.0
N (击数)	<4	4～10	10～15	15～30	30～50	>50

（1）黏性土

静力触探比贯入阻力 p_s 与黏性土的压缩模量 E_s 和变形模量 E_0 的实用关系见表 7-6。

用 p_s 评定黏性土的压缩模量 E_s 和变形模量 E_0 （MPa）　　　　　　表 7-6

实 用 关 系 式	适 用 条 件		来 源
$E_s=3.11p_s+1.14$	上海黏性土		同济大学等
$E_s=4.13p_s^{0.687}$	黏性土（$I_P>7$）和软土	$p_s\leqslant 1.3$	铁道部四院
$E_s=2.14p_s+2.17$	黏性土（$I_P>7$）和软土	$p_s>1.3$	
$E_0=6.03p_s^{1.45}+2.87$	软土、一般黏性土	$0.085\leqslant p_s<2.5$	
$E_s=3.63p_s+1.20$	软土、一般黏性土	$p_s<5$	交通部一航院
$E_s=3.72p_s+1.26$	软土、一般黏性土	$0.3\leqslant p_s<5$	武汉联合试验组
$E_0=9.79p_s-2.63$	软土、一般黏性土	$0.3\leqslant p_s<3$	
$E_0=11.77p_s-4.69$	老黏性土	$3\leqslant p_s<6$	
$E_0=6.06p_s-0.90$	软土、一般黏性土	$p_s<1.6$	建设部综勘院
$E_0=3.55p_s-6.65$	粉 土	$p_s>4$	

（2）砂土

砂土的压缩模量 E_s、变形模量 E_0 和初始切线模量 E_i 与静力触探的锥尖阻力 q_c 和比贯入阻力 p_s 均有一定的关系。如我国铁道部《静力触探技术规则》提出估算砂土 E_s 的经验值见表 7-7。

用比贯入阻力 p_s 估算砂土压缩模量 E_s　　　　　　表 7-7

p_s (MPa)	0.5	0.8	1.0	1.5	2.0	3.0	4.0	5.0
E_s (MPa)	2.6～5.0	3.5～5.6	4.1～6.0	5.1～7.5	6.0～9.0	9.0～11.5	11.5～13.0	13.0～15.0

用静力触探试验的锥尖阻力 q_c 或比贯入阻力 p_s 估算砂土变形模量的关系式见表 7-8。

用 q_c 或 p_s 估算砂土的变形模量 E_0 (MPa)　　　　　表 7-8

实用关系式	适用条件	来　源	
$E_0=3.57p_s^{0.6836}$	粉、细砂	铁道部一院	国内
$E_0=2.5p_s$	中、细砂	辽宁煤矿设计院	国内
$E_0=3.4q_c+13$	中密—密实砂土	前苏联规范 CH-448-72	国外

4. 评定地基土的承载力

关于用静力触探的比贯入阻力确定地基土的承载力基本值 f_0 的方法，我国开展了大量的研究工作，已取得了许多可靠、合理的实用成果。但是，由于我国疆域辽阔、土层复杂、差异很大，因此不能形成一个统一的公式来确定各地区的地基承载力。表 7-9 仅反映了我国部分地区一般土类的地基承载力基本值的经验关系。

用 p_s (kPa) 或 q_c 值 (kPa) 确定地基土承载力基本值 f_0 (kPa)　　　　表 7-9

实用公式	适用条件	来　源
$f_0=0.075p_s+42$	上海硬壳层	同济大学等
$f_0=0.070p_s+37$	上海淤泥质黏性土	同济大学等
$f_0=0.075p_s+38$	上海灰色黏性土	同济大学等
$f_0=0.055p_s+45$	上海粉土	同济大学等
$f_0=0.05p_s+73$	一般黏性土　　　　　　　　　　　　　　$1500\leqslant p_s\leqslant 6000$	建设部综勘院
$f_0=0.104p_s+25.9$	淤泥质土、一般黏性土、老黏土　　　　$300\leqslant p_s\leqslant 6000$	武汉联合试验组
$f_0=0.083p_s+54.6$	淤泥质土、一般黏性土　　　　　　　　$300\leqslant p_s\leqslant 3000$	武汉联合试验组
$f_0=0.097p_s+76$	老黏性土　　　　　　　　　　　　　　$3000\leqslant p_s\leqslant 6000$	武汉联合试验组
$f_0=5.25\sqrt{p_s}-103$	中、粗砂　　　　　　　　　　　　　　$1000\leqslant p_s\leqslant 10000$	武汉联合试验组
$f_0=0.02p_s+59.5$	粉、细砂　　　　　　　　　　　　　　$1000\leqslant p_s\leqslant 15000$	武汉联合试验组
$f_0=0.02p_s+50$	长江中下游粉、细砂（地下水位）　　　　$500<p_s$	武汉冶金勘察公司
$f_0=150\lg p_s-355$	黏质粉土　　　　　　　　　　　　　　$300\leqslant p_s\leqslant 3600$	河南省设计院

5. 预估单桩承载力

用静力触探试验成果估算单桩承载力比较普遍，上海、天津、西安、海口等城市的应用均取得良好效果。计算结果与桩的载荷试验结果或较接近或相差不大。下面分别介绍《上海市地基础础设计规范》(DGJ08—11—1999)、《高层建筑岩土工程勘察规程》(JGJ 72—2004) 以及铁道部《静力触探技术规则》用静力触探资料计算单桩承载力的方法。

(1)《上海市地基基础设计规范》(DGJ 08—11—1999) 的方法：

该规范的方法适用于计算我国沿海软土地区预制打入桩的单桩承载力标准值 R_k，其公式如下：

$$R_k = \frac{1}{K}(\alpha_b p_{sb} A_p + U_p \sum_{i=1}^{n} f_i l_i) \tag{7-11}$$

式中 R_k——预制桩单桩承载力标准值（kN）；

A_p——桩端横截面面积（m²）；

U_p——桩身截面周长（m）；

K——安全系数，K 应根据工程的性质、使用要求、荷载特性、上部结构对变形的敏感程度、地基土的均匀程度、桩的入土深度和实际沉桩施工质量等因素确定，一般 $K=2$；

α_b——桩端阻力修正系数，按表 7-10 取用；

p_{sb}——桩端附近的静力触探比贯入阻力平均值（kPa），并按公式（7-12）或（7-13）计算。

f_i——用静力触探比贯入阻力估算的桩周各层土的极限摩阻力（kPa）；

l_i——第 i 层土的厚度（m）。

桩端阻力修正系数 α_b 值　　　　　　　　　　　表 7-10

桩 长 L（m）	$L \leqslant 7$	$7 < L \leqslant 30$	$L > 30$
α_b	2/3	5/6	1

当 $p_{sb1} \leqslant p_{sb2}$ 时，　　　　　$p_{sb} = \dfrac{p_{sb1} + p_{sb2}\beta}{2}$ 　　　　　(7-12)

当 $p_{sb1} > p_{sb2}$ 时，　　　　　$p_{sb} = p_{sb2}$ 　　　　　(7-13)

式中 p_{sb1}——桩端全断面以上 8 倍桩径范围内的比贯入阻力平均值（kPa）；

p_{sb2}——桩端全断面以下 4 倍桩径范围内的比贯入阻力平均值（kPa）；

β——折减系数，按 p_{sb2}/p_{sb1} 的比值查表 7-11。

折 减 分 数 β 值　　　　　　　　　　　表 7-11

p_{sb2}/p_{sb1}	<5	5~10	10~15	>15
β	1	5/6	2/3	1/2

用静力触探比贯入阻力估算桩周各土层的极限摩阻力 f_i 时，应结合土工试验资料，土层的埋藏深度及性质按下列情况考虑：

1) 地表以下 6m 范围内的浅层土，可取 $f_i = 15\text{kPa}$。

2) 黏性土

　　　　　当 $p_s \leqslant 1000\text{kPa}$ 时，$f_i = p_s/20$。

　　　　　当 $p_s > 1000\text{kPa}$ 时，$f_i = 0.025 p_s + 25$。

3) 粉土及砂土　　$f_i = p_s/50$。

上述 p_s 为桩身所穿越土层的比贯入阻力平均值（kPa）。

用静力触探资料估算的桩端极限阻力值不宜超过 8000kPa；桩侧极限摩阻力

值不宜超过100kPa。对于比贯入阻力值为2500～6500kPa的浅部粉性土及稍密的砂土，估算桩端阻力和桩侧摩阻力时应慎重。

(2)《高层建筑岩土工程勘察规程》(JDJ72—2004)的方法：

该方法适用于一般黏性土和砂土，其公式如下：

$$R_k = \frac{1}{K}(\alpha \bar{q}_c A_p + U_p \sum_{i=1}^{n} f_{si} l_i \beta_i) \tag{7-14}$$

式中 α——桩端阻力修正系数，对于黏性土 $\alpha=2/3$，对于饱和砂土 $\alpha=1/2$；

$\bar{q}_c$——桩端上、下静力触探锥尖阻力平均值（kPa），$\bar{q}_c$ 取桩尖平面以上 $4d$（d 为桩径）范围内的按厚度加权平均值，然后再和桩尖平面以下 $1d$ 范围的 q_c 值进行算术平均；

f_{si}——第 i 层土的静力触探侧壁摩阻力（kPa）；

β_i——第 i 层桩身侧壁摩阻力修正系数，按下式计算：

黏性土：$\beta_i = 10.043 f_{si}^{-0.55}$

砂土：$\beta_i = 5.045 f_{si}^{-0.45}$

其余符号同前。

(3) 铁道部《静力触探技术规则》的方法：

1) 混凝土打入桩承载力按下式计算：

$$Q_u = \alpha_b \bar{q}_{cb} A_b + U_p \sum_{i=1}^{n} \beta_f f_{si} l_i \tag{7-15}$$

式中 Q_u——单桩极限承载力（kN）；

α_b、β_f——分别为桩端阻力、桩侧摩阻力的综合修正系数，按表7-12选用；

$\bar{q}_{cb}$——桩底以上、以下 $4D$（D 为桩径或桩边长）的平均值（kPa）。如桩底以上 $4D$ 的 q_c 平均值大于桩底以下 $4D$ 的 q_c 平均值，则 $\bar{q}_{cb}$ 取桩底以下 $4D$ 的 q_c 平均值。

其余符号同上。

混凝土打入桩桩端、桩侧摩阻力综合修正系数 α_b 和 β_f 表7-12

α_b	β_f	条 件
$3.975 (\bar{q}_{cb})^{-0.25}$	$5.07 (f_{si})^{-0.45}$	同时满足 $\bar{q}_{cb} > 2000$kPa、$f_{si}/q_{ci} \leqslant 0.14$
$12.00 (\bar{q}_{cb})^{-0.35}$	$10.04 (f_{si})^{-0.55}$	不同时满足 $\bar{q}_{cb} > 2000$kPa、$f_{si}/q_{si} \leqslant 0.14$
备 注		$\beta_f \cdot f_{si} \leqslant 100$kPa

2) 混凝土钻孔灌注桩承载力：

混凝土灌注桩的单桩极限承载力 Q_u 的计算公式与式（7-15）相同，但是桩端阻力综合修正系数 α_b 和桩侧摩阻力综合修正系数 β_f 的取值不同，按表7-13选取。

混凝土钻孔灌注桩的 α_b 和 β_f 值   表7-13

灌注桩直径（cm）	α_b	β_f
<65	$570.71(\bar{q}_{cb})^{-0.93}$	$21.22(f_{si})^{-0.75}$
≥65	$20.46(\bar{q}_{cb})^{-0.55}$	$3.49(f_{si})^{-0.4}$

此外，静力触探试验成果，还可以判定饱和砂土和粉土的液化。

§7.3 圆锥动力触探（DPT）

圆锥动力触探是利用一定的锤击动能，将一定规格的圆锥探头打入土中，根据打入土中的阻力大小判别土层的变化，对土层进行力学分层，并确定土层的物理力学性质，对地基土作出工程地质评价。通常以打入土中一定距离所需的锤击数来表示土的阻力。圆锥动力触探的优点是设备简单、操作方便、工效较高、适应性广，并具有连续贯入的特性。对难以取样的砂土、粉土、碎石类土等，对静力触探难以贯入的土层，动力触探是十分有效的勘探测试手段。圆锥动力触探的缺点是不能采样对土进行直接鉴别描述，试验误差较大，再现性差。

7.3.1 动力触探的类型和规格

目前动力触探设备的规格较多，不同设备规格所测得触探指标不同，也就是说，某种动力触探指标对应其相应的设备规格。一般根据锤击能量按表7-14分为轻型、重型和超重型三种。

圆锥动力触探类型和规格   表7-14

	圆锥动力触探类型	轻型（DPL）	重型（DPH）	超重型（DPSH）
探头规格	直径（mm）	40	74	74
	截面积（cm²）	12.6	43	43
	锥角（°）	60	60	60
落锤	锤质量（kg）	10±0.1	63.5±0.5	120±1
	自由落距（cm）	50±1	76±2	100±2
	能量指数（J/cm²）	39.7	115.2	279.1
	探杆直径（mm）	25	42	60
	触探指标（击）	贯入30cm 锤击数 N_{10}	贯入10cm 锤击数 $N_{63.5}$	贯入10cm 锤击数 N_{120}
	最大贯入深度（m）	4~6	12~16	20
备注	能量指数 $n_d = MHg/A$，式中：M 为锤的质量（kg）；H 为锤的自由落距（cm）；A 为探头截面积（cm²）			

7.3.2 动力触探的技术要求

(1) 应采用自动落锤装置。如：抓勾式、偏心轮式、钢球式、滑销式和滑槽式等。锤的脱落方式可分为：碰撞式和缩径式两种。前者动作可靠，但如操作不当，易反向撞出，影响试验成果；后者无反向撞击，但导向杆易被磨损发生故障。

(2) 触探杆连接后的最初5m的最大偏斜度不应超过1%，大于5m后的最大偏斜度不应超过2%。试验开始时，应保持探头与探杆有很好的垂直导向，必要时可以预先钻孔作为垂直导向。锤击贯入应连续进行，不能间断，锤击速率一般为每分钟15～30击。在砂土和碎石类土中，锤击速率对试验成果影响不大，锤击速率可增加到每分钟60击。锤击过程应防止锤击偏心、探杆歪斜和探杆侧向晃动。每贯入1m，应将探杆转动约一圈半，使触探杆能保持垂直贯入，并减少探杆的侧向阻力。当贯入深度超过10m，每贯入0.2m，即应旋转探杆。

(3) 试验过程中锤击间歇时间，应做记录。

(4) 当贯入15cm，且N_{10}>50击时即可停止试验；当$N_{63.5}$>50击时，即可停止试验，考虑改用超重型圆锥动力触探。

(5) N_{10}和$N_{63.5}$的正常范围为3～50击；N_{120}的正常范围为3～40击。当锤击数超出正常范围，如遇软黏土，可记录每击的贯入度；如遇硬土层，可记录一定锤击数下的贯入度。

7.3.3 动力触探试验的适用范围和目的

动力触探试验适用于强风化、全风化的硬质岩石、各种软质岩石及各类土。其目的有：

(1) 定性评价：评定场地土层的均匀性；查明土洞、滑动面和软硬土层界面；确定软弱土层或坚硬土层的分布；检验评估地基土加固与改良的效果。

(2) 定量评价：确定砂土的孔隙比、相对密实度、粉土和黏性土的状态、土的强度和变形参数，评定天然地基土承载力或单桩承载力。

7.3.4 动力触探试验成果的应用

动力触探试验的主要成果是锤击数和锤击数随深度变化的关系曲线。下面简要介绍动力触探试验成果的应用。

1. 确定砂土和碎石土的密实度

北京市勘察院的研究结果表明，N_{10}与砂土密实度有一定的对应关系，见表7-15。

根据成都地区的工程实践经验，得N_{120}与卵石密实度的关系，见表7-16。

北京市N_{10}与砂土密实度的关系　　　　　　　表7-15

N_{10}	<10	10～20	21～30	31～50	51～90	>90
密实度	疏 松	稍 密	中下密	中 密	中上密	密 实

§7.3 圆锥动力触探（DPT）

N_{120} 与卵石密实度的关系 表 7-16

N_{120}	3～6	6～10	6～14	14～20
密实度	稍密	中密	密实	极密
土类	卵石或砂夹卵石、圆砾	卵石	卵石	卵石或含少量漂石

2. 确定地基土的承载力和变形变量

原《建筑地基基础设计规范》（GBJ7—89）规定可用 N_{10} 确定地基土的承载力标准值 f_k，见表 7-17。

N_{10} 与黏性土承载力标准值 f_k 表 7-17

N_{10}	15	20	25	30
f_k (kPa)	105	145	190	230

原铁道部《动力触探技术规定》（TBJ18—87）提出用 $N_{63.5}$ 评定各类地基土的承载力基本值 f_0，见表 7-18（该表适用于冲积、洪积层；动力触探深度为 1～20m；$N_{63.5}$ 需经过杆长修正）。

铁道部各类土的 $N_{63.5}$ 与 f_0 的关系 表 7-18

f_0 (kPa) \ $N_{63.5}$ 土类	2	3	4	5	6	7	8	9	10	12	14
粉细砂	80	110	142	165	187	210	232	255	277	321	
中砂、砾砂		120	150	180	220	260	300	340	380		
碎石土		140	170	200	240	280	320	360	400	480	540

f_0 (kPa) \ $N_{63.5}$ 土类	16	18	20	22	24	26	28	30	35	40
碎石土	600	660	720	780	830	870	900	930	970	1000

铁道部第二勘测设计院提出对圆砾、卵石可用下式由 $N_{63.5}$ 确定变形模量 E_0（MPa）：

$$E_0 = 4.48 N_{63.5}^{0.7654} \tag{7-16}$$

中国建筑西南勘察院提出用超重型动力触探 N_{120} 确定成都地区卵石地基的承载力标准值 f_k 和变形模量 E_0，见表 7-19。

成都地区卵石 N_{120} 与 f_k、E_0 的关系 表 7-19

N_{120}	3	4	5	6	7	8	9	10	11	12	14	16
f_k (kPa)	240	320	400	480	560	640	720	800	850	900	950	1000
E_0 (MPa)	16.0	21.0	26.0	31.0	36.5	42.0	47.5	53.0	56.5	60.0	62.5	65.0

3. 确定单桩承载力标准值 R_k

重型动力触探试验对桩基持力层的锤击数 $N_{63.5}$ 与打桩机最后若干锤的平均每锤贯入度之间有一定的相关关系,根据这种关系就可以确定打入桩的单桩承载力标准值 R_k,其方法有:

广东省建筑设计研究院,通过对广州地区的重型动力触探 $N_{63.5}$ 与现场打桩资料的分析研究,认为打桩机最后 30 锤平均每锤的贯入度 S_p 与持力层的 $N_{63.5}$ 有如下的经验关系:

$$S_p = 2.86/N_{63.5} \tag{7-17}$$

利用打桩公式,即可估算打入桩单桩承载力标准值 R_k:

对大桩机:
$$R_k = \frac{WH}{9(0.15+S_p)} + \frac{WH\Sigma N_{63.5}}{6000} \tag{7-18}$$

对中桩机:
$$R_k = \frac{WH}{8(0.15+S_p)} + \frac{WH\Sigma N_{63.5}}{2250} \tag{7-19}$$

式中　W——打桩机的锤重量(kN);

　　　H——打桩机锤的自由落距(cm);

　　　S_p——打桩机最后 30 锤平均每锤贯入度(cm);

　　　$\Sigma N_{63.5}$——重型动力触探持力层的锤击总数;

　　　R_k——打入桩单桩承载力标准值(kN)。

§7.4　标准贯入试验(SPT)

标准贯入试验实质上仍属于动力触探类型之一,所不同者,其触探头不是圆锥形探头,而是标准规格的圆筒形探头(由两个半圆管合成的取土器),称之为贯入器。因此,标准贯入试验就是利用一定的锤击动能,将一定规格的对开管式贯入器打入钻孔孔底的土层中,根据打入土层中的贯入阻力,评定土层的变化和土的物理力学性质。贯入阻力用贯入器贯入土层中的 30cm 的锤击数 $N_{63.5}$ 表示,也称标贯击数。

标准贯入试验开始于本世纪四十年代以来在国外有着广泛的应用,在我国也于 1953 年开始应用。标准贯入试验结合钻孔进行,国内统一使用直径 42mm 的钻杆,国外也有使用直径 50mm 或 60mm 的钻杆。标准贯入试验的优点在于:操作简便,设备简单,土层的适应性广,而且通过贯入器可以采取扰动土样,对它进行直接鉴别描述和有关的室内土工试验。如对砂土做颗粒分析试验。本试验特别对不易钻探取样的砂土和砂质粉土物理力学性质的评定具有独特的意义。

7.4.1　标准贯入试验设备规格

标准贯入试验设备规格要符合表 7-20 的要求。

标准贯入试验设备规格　　　　　　　　　表 7-20

落　　锤	锤的质量（kg）	63.5±0.5
	落　距（cm）	76±2
贯 入 器	长　度（mm）	500
	外　径（mm）	51±1
	内　径（mm）	35±1
管　靴	长　度（mm）	76±1
	刃口角度（°）	18～20
	刃口单刃厚（mm）	2.5
钻　杆 （相对弯曲<1‰）	直径（mm）	42

7.4.2 标准贯入试验的技术要求

1. 钻进方法：为保证标准贯入试验用的钻孔的质量，应采用回转钻进，当钻进至试验标高以上 15cm 处，应停止钻进。为保持孔壁稳定，必要时可用泥浆或套管护壁。如使用水冲钻进，应使用侧向水冲钻头，不能用底向下水冲钻头，以使孔底土尽可能少扰动。钻孔直径在 63.5～150mm 之间，钻进时应注意以下几点：

（1）仔细清除孔底残土到试验标高。

（2）在地下水位以下钻进时或遇承压含水砂层，孔内水位或泥浆面始终应高于地下水位足够的高度，以减少土的扰动。否则会产生孔底涌土，降低 N 值。

（3）当下套管时，要防止套管下过头，套管内的土未清除。贯入器贯入套管内的土，使 N 值急增，不反映实际情况。

（4）下钻具时要缓慢下放，避免松动孔底土。

2. 标准贯入试验所用的钻杆应定期检查，钻杆相对弯曲<1/1000，接头应牢固，否则锤击后钻杆会晃动。

3. 标准贯入试验应采用自动脱钩的自由落锤法，并减小导向杆与锤间的摩阻力，以保持锤击能量恒定，它对 N 值影响极大。

4. 标准贯入试验时，先将整个杆件系统连同静置于钻杆顶端的锤击系统一起下到孔底，在静重下贯入器的初始贯入度需作记录。如初始贯入度已超过 45cm，不作锤击贯入试验，N 值记为零。标准贯入试验分两个阶段进行：

（1）预打阶段：先将贯入器打入 15cm，如锤击已达 50 击，贯入度未达 15cm，记录实际贯入度。

（2）试验阶段：将贯入器再打入 30cm，记录每打入 10cm 的锤击数，累计打入 30cm 的锤击数即为标贯击数 N。当累计击数已达 50 击（国外也有定为 100 击的），而贯入度未达 30cm，应终止试验，记录实际贯入度 Δs 及累计锤击数 n。按下式换算成贯入 30cm 的锤击数 N：

$$N = \frac{30n}{\Delta s} \tag{7-20}$$

式中 Δs——对应锤击数 n 的贯入度（cm）。

5. 标准贯入试验可在钻孔全深度范围内等距进行。间距为 1.0m 或 2.0m，也可仅在砂土、粉土等欲试验的土层范围内等间距进行。

7.4.3 标准贯入试验的目的和范围

标准贯入试验可用于砂土、粉土和一般黏性土，最适用于 $N=2\sim 50$ 击的土层。其目的有：

1. 采取扰动土样，鉴别和描述土类，按颗粒分析结果定名。
2. 根据标准贯入击数 N，利用地区经验，为砂土的密实度和粉土、黏性土的状态，土的强度参数，变形模量，地基承载力等作出评价。
3. 估算单桩极限承载力和判定沉桩可能性。
4. 判定饱和粉砂、砂质粉土的地震液化可能性及液化等级。

7.4.4 标准贯入试验成果的应用

标准贯入试验的主要成果有：标贯击数 N 与深度的关系曲线，标贯孔工程地质柱状剖面图。下面简述标贯击数 N 的应用。应该指出，在应用标贯击数 N 评定土的有关工程性质时，要注意 N 值是否作过有关修正。

1. 评定砂土的密实度和相对密度 D_r

上海市《岩土工程勘察规范》（DGJ 08—37—2002）根据实测的贯标击数 N，按式(7-21)进行上覆有效压力的修正后，用修正后的标贯击数 N_1（修正为上覆有效压力为 100kPa 的标贯击数）按表 7-21 评定砂土的相对密度 D_r 和密实度。

$$N_1 = C_N \cdot N \tag{7-21}$$

式中 N——实测标贯击数；

C_N——上覆有效压力的修正系数，可按式（7-22）取值。

$$C_N = 10(1/\sqrt{\sigma_0'}) \quad 或 \quad C_N = 3.16(1/\sqrt{H}) \tag{7-22}$$

式中 σ_0'——上覆有效压力（kPa）；

H——标贯试验深度（m）。

用 N_1 确定砂土密实度和相对密度 D_r　　　　表 7-21

标贯击数 N_1	$0<N_1\leqslant 3$	$3<N_1\leqslant 8$	$8<N_1\leqslant 25$	$N_1>25$
密 实 度	松 散	稍 密	中 密	密 实
相对密度 D_r（%）	20	20～35	35～65	>65
备 注	本表适用于正常固结的中砂；对于细砂取表中 N_1 值乘以 0.92，对粗砂取表中 N_1 值乘以 1.08			

2. 评定黏性土的状态

冶金部武汉勘察公司提出标准贯入击数 N 与黏性土的状态关系，见表 7-22。

太沙基（Terzaghi）和佩克（Peck）提出 N 与黏性土稠度状态关系，见表 7-23。

标贯击数 N 与黏性土液性指数 I_L 的关系　　　表 7-22

N	<2	2~4	4~7	7~18	18~35	>35
I_L	>1	1~0.75	0.75~0.5	0.5~0.25	0.25~0	<0
稠度状态	流塑	软塑	软可塑	硬可塑	硬塑	坚硬

太沙基和佩克关于 N 与黏性土稠度状态关系　　　表 7-23

N	<2	2~4	4~8	8~15	15~30	>30
q_u (kPa)	<25	25~50	50~100	100~200	200~400	>400
稠度状态	极软	软	中等	硬	很硬	坚硬

3. 评定砂土抗剪强度指标 φ

佩克的经验关系

$$\varphi = 0.3N + 27 \tag{7-23}$$

迈耶霍夫（Meyerhof）的经验关系

当 $4 \leqslant N \leqslant 10$ 时，

$$\varphi = \frac{5}{6}N + 26\frac{2}{3} \tag{7-24}$$

当 $N > 10$ 时，

$$\varphi = \frac{1}{4}N + 32.5 \tag{7-25}$$

当式（7-24）和（7-25）用于粉砂应减 5°，用于粗砂、砾砂应加 5°。

日本建筑基础设计规范采用大崎的经验关系：

$$\varphi = \sqrt{20N} + 15 \tag{7-26}$$

日本道路桥梁设计规范：

$$\varphi = \sqrt{15N} + 15 \quad 且\ \varphi \leqslant 45° \tag{7-27}$$

式（7-27）中 $N > 5$。

日本国铁基础设计规范：

$$\varphi = 1.85\left(\frac{100N}{\sigma'_{v0} + 70}\right)^{0.6} + 26 \tag{7-28}$$

式中　σ'_{v0}——有效上覆压力（kPa）。

在地震研究中采用的 φ 值上限为：

$$\varphi = 0.5N + 24 \tag{7-29}$$

4. 评定黏性土的不排水抗剪强度 C_u (kPa)

太沙基和佩克：

$$C_u = (6 \sim 6.5)N \tag{7-30}$$

日本道路桥梁设计规范采用：

$$C_u = (6 \sim 10)N \tag{7-31}$$

5. 评定土的变形模量 E_0 和压缩模量 E_s。

我国用标贯击数 N 确定土的变形模量和压缩模量的经验关系见表 7-24。

N 值与 E_0 或 E_s 的关系（MPa）　　　　表 7-24

关　系　式	适　用　条　件	来　　源
$E_s=4.8N^{0.42}$ $E_s=2.5N^{0.75}H^{-0.25}$	粉细砂　埋深 $H\leqslant15m$ 　　　　埋深 $H>15m$	上海《岩土工程勘察规范》
$E_s=1.04N+4.89$	中南、华东地区黏性土	冶金部武勘公司
$E_s=0.276N+10.22$	唐山粉细砂	西南综勘院
$E_0=1.066N+7.431$	黏性土、粉土	湖北水利电力勘测院

6. 确定地基土承载力

我国根据标贯击数 N 确定土的地基承载力标准值 f_k 的方法见表 7-25。

N 值与地基土承载力标准值 f_k 的关系　　　　表 7-25

f_k 的关系式（kPa）	适　用　条　件	来　　源
$72+9.4N^{1.2}$	粉　土	铁道部第三勘测设计院
$222N^{0.3}-212$	粉细砂	
$850N^{0.1}-803$	中粗砂	
$35.8N+4.9$	中南、华东地区黏性土、粉土 $N=3\sim23$	冶金部武勘公司
$N/(0.00308N+0.01504)$	粉　土	纺织工业部设计院
$10N+105$	细、中砂	
$20.2N+80$	一般黏性土　　$3\leqslant N<18$	武汉市建筑规划，设计院等
$17.48N+152.6$	老黏性土　　$18\leqslant N<22$	

太沙基的经验关系（安全系数取 3）

对于条形基础： $\quad f_k=12N$ （kPa） 　　　　　　　　（7-32）

对于独立方形基础： $\quad f_k=15N$ （kPa） 　　　　　（7-33）

日本住宅公团的经验关系：

$$f_k=8N(kPa) \tag{7-34}$$

7. 估算单桩承载力

将标贯击数 N 换算成桩侧、桩端土的极限摩阻力和极限端承力，再根据当地的土层情况，就可以估算单桩的极限承载力。例如：北京市勘察院的经验公式为：

$$Q_u = p_b \cdot A_p + U_p(\Sigma p_{fc} \cdot L_c + \Sigma p_{fs} \cdot L_s) + C_1 - C_2 x \tag{7-35}$$

式中　　p_b——桩尖以上以下 $4D$（D 为桩径或边长）范围 N 平均值换算的极限桩端承力（kPa），见表 7-26；

p_{fc} 和 p_{fs}——分别为桩身范围内黏性土、砂土的 N 值换算成桩侧极限摩阻力（kPa），见表 7-27；

L_c 和 L_s——分别为黏性土层和砂土层的桩段长度（m）；

C_1 —— 经验系数（kN），见表 7-27；

C_2 —— 孔底虚土折减系数（kN/m），取 18.1；

x —— 孔底虚土厚度，预制桩 $x=0$；当虚土厚度>0.5m，取 $x=0.5$m，但端承力 $p_b=0$。

N 与 p_{fc}、p_{fs} 和 p_b (kPa) 的换算表　　　　　　　　　表 7-26

	N	1	2	4	6	8	10	12	14	16	18	20	22	24	26	28	30	35	40
预制桩	p_{fc}	7	13	26	39	52	65	78	91	104	117	130							
	p_{fs}			18	27	36	44	53	62	71	80	89	98	107	115	124	133	155	178
	p_b				440	660	880	1100	1320	1540	1760	1980	2200	2420	2640	2860	3080	3300	3850	4400
灌注桩	p_{fc}	3	6	12	19	25	31	37	43	50	56	62							
	p_{fs}			7	13	20	26	33	40	46	53	59	66	73	79	86	92	99	116	132
	p_b			110	170	220	280	330	390	450	500	560	610	670	720	780	830	970	1120

经 验 系 数 C_1　　　　　　　　　表 7-27

桩　型	预　制　桩		灌 注 桩
土 层 条 件	桩周有新近堆积土	桩周无新近堆积土	桩周无新近堆积土
C_1 (kN)	340	150	180

8. 判定饱和砂土的地震液化问题

用标准贯入试验锤击数 N 可以判断浅层饱和粉砂及砂质粉土的地震液化可能性和液化等级，见第八章。

§7.5　十字板剪切试验（VST）

十字板剪切试验于 1928 年在瑞士奥尔桑（J. Olsson）首先提出。在我国于 1954 年开始使用十字板剪切试验以来，在沿海软土地区已被广泛使用。十字板剪切试验是快速测定饱和软黏土层快剪强度的一种简易而可靠的原位测试方法。这种方法测得的抗剪强度值，相当于试验深度处天然土层的不排水抗剪强度，在理论上它相当于三轴不排水剪的总强度，或无侧限抗压强度的一半（$\varphi=0$）。由于十字板剪切试验不需采取土样，特别对于难以取样的灵敏性高的黏性土，它可以在现场基本保持天然应力状态下进行扭剪。长期以来十字板剪切试验被认为是一种较为有效的、可靠的现场测试方法，与钻探取样室内试验相比，土体的扰动较小，而且试验简便。

但在有些情况下已发现十字板剪切试验所测得的抗剪强度在地基不排水稳定分析中偏于不安全，对于不均匀土层，特别是夹有薄层粉细砂或粉土的软黏性土，十字板剪切试验会有较大的误差。因此将十字板抗剪强度直接用于工程实践时，要考虑到一些影响因素。

7.5.1 十字板剪切试验的基本技术要求

（1）十字板尺寸：常用的十字板为矩形，高径比（H/D）为2。国外使用的十字板尺寸与国内常用的十字板尺寸不同，见表7-28。

十字板尺寸　　　　　表 7-28

十字板尺寸	H (mm)	D (mm)	厚度 (mm)
国　内	100	50	2～3
	150	75	2～3
国　外	125±12.5	62.5±12.5	2

（2）对于钻孔十字板剪切试验，十字板插入孔底以下的深度应大于5倍钻孔直径，以保证十字板能在不扰动土中进行剪切试验。

（3）十字板插入土中与开始扭剪的间歇时间应小于5min。因为插入时产生的超孔隙水压力的消散，会使侧向有效应力增长。托斯坦桑（Torstensson (1977)）发现间歇时间为1h和7d的，试验所得不排水抗剪强度比间歇时间为5min的，约分别增长9%和19%。

（4）扭剪速率也应很好控制。剪切速率过慢，由于排水导致强度增长。剪切速率过快，对饱和软黏性土由于黏滞效应也使强度增长。一般应控制扭剪速率为$1°\sim 2°/10s$，并以此作为统一的标准速率，以便能在不排水条件下进行剪切试验。测记每扭转$1°$的扭矩，当扭矩出现峰值或稳定值后，要继续测读1min，以便确认峰值或稳定扭矩。

（5）重塑土的不排水抗剪强度，应在峰值强度或稳定值强度出现后，顺剪切扭转方向连续转动6圈后测定。

（6）十字板剪切试验抗剪强度的测定精度应达到1～2kPa。

（7）为测定软黏性土不排水抗剪强随深度的变化，试验点竖向间距应取为1m，或根据静力触探等资料布置试验点。

7.5.2 十字板剪切试验的基本原理

十字板剪切试验包括钻孔十字板剪切试验和贯入电测十字板剪切试验，其基本原理都是：施加一定的扭转力矩，将土体剪坏，测定土体对抵抗扭剪的最大力矩，通过换算得到土体抗剪强度值（假定$\varphi=0$）。假设土体是各向同性介质，即水平面的不排水抗剪强度$(C_u)_h$与垂直面上的不排水抗剪强度$(C_u)_v$相同：$(C_u)_v = (C_u)_h$。旋转十字板头时，在土体中形成一个直径为D，高为H的圆柱剪切破坏面。由于假设土体是各向同性的，因此，该圆柱剪损面的侧表面及顶底面上各点的抗剪强度相等，则旋转过程中，土体产生的最大抵抗扭矩M由圆柱侧表面的抵抗扭矩M_1和圆柱顶底面的抵抗扭矩M_2组成。

$$M = M_1 + M_2 \tag{7-36}$$

其中：

$$M_1 = C_u \cdot (\pi DH) \cdot \frac{D}{2} \tag{7-37}$$

$$M_2 = \left[2C_u \cdot \left(\frac{1}{4} \pi D^2 \right) \cdot \frac{D}{2} \right] \alpha \tag{7-38}$$

则：

$$M = \frac{1}{2} C_u \cdot \pi H D^2 + \frac{1}{4} C_u \cdot \pi D^3 \alpha = \frac{1}{2} C_u \cdot \pi D^3 \left(\frac{H}{D} + \frac{\alpha}{2} \right)$$

所以

$$C_u = \frac{2M}{\pi D^3 \left(\frac{H}{D} + \frac{\alpha}{2} \right)} \tag{7-39}$$

式中 α——与圆柱顶底面剪应力的分布有关的系数，见表7-29；

M——十字板稳定最大扭矩（即土体的最大抵抗扭矩）。

α 值　　　　表 7-29

圆柱顶底面剪应力分布	均　匀	抛　物　线	三　角　形
α	2/3	3/5	1/2

影响十字板剪切试验的因素很多，有些因素，如十字板厚度、间歇时间和扭转速率等，已由技术标准加以控制了。但有些因素是无法人为控制的。例如：土的各向异性、剪切面剪应力的非均匀分布、应变软化和剪切破坏圆柱直径大于十字板直径等等。所有这些因素的影响大小，均与土类、土的塑性指数 I_p 和灵敏度 S_t 有关。当 I_p 高、S_t 大，各因素的影响也大。故对于高塑性的灵敏黏土，对十字板剪切试验的成果，要作慎重分析。

7.5.3　十字板剪切试验的适用范围和目的

十字板剪切试验适用于灵敏度 $S_t \leqslant 10$，固结系数 $C_v \leqslant 100 \text{m}^2/\text{年}$ 的均质饱和软黏性土。其目的有：

(1) 测定原位应力条件下软黏土的不排水抗剪强度 C_u；
(2) 估算软黏性土的灵敏度 S_t。

7.5.4　十字板剪切试验成果的应用

十字板剪切试验成果主要有：十字板不排水抗剪强度 C_u 随深度的变化曲线，即 C_u—h 关系曲线。

十字板不排水抗剪强度一般偏高，要经过修正以后，才能用于实际工程问题。其修正方法有：

$$(C_u)_f = \mu (C_u)_{fv} \tag{7-40}$$

式中 $(C_u)_f$——土的现场不排水抗剪强度（kPa）；
$(C_u)_{fv}$——十字板实测不排水抗剪强度（kPa）；
μ——修正系数，按表 7-30 选取。

十字板修正系数表　　　　　　　　　表 7-30

液性指数 I_p		10	15	20	25
μ	各向同性土	0.91	0.88	0.85	0.82
	各向异性土	0.95	0.92	0.90	0.88

国外约翰逊（Johnson 1988）等对墨西哥海湾的深水软土的经验：

$$\mu = 1.29 - 0.0206 I_P + 0.000156 I_P^2 \qquad (7\text{-}41)$$
$$(20 \leqslant I_P \leqslant 80)$$

或

$$\mu = 10^{-(0.077+0.098 I_L)} \qquad (7\text{-}42)$$
$$(0.2 \leqslant I_L \leqslant 1.3)$$

经过修正后的十字板不排水抗剪强度可用于评定地基土的现场不排水抗剪强度，即式（7-40）确定的 $(C_u)_f$。

用 $(C_u)_f$ 也可以确定软土地基的承载力：

根据中国建筑科学研究院、华东电力设计院的经验，依据 $(C_u)_f$ 评定软土地基承载力标准值 f_k（kPa）的公式为：

$$f_k = 2(C_u)_f + \gamma D \qquad (7\text{-}43)$$

式中 γ——土的重度（kN/m³）；
D——基础埋置深度（m）。

也可以利用地基土承载力的理论公式，根据 $(C_u)_f$ 确定地基土的承载力。

用十字板实测不排水抗剪强度可以估算软土的液性指数 I_L：

$$I_L = \lg \frac{13}{\sqrt{(C_u)'_{fv}}} \qquad (7\text{-}44)$$

式中 $(C_u)'_{fv}$——扰动的十字板不排水抗剪强度（kPa）。

约翰逊等曾统计得：

$$\frac{(C_u)_{fv}}{\sigma_v} = 0.171 + 0.235 I_L \qquad (7\text{-}45)$$

式中 σ_v——上覆压力（kPa）。

§7.6 扁铲侧胀试验

扁铲侧胀试验（简称扁胀试验）是用静力（有时也用锤击动力）把一扁铲形探头贯入土中，达试验深度后，利用气压使扁铲侧面的圆形钢膜向外扩张进行试验，它可作为一种特殊的旁压试验。它的优点在于简单、快速、重复性好和便宜。故在国外近年发展很快。

扁胀试验适用于一般黏性土、粉土、中密以下砂土、黄土等，不适用于含碎石的土、风化岩等。

7.6.1 扁胀试验的基本原理

扁胀试验时膜向外扩张可假设为在无限弹性介质中在圆形面积上施加均布荷载 Δp，如弹性介质的弹性模量为 E，泊松比为 μ，膜中心的外移为 s，则

$$s = \frac{4 \cdot R \Delta p}{\pi} \frac{(1-\mu^2)}{E} \tag{7-46}$$

式中，R 为膜的半径（$R=30$mm）。

如把 $E/(1-\mu^2)$ 定义为扁胀模量 E_D，s 为 1.10mm，则式（7-46）变为

$$E_D = 34.7 \Delta p = 34.7(p_1 - p_0) \tag{7-47}$$

而作用在扁胀仪上的原位应力即 p_0，水平有效应力 p'_0 与竖向有效应力 σ'_{v0} 之比，可定义为水平应力指数 K_D：

$$K_D = (p_0 - u_0)/\sigma'_{v0} \tag{7-48}$$

而膜中心外移 1.10mm 所需的压力（$p_1 - p_0$）与土的类型有关，定义扁胀（或土类）指数 I_D 为

$$I_D = (p_1 - p_0)/(p_0 - u_0) \tag{7-49}$$

可把压力 p_2 当作初始的孔压加上由于膜扩张所产生的超孔压之和，故可定义扁胀孔压指数 U_D 为

$$U_D = \frac{p_2 - u_0}{p_0 - u_0} \tag{7-50}$$

可以根据 E_D，K_D，I_D 和 U_D 确定土的一系列岩土技术参数，并为路基、浅基、深基等岩土工程问题作出评价。

7.6.2 扁胀试验设备

扁铲形探头的尺寸为长 230～240mm、宽 94～96mm、厚 14～16mm。铲前缘刃角为 12°～16°，在扁铲的一侧面为一直径 60mm 的钢膜。探头可与静力触探的探杆或钻杆连接，对探杆的要求与静力触探相同（图 7-11）。

7.6.3 扁胀试验技术要求

（1）试验时，测定三个钢膜位置的压力 A，B，C。

压力 A 为当膜片中心刚开始向外扩张，向垂直扁铲周围的土体水平位移 0.05（+0.02，−0.00）mm 时作用在膜片内侧的气压。

压力 B 为膜片中心外移达 1.10±0.03mm 时作用在膜片内侧的气压。

压力 C 为在膜片外移 1.10mm 后，缓慢降压，使膜片内缩到刚启动前的原

来位置时作用在膜片内的气压。

当膜片到达所确定的位置时,会发出一电信号(指示灯发光或蜂鸣器发声),测读相应的气压。一般三个压力读数 A,B,C 可在贯入后 1min 内完成。

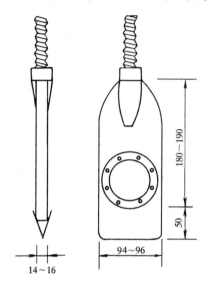

图 7-11 扁铲侧胀仪

(2) 由于膜片的刚度,需通过在大气压下标定膜片中心外移 0.05mm 和 1.10mm 所需的压力 ΔA 和 ΔB,标定应重复多次。取 ΔA,ΔB 的平均值。

则据压力 B 修正为 p_1(膜中心外移 1.10mm)的计算式为

$$p_1 = B - z_m - \Delta B \qquad (7\text{-}51)$$

式中,z_m 为压力表的零读数(大气压下)。

把压力 A 修正为 p_0(膜中心无外移时,即外移 0.00mm)的计算式为

$$p_0 = 1.05(A - z_m + \Delta A) - 0.05(B - z_m - \Delta B) \qquad (7\text{-}52)$$

把压力 C 修正为 p_2(膜中心外移后又收缩到初始外移 0.05mm 的位置)的计算式为

$$p_2 = C - z_m + \Delta A \qquad (7\text{-}53)$$

(3) 当静压扁胀探头入土的推力超过 5t(或用标准贯入的锤击方式,每 30cm 的锤击数超过 15 击)时,为避免扁胀探头损坏,建议先钻孔,在孔底下压探头至少 15cm。

(4) 试验点在垂直方向的间距可为 0.15~0.30m,一般采用 20cm。

(5) 试验全部结束,应重新检验 ΔA 和 ΔB 值。

(6) 若要估算原位的水平固结系数 C_h,可进行扁胀消散试验,从卸除推力开始,记录压力 C 随时间 t 的变化,记录时间可按 1,2,4,8,15,30,…min 安排。直至 C 压力的消散超过 50% 为止。

7.6.4 扁胀试验的资料整理

(1) 根据 A,B,C 压力及 ΔA,ΔB 计算 p_0,p_1 和 p_2,并绘制 p_0,p_1,p_2 与深度的变化曲线。

(2) 绘制 E_D,I_D,K_D 和 U_D 与深度的变化曲线。

7.6.5 扁胀试验的应用

1. 划分土类

(1) Marchetti(1980)提出依据扁胀指数 I_D 可划分土类,见表 7-31。

(2) Marchetti 和 Crapps(1981)把表 7-31 扩展成图 7-12,也可用于划分土类。

据扁胀指数 I_D 划分土类   表 7-31

I_D	0.1	0.35	0.6	0.9	1.2	1.8	3.3
泥炭及灵敏性黏土	黏土	粉质黏土	黏质粉土	粉土	砂质粉土	粉质砂土	砂土

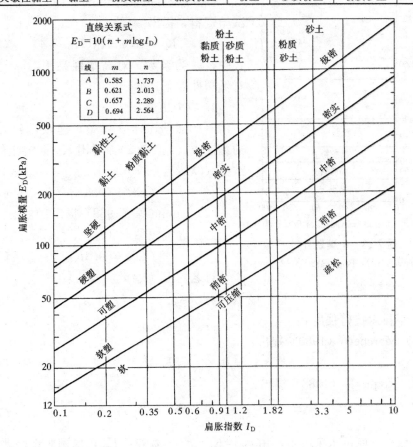

图 7-12 土类划分（Marchetti 和 Crapps，1981）

（3）Davidson 和 Boghrat（1983）提出用扁胀指数 I_D 和扁胀仪贯入土中 1min 后超孔压的消散百分率（可由压力 C 的消散试验得到），可以划分土类（见图 7-13）。

2. 静止侧压力系数 K_0

扁胀探头压入土中，对周围土体产生挤压，故并不能由扁胀试验直接测定原位初始侧向应力。但通过经验可建立静止侧压力系数 K_0 与水平应力指数 K_D 的关系式。

（1）Marchetti（1980）根据意大利黏土的试验经验，得出

$$K_0 = \left(\frac{K_D}{1.5}\right)^{0.47} - 0.6 \quad (I_D \leqslant 1.2) \tag{7-54}$$

（2）Lunne 等（1990）补充资料后，提出对于新近沉积黏土：

$$K_0 = 0.34 K_D^{0.54} \quad (c_u/\sigma_{v0} \leqslant 0.5) \tag{7-55}$$

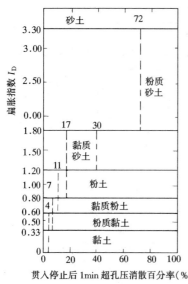

图 7-13 土类划分
(Davidson & Boghrat, 1983)

对于老黏土：
$$K_0 = 0.68 K_D^{0.54} \quad (c_u/\sigma_{v0} > 0.8) \quad (7\text{-}56)$$

(3) Lacasse 和 Lunne (1988) 根据挪威试验资料，提出
$$K_0 = 0.35 K_D^m \quad (K_D < 4) \quad (7\text{-}57)$$
式中，m 为系数，对高塑性黏土，$m=0.44$；对低塑性黏土，$m=0.64$。

3. 应力历史

(1) Marchetti (1980) 建议，对无胶结的黏性土 ($I_D \leqslant 1.2$)，可用 K_D 评定土的超固结比 (OCR)：
$$OCR = 0.5 K_D^{1.56} \quad (7\text{-}58)$$

(2) Lunne 等 (1988) 提出：

对新近沉积黏土 ($c_u/\sigma'_{v0} \leqslant 0.8$)：
$$OCR = 0.3 K_D^{1.17} \quad (7\text{-}59)$$

对老黏土 ($c_u/\sigma'_{v0} > 0.8$)：
$$OCR = 2.7 K_D^{1.17} \quad (7\text{-}60)$$

4. 不排水抗剪强度 c_u

(1) Marchetti (1980) 提出：
$$c_u/\sigma'_{v0} = 0.22 (0.5 K_D)^{1.25} \quad (7\text{-}61)$$

(2) Roque 等 (1988) 提出：
$$c_u = \frac{p_1 - \sigma_{h0}}{N_c} \quad (7\text{-}62)$$

式中　σ_{h0}——原位水平应力，由 $\sigma_{h0} = K_0 \cdot \sigma_{v0} + u_0$ 得，K_0 可由扁胀试验评定；

N_c——经验系数，取 5~9，对于硬黏性土，$N_c=5$；对于中等黏性土，$N_c=7$；对于非灵敏可塑黏性土，$N_c=9$。

5. 土的变形参数

Marchetti (1980) 提出压缩模量 E_s 与 E_D 关系如下：
$$E_s = R_M \cdot E_D \quad (7\text{-}63)$$
式中，R_M 为与水平应力指数 K_D 有关的函数。

当 $I_D \leqslant 0.6$ 时　　　$R_M = 0.14 + 2.36 \lg K_D$ 　　　(7-64)

当 $I_D \geqslant 3.0$ 时　　　$R_M = 0.5 + 2 \lg K_D$ 　　　(7-65)

当 $0.6 < I_D < 3.0$ 时　$R_M = R_{M0} + (2.5 - R_{M0}) \lg K_D$ 　(7-66)

　　　　　　　　　　　$R_{M0} = 0.14 + 0.15 (I_D - 0.6)$ 　(7-67)

当 $I_b > 10$ 时　　　　$R_M = 0.32 + 2.18 \lg K_D$ 　　　(7-68)

一般　　　　　　　　$R_M \geqslant 0.85$ 　　　　　　　(7-69)

弹性模量 E（初始切线模量 E_i，50%极限应力时的割线模量 E_{50}，25%极限应力时的割线模量 E_{25}）

$$E = F \cdot E_D \tag{7-70}$$

式中，F 为经验系数，见表 7-32。

经验系数 F　　　　　　　　　　　　　表 7-32

土 类	E	F	提出者
黏性土	E_i	10	Robertson 等（1988）
砂土	E_i	2	Robertson 等（1988）
砂土	E_{25}	1	Campanella 等（1985）
NC 砂土	E_{25}	0.85	Baldi 等（1986）
OC 砂土	E_{25}	3.5	Baldi 等（1986）
重超固结黏土	E_i	1.4	Davidson 等（1983）
黏性土	E_i	(0.4~1.1)①	Lutenegger（1988）

① F 与 I_D 有关，$F = 0.36 I_D^{1.6}$。

6. 水平固结系数 C_h

根据扁胀试验 C 压力的读数，绘制 $C\sqrt{t}$ 曲线，由曲线确定相应 C 消散 50% 的时间 t_{50}，则

$$C_h = 600 \left(\frac{T_{50}}{t_{50}} \right) \quad (\text{mm}^2/\text{min}) \tag{7-71}$$

式中，T_{50} 为孔压消散 50% 的时间因数，见表 7-33。

表 7-33

E/c_u	100	200	300	400
T_{50}	1.1	1.5	2.0	2.7

用扁胀试验的结果由式（7-71）确定的 C_h，由于扁胀探头压入土体相当于再加荷（初始阶段），要确定现场的水平固体素数 $(C_h)_F$ 还须作修正：

$$(C_h)_F = C_h / a \tag{7-72}$$

式中，a 为修正系数，见表 7-34。

a 值（Sohmertmann，1988）　　　　　　　　表 7-34

土的固结历史	正常固结	正常超固结	低超固结	重超固结
a	7	5	3	1

7. 侧向受荷桩的设计

Robertson 等（1989）对侧向受荷桩作了如下假设：①桩为一弹性梁（梁的弹性模量为 E，截面惯性矩为 I）；②土的抗力由均匀分布的非线性弹簧模拟。

$$\frac{P}{P_u} = 0.5 \left(\frac{y}{y_c} \right)^{0.33} \tag{7-73}$$

式中　P——桩每单位长度土的侧向抗力（kPa）；

P_u——桩每单位长度土的极限侧向抗力（kPa）；

y_c——相应于 $P=0.5P_u$ 桩单元体的极限水平变位（mm）；

y——桩单元体的水平变位（mm）。

(1) 对黏性土（不排水条件）

$$y_c = \frac{23.67 c_u D^{0.5}}{F_c \cdot E_D} \tag{7-74}$$

式中 c_u——由扁胀试验确定的不排水抗剪强度（kPa）；

D——桩径（cm）；

E_D——扁胀模量（MPa）；

$F_c = E_i/E_D$，E_i 为初始切线模量，$E_i/E_D \approx 10$。

$$P_u = N_p \cdot c_u D \tag{7-75}$$

式中，N_p 为无因次极限抗力系数。

$$N_p = 3 + \frac{\sigma'_{v0}}{c_u} + \left(J \frac{x}{D}\right) \leqslant 9 \tag{7-76}$$

式中 x——深度（m）；

σ'_{v0}——深度 x 处的垂直有效应力（kPa）；

J——经验系数，见表 7-35。

(2) 对砂性土

$$y_c = \frac{4.17 \sin\varphi' \sigma'_{v0}}{E_D \cdot F_s (1-\sin\varphi')} \cdot D \tag{7-77}$$

经验系数 J（Matlock，1970） 表 7-35

土 类	J 值
软黏性土	0.5
硬黏性土	0.25

式中，φ' 为内摩擦角；

$F_s = E_i/E_D$，近似取 2。

Robertson 等建议 P_u 取下两式中的低值：

$$P_u = \sigma'_{v0}[D(K_p - K_a) + xK_p \tan\varphi' \tan\beta] \tag{7-78}$$

$$P_u = \sigma'_{v0} D [K_p^3 + 2K_0 K_p^2 \tan\varphi' + \tan\varphi' - K_a] \tag{7-79}$$

式中 K_a——朗金主动土压系数 $\left(K_a = \frac{1-\sin\varphi'}{1+\sin\varphi'}\right)$；

K_p——朗金被动土压系数（$K_p \approx 1/K_a$）；

K_0——静止侧压力系数（$K_0 = 1-\sin\varphi'$）；

β——$\beta = 45° + \frac{\varphi'}{2}$。

§7.7 旁 压 试 验

旁压试验（PMT）是将圆柱形旁压器竖直地放入土中，通过旁压器在竖直的孔内加压，使旁压膜膨胀，并由旁压膜（或护套）将压力传给周围土体（或岩层),使土体或岩层产生变形直至破坏,通过量测施加的压力和土变形之间的关系,即可得到地基土在水平方向上的应力应变关系。图 7-14 为旁压测试示意图。

根据将旁压器设置于土中的方法,可以将旁压仪分为预钻式旁压仪、自钻式旁压仪和压入式旁压仪。预钻式旁压仪一般需有竖向钻孔,自钻式旁压仪利用自转的方式钻到预定试验位置后进行试验,压入式旁压仪以静压方式压到预定试验位置后进行旁压试验。

和静载荷试验相对比,旁压试验有精度高、设备轻便、测试时间短等特点,但其精度受到成孔质量的影响较大。

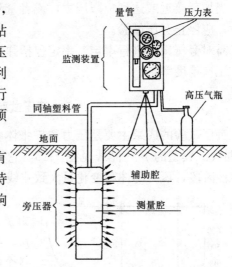

7.7.1 适用范围和目的

旁压试验适用于测定黏性土、粉土、砂土、碎石土、软质岩石和风化岩的承载力、旁压模量和应力应变关系等。

图 7-14 旁压测试示意图

7.7.2 旁压试验的基本技术要求

旁压试验应在有代表性的位置和深度进行。旁压器的量测腔应在同一土层内。为了避免相邻试验点应力影响范围重叠,试验点的垂直间距不宜小于 1m,且每层土测点不应少于 1 个,厚度大于 3m 的土层测点不应小于 2 个。

成孔质量是预钻式旁压试验成败的关键,应保证成孔的质量,不宜在软弱地基中使用。

加荷等级可采用预计极限压力的 1/8~1/12。表 7-36 为《岩土工程勘察规范》(GB 50021—2001) 规定的加荷等级。

旁压试验加荷等级　　　　　　　　　　表 7-36

土 的 特 征	加 荷 等 级(kPa)	
	临塑压力前	临塑压力后
淤泥、淤泥质土、流塑黏性土、粉土、饱和或松散的粉细砂	≤15	≤30
软塑黏性土、粉土、疏松黄土、稍密很湿粉细砂、稍密中粗砂	15~25	30~50
可塑~硬塑黏性土、粉土、黄土、中密~密实很湿粉细砂、稍密~中密中粗砂	25~50	50~100
坚硬黏性土、粉土、密实中粗砂	50~100	100~200
中密~密实碎石土、软质岩石	≥100	≥200

每级压力应持续 1min 或 3min 再施加下一级压力，读数时间按 15s、30s、60s、120s 和 180s 读数。

当加荷接近或达到极限压力，或者量测腔的扩张体积相当于量测腔的固有体积时，应停止旁压试验。

需对旁压试验进行率定。率定包括弹性膜约束力的率定、仪器综合变形率定和旁压仪精度率定。

7.7.3 旁压试验成果的应用

旁压试验的成果主要是压力和扩张体积（p-V）曲线、压力和半径增量（p-r）曲线。典型的 p-V 曲线见图 7-15，它可分为三段：Ⅰ段：初步阶段；Ⅱ段：似弹性阶段，压力与体积变化量大致成线性关系；Ⅲ段：塑性阶段。

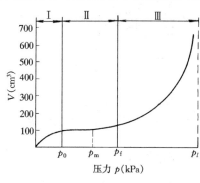

图 7-15 旁压试验 p-V 曲线

Ⅰ-Ⅱ段的界限压力相当于初始水平应力 p_0，Ⅱ-Ⅲ段的界限压力相当于临塑压力 p_f，Ⅲ段末尾渐近线的压力为极限压力 p_l。各个特征压力值的确定方法如下：

（1）p_0 的确定：将旁压曲线（p-V）直线段延长与 V 轴交于 V_0，过 V_0 作平行于 p 轴的直线，该直线与旁压曲线交点对应的压力即 p_0 值。

（2）p_f 为旁压曲线中直线的末尾点对应的压力。

（3）p_l 为 $V=2V_0+V_c$ 所对应的压力，其中 V_c 为旁压器量腔的固有体积或 $p-\left(\dfrac{1}{V}\right)$ 关系末段直线延长线与 p 轴交点相应的压力。

旁压曲线的应用有：

1. 评定地基承载力

利用旁压曲线的特征值可以评定地基承载力。评定方法包括：

（1）临塑压力法：地基承载力标准值 f_k 为

$$f_k = p_f - p_0 \tag{7-80}$$

或

$$f_k = p_f \tag{7-81}$$

（2）极限压力法：地基承载力标准值 f_k 为：

$$f_k = \frac{1}{K}(p_l - p_0) \tag{7-82}$$

式中 K——安全系数。

2. 旁压模量 E_m

根据弹性理论，旁压模量为

$$E_\mathrm{m} = 2(1+\mu)(V_\mathrm{c}+V_\mathrm{m})\frac{\Delta p}{\Delta V} \tag{7-83}$$

式中 E_m——旁压模量（kPa）；

μ——泊松比；

V_m——旁压曲线直线段头尾中间的平均扩张体积（cm³）；

$\Delta p/\Delta V$——旁压曲线直线段斜率（kPa/cm³）。

§7.8 波 速 测 试

弹性波在地层介质中的传播可分为压缩波（P波）和剪切波（S波）；在地层表面传播的面波可分为 Rayleigh 波（R波）和 Love 波（L波）。它们在介质中传播的特征和速度各不相同。波速测试就是测定土层的波速，依据弹性波在岩土体内的传播速度间接测定岩土体在小应变条件下（$10^{-4} \sim 10^{-6}$）动弹性模量和泊松比。

7.8.1 试 验 方 法

试验方法分为跨孔法、单孔波速法（检层法）和面波法，见图 7-16。

(1) 跨孔法　跨孔法以一孔为激发孔，布置一或两个检波孔。钻孔应平行垂

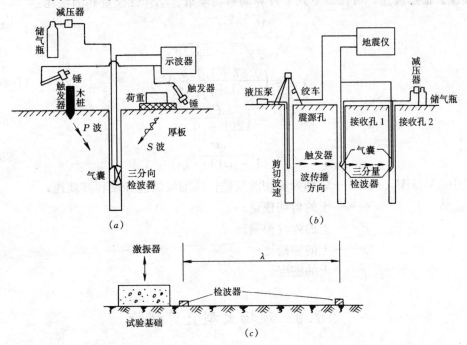

图 7-16　跨孔法

(a) 检层法；(b) 面波法；(c) 试验布置图

直。当孔深超过 15m 时，应对钻孔的倾斜度及倾斜方位进行量测，量测深度间距宜为 1m，以便对激发孔和检波孔的水平距离进行修正。

跨孔法可直接测定不同深度处土层的波速。近地表的测点宜布置在 0.4 倍孔距的深度处，其余测点深度间距宜为 1～2m。

（2）单孔法（检层法） 单孔法试验孔应垂直，在距孔口 1.0～3.0m 处放一长度为 2～3m 的混凝土板或木板，上压约 500kg 重物，用锤沿板纵轴从两个相反方向水平敲击板端，产生水平剪切波，将检波器固定在孔内不同深度处接收剪切波。

测试应自下而上进行。在一个试验深度上，应重复试验多次，保证试验质量。

（3）面波法 面波法波速测试，测定不同激振频率下瑞利波的波长，可得地表下一个波长深度范围内土的平均波速。

面波法适用于地质条件简单、波速高的土层下伏波速低的土层的场地，测试深度不大。当激振频率大于 20～30Hz，测试深度小于 3～5m。

7.8.2 试验成果分析

根据波的初至时间和激振点与检波点间的距离，可以计算出波在岩土体中的波速。根据波速，可按以下式子计算动剪切模量、动弹性模量和泊松比：

$$V_S = \sqrt{G/\rho} \tag{7-84}$$

$$V_P = \sqrt{(\lambda + 2G)/\rho} \tag{7-85}$$

$$V_R = \left(\frac{0.87 + 1.12\mu}{1+\mu}\right) V_S \tag{7-86}$$

$$G = \left(\frac{E}{2(1+\mu)}\right) \tag{7-87}$$

$$\lambda = \frac{\mu E}{(1+\mu)(1-2\mu)} \tag{7-88}$$

式中 V_S、V_P、V_R——分别为剪切波波速、压缩波波速和瑞利波波速；
　　　G——土的剪切模量；
　　　E——土的弹性模量；
　　　μ——土的泊松比；
　　　ρ——土的密度。

§7.9 现场大型直剪试验

大型直剪试验原理与室内直剪试验基本相同，但由于试件尺寸大且在现场进行，因此能把土体的非均质性及软弱面等对抗剪强度的影响更真实地反映出来。

它适用于求测各类岩土体以及岩土体沿软弱结构面和岩土体与混凝土接触面或滑动面的抗剪强度。可分为岩土体试样在法向应力作用下沿剪切面剪切破坏的抗剪断试验、岩土体剪断后沿剪切面继续剪切的抗剪试验（摩擦试验）、法向应力为零时岩体剪切的抗切试验。

根据库仑定律（1776）

$$\tau_f = c + \sigma\tan\varphi \tag{7-89}$$

式中　τ_f——剪切破坏面上的剪应力（kPa），即土体的抗剪强度；

　　　σ——破坏面上的法向应力（kPa）；

　　　c——土的内聚力（kPa）；

　　　φ——土的内摩擦角（°）。

依据测得的 τ_f 就可以求出 c 和 φ。

现场大型直剪试验分为：土体现场大型直剪试验和岩体现场大型直剪试验，本节只介绍前者的主要内容。

7.9.1　大　剪　仪　法

1. 试验适用条件

大剪仪法适用于测试各类土以及岩土接触面或滑面的抗剪强度。对于碎石土，由于制样困难，精度稍差。

2. 试验布置

试验在试坑内进行，试坑的开口尺寸视所需试验土层的深度及坑壁土的性质而定。工作面的尺寸一般为 2.5m×1.6m。

大剪仪的主要部件：①水平推力部分有可调反力座、手轮、推杆及测力环（应力环 30kN）等；②垂直加压部分有地锚、横梁、手轮、测力计（应力环 20kN）、同步式垂直压力滑道及传力盖等；③剪切环（内径 35.69cm，高 14cm，面积 1000cm²）。

3. 试验的主要技术要求

（1）测力计应事先标定。试验土层应进行工程地质描述，并测定天然重度及含水量。

（2）试件先仔细削成与剪切面垂直的 35.7cm 直径的土柱，然将剪切环套上徐徐下压至距预定剪切面 3～5mm 处。

（3）削平试件上端，安置传压板与传力盖。安置传压板时，传压板四周与剪切环之间应有间隙。

（4）垂直压力一般依次为 50、100、150、200 及 250kPa 五级，通过垂直测力计测微表读数确定。

（5）作快剪时，当一试件的垂直压力达到预定的压力后，应立即通过水平推力手轮施加水平推力。水平推力手轮以 1r/min 匀速转动。水平测力计测微表的指针停止或后退,或水平变形达到试件直径的 1/15 时,认为试件已剪坏,试验可结束。通常,试件数不应少于 3 件。

4. 试验成果分析

计算出各级垂直荷载下的垂直应力和剪应力,绘制垂直应力与剪应力关系直线,按库仑定律即式(7-86)确定出土体的 c 和 $\tan\varphi$ 或 φ。

7.9.2 水平推挤法

1. 试验适用条件

水平推挤法能使被试验土体的剪切面沿土内软弱面发展,对黏聚力较小的碎石土试验效果较好。同时该法受试坑深度限制较小。

2. 试验的布置

试验在试坑内进行。主要设备有:装有压力表或测力计并经标定的卧式千斤顶;千斤顶头部的前枕木尺寸一般为 8cm×32cm,厚约 5cm,千斤顶底座处的后枕木尺寸可稍大一些;钢板尺寸同枕木,厚度以加力后不变形为限。

3. 试验的主要技术要求

(1) 在试坑预定深度处将试验土体加工成三面垂直临空的半岛状,尺寸为:$H > 5$ 倍最大土粒径,$H/B = 1/3 \sim 1/4$,$L = (0.8 \sim 1.0)B$(H、B、L 分别为试体的高度、宽度和长度)。试体两侧各挖约 20cm 宽的小槽,槽中放置塑料布,其上用挖出的土回填并稍加夯实。

(2) 千斤顶的着力点对准矩形试体面的 $1/3H$ 与 $1/2B$ 处。

(3) 水平推力以每 15~20min 内水平位移约 4mm 的缓慢速度施加。当压力表读数开始下降时试体被剪坏,此时的压力表值即为最大推力 $P_{\max}$。

(4) 测定 $P_{\min}$ 值,其测定标准为下列之一:

1) 千斤顶加压到 $P_{\max}$ 值后即停止加压,油压表读数后退所保持的稳定值;

2) 试体刚开始出现裂缝时的压力表读数;

3) 当千斤顶加压到 $P_{\max}$ 后,松开油阀,然后关上油阀重新加压,以其峰值作为 $P_{\min}$ 值。

(5) 确定滑面位置,并量测滑面上各点的距离和高度,绘制滑面剖面图。当滑面位置难确定时,可将剪坏后的试体反复加压、减压,以使剪坏与未剪坏的土体界线明显。

通常本试验不应少于 3 处。

4. 试验成果分析

对实测的滑弧剖面按条分法计算 c、φ 值(图 7-17):

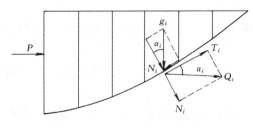

图 7-17 水平推挤法滑体剖面

$$c = \frac{P_{\max} - P_{\min}}{\sum_{i=1}^{n} l_i} \tag{7-90}$$

$$\mathrm{tg}\varphi = \frac{\dfrac{P_{\max}}{G}\sum_{i=1}^{n}g_i\cos\alpha_i - \sum_{i=1}^{n}g_i\sin\alpha_i - c\sum_{i=1}^{n}l_i}{\dfrac{P_{\max}}{G}\sum_{i=1}^{n}g_i\sin\alpha_i + \sum_{i=1}^{n}g_i\cos\alpha_i} \tag{7-91}$$

式中 $P_{\max}$——最大推力（kN）；

$P_{\min}$——最小推力（即土的摩擦力）（kN）；

g_i——第 i 条块土重（kN）；

G——滑体的总重（kN）；

α_i——第 i 条块滑面与水平面夹角（°）；

l_i——第 i 条块滑弧长度（m）。

§7.10 块体基础振动试验

地基土的刚度、阻尼比和参振质量等动力参数对于一般机器基础可按《动力机器基础设计规范》及有关规程中所给值采用；但是遇到下列情况之一，就需要进行现场测试土的动力参数：

(1) 设计重要的或对振动要求严格的动力机器基础；

(2) 在人工地基（如桩基、碎石桩、砂桩、夯实土、砂垫层等）上设计动力机器基础时；

(3) 动力机器基础拟建在残积土、膨胀土、黄土、软黏土上时。

测试地基土动力参数的现场试验方法，目前常用的有两种：一种是波速法，即通过实测波速换算成土层的剪切模量和泊松比，从而间接得到刚度和阻尼比；另一种是模型法——块体基础振动试验，通过该试验直接测得地基土的动力参数。

块体基础振动试验可分为块体基础强迫振动试验和块体基础自由振动试验。当设计周期性振动的动力机器基础时，应进行强迫振动试验测定地基土的动力参数；为冲击振动的机器基础设计测定地基土的动力参数时，可进行自由振动试验。

7.10.1 试验基本要求

(1) 进行地基土的动力参数测试时，应收集机器性能、基础型式、基底标高以及地基土层的均匀性、地下有无空穴等资料。

(2) 块体基础的尺寸宜采用 2.0m×1.5m×1.0m。在同一地层条件，宜采用两个块体基础进行对比试验，并应保持基底面积一致，其高度为 1.0m 及

1.5m。桩基试验应采用两根桩,桩间距取设计间距,桩台边至桩边缘的距离不应小于25cm,桩台的长宽比为2∶1,高度可为1.6m,进行不同桩数的对比试验。当增加桩数时,应相应增加桩台面积,块体及桩承台的混凝土强度等级不应低于C15。

(3) 试验块体应置于拟建基础附近,并应放在同一土层上,使其底面标高与拟建基础标高一致。

(4) 试验块体可明置或埋置,一般作垂直、水平、回转振动试验,必要时作扭转振动试验。

7.10.2 试验基本方法

1. **垂直强迫振动试验**

垂直强迫振动试验时,旋转式激振器产生垂直方向的激振力,应该尽可能使激振力和基础重心及底面形心位于同一条直线上。经标定校准后的两台检波器布置在基础顶面沿长边方向轴线的两端,见图7-18。

2. **垂直自由振动试验**

测垂直向自由振动时,可用自由下落冲击块体基础顶面的中心,实测基础的固有频率和最大振幅,试验重复3~4次,球的重量可取基础重量的 $\frac{1}{100} \sim \frac{1}{200}$。见图7-19。

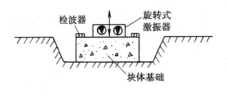
图7-18 垂直振动试验

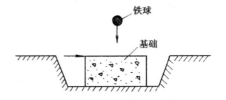
图7-19 垂直自由振动试验

3. **水平回转自由振动试验**

测水平回转自由振动时,可用木锤水平撞击块体基础侧面顶端,使基础产生水平回转振动,实测振动波形,试验重复3~4次。见图7-20。

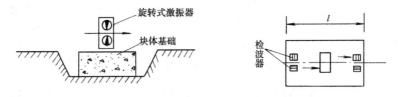
图7-20 水平回转振动试验

4. **水平回转强迫振动试验**

水平回转强迫振动试验时,旋转式激振器产生水平激振力。沿基础顶面轴线两端（与激振力方向相同）竖向、水平向各放置两台经标定校准后的检波器，并量出两台竖向检波器之间的距离 l。见图 7-20。

7.10.3　试验资料与计算

根据块体基础振动试验实测的频率和振幅作振幅随频率变化的共振幅频曲线，即 $A \sim f$ 共振曲线。依据这些幅频曲线就可以计算出地基阻尼比、刚度以及机组和地基土参加振动的当量质量（称为参振质量）等动力参数。在工程地质勘察的振动试验中，以垂直振动试验为多。下面将着重介绍垂直振动试验的资料与计算。

1. 自由振动

根据实测垂直自由振动的波形图，地基动力参数的计算公式为：

（1）地基垂直阻尼比 D_z

$$D_z = \frac{1}{n} \cdot \frac{1}{2\pi} \ln \frac{A_1}{A_{n+1}} \tag{7-92}$$

式中　A_1，A_{n+1}——第 1 个半波、第 $n+1$ 个半波的振幅（m）；

　　　　n——实测次数。

（2）基础无阻尼固有频率 f_z（Hz）：

$$f_z = \frac{f_d}{\sqrt{1-D_z^2}} \tag{7-93}$$

式中　f_d——实测基础有阻尼自振频率（Hz）；

其余符号同上。

（3）块体基础和地基土的参振质量 m_z（t）：

$$m_z = \frac{(1+e)vm_0}{2\pi f_z \cdot A_{max}} \cdot e^{-x} \tag{7-94}$$

式中　e——回弹系数，$e = \sqrt{\dfrac{H_z}{H_1}}$；

　　m_0——铁球质量（t）；

　　v——铁球自由下落速度（m/s），$v = \sqrt{2gH_1}$；

　　A_{max}——块体基础实测最大振幅（m），即 A_1 值。

$$x = \frac{\mathrm{tg}^{-1}(\sqrt{1-D_z^2}/D_z)}{\sqrt{(1-D_z^2)/D_z}}$$

　　g——重力加速度（9.81m/s²）；

　　H_1，H_z——分别为铁球下落高度和回弹高度（m），$H_z = \dfrac{1}{2}g\left(\dfrac{t_0}{2}\right)^2$，$t_0$ 为两次

　　　　　　冲击的时间间隔（s）。

其余符号意义同上。

（4）地基抗压刚度 K_z（kN/m）：

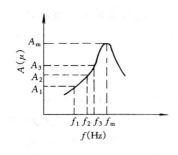

图 7-21 共振幅频图线

$$K_z = m_z(2\pi f_z)^2 \tag{7-95}$$

2. 变扰力强迫垂直振动

当用激振器对块体基础进行强迫振动试验并测得共振峰时（如图 7-21），根据实测的频率和振幅，作幅频共振曲线 $A \sim f$（图 7-21）。在 $A \sim f$ 曲线上取共振峰点振幅 A_m，其对应的频率为 f_m；在 $A \sim f$ 曲线上再取至少三点（$0.90 f_m$ 以上的点不取），即：$\{A_1, f_1\}$、$\{A_2, f_2\}$ 和 $\{A_3, f_3\}$；按下述公式计算动力参数。

（1）地基垂直阻尼比

$$D_{zi}^2 = \frac{1}{2}\left[1 - \sqrt{\frac{\beta_i^2 - 1}{\alpha_i^4 - 2\alpha_i^2 + \beta_i^2}}\right] \tag{7-96}$$

$$\overline{D}_z = \frac{\sum_{i=1}^{n} D_{zi}}{n} \tag{7-97}$$

式中 $\alpha_i = \dfrac{f_m}{f_i}$，$\beta_i = \dfrac{A_m}{A_i}$；（$i = 1, 2, 3, \cdots n, n \geq 3$）；

f_m、A_m——基础垂直振动的共振频率（Hz）和共振振幅（m）；

f_i、A_i——幅频曲线 $A \sim f$ 上 i 点的频率（Hz）和对应振幅（m）；

D_{zi}、$\overline{D}_z$——地基垂直阻尼比和平均阻尼比。

（2）参振质量 m_z：

$$m_z = \frac{m_0 e_0}{A_m} \cdot \frac{1}{2\overline{D}_z \sqrt{1 - \overline{D}_z^2}} \tag{7-98}$$

式中 m_0——激振器旋转部分的质量（t）；

e_0——激振器旋转部分质量的偏心距（m）；

m_z——垂直振动时，基组和地基土参加振动的当量质量，即参振质量（t）；当 m_z 的计算值大于 $2.0 m_f$ 时，对于 $h = 1.0$ m 的块体基础，取 $m_z = 2.0 m_f$；对于 $h = 1.5$ m 的块体基础，取 $m_z = 1.67 m_f$；此处，h 为块体基础的高度（m），m_f 为块体基础的质量（t）。

（3）基础无阻尼固有频率 f_z（Hz）：

$$f_z = f_m \sqrt{1 - 2\overline{D}_z^2} \tag{7-99}$$

式中符号的意义同上。

（4）地基抗压刚度 K_z（kN/m）：

$$K_z = m_z(2\pi f_z)^2 \tag{7-100}$$

式中符号的意义同上。

3. 常扰力强迫垂直振动

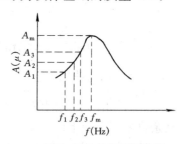

图 7-22 共振幅频曲线

对于常扰力强迫垂直振动，其地基垂直阻尼比的计算公式与式（7-98）、（7-99）完全相同，但公式中的数据应对应常扰力共振幅频曲线（见图 7-22），其他动力参数的计算公式如下

$$f_z = \frac{f_m}{\sqrt{1 - 2\overline{D}_z^2}} \tag{7-101}$$

$$K_z = \frac{P}{A_m} \cdot \frac{1}{2\overline{D}_z\sqrt{1 - \overline{D}_z^2}} \tag{7-102}$$

$$m_z = \frac{K_z}{(2\pi f_z)^2} \tag{7-103}$$

式中　P——电磁式激振器的扰力（kN）；

其余符号的意义同上。

思 考 题

7.1　什么是原位测试？原位测试和室内试验相比，有哪些优缺点？

7.2　常用的原位测试方法有哪几种？简述各种测试方法的适用条件。

7.3　静力载荷试验 p～s 曲线分为哪几个阶段？各个阶段反映了土体的什么状态？

7.4　静力载荷试验的资料应用主要体现在哪几个方面？

7.5　利用静力载荷试验，确定地基承载力的方法有几种？

7.6　什么是静力触探试验？静力触探试验的主要成果有哪些？如何应用？

7.7　圆锥动力触探试验与标准贯入试验有何区别与联系？

7.8　标准贯入试验的主要成果有哪些？

7.9　十字板剪切试验的适用范围与目的是什么？

7.10　扁铲侧胀试验的适用条件及成果应用是什么？

7.11　旁压试验的适用条件是什么？可以利用其求哪些参数？

7.12　波速测试的方法有哪些？有何应用？

第8章 工程地质勘察

在城建规划和建（构）筑物、交通等的基本建设工程兴建之前，通常都先要进行测量、水文、工程地质、水文地质以及其他有关内容等的工程勘察工作，以获取建筑场地的自然条件的原始资料，以制定技术上正确、经济上合理和社会效益上可行的设计和实施方案。工程地质就是这些工程勘察中一个极其重要的组成部分。

工程地质勘察的目的是为了获取建筑场地及其有关地区的工程地质条件的原始资料和工程地质论证。

工程地质勘察的基本原则是坚持为工程建设服务的原则，因而勘察工作必须结合具体建（构）筑物类型、要求和特点以及当地的自然条件和环境来进行，勘察工作要有明确的目的性和针对性。

可见，对工程地质勘察的要求是：按勘察阶段的要求，正确反映工程地质条件，提出工程地质评价，为设计、施工提供依据。

工程地质勘察的基本方法有：工程地质测绘、工程地质勘探与取样、工程地质现场测试与长期观测、工程地质资料室内整理等。

工程地质勘察的要求、内容和方法视工程的类别不同而各异，本章将重点介绍建筑工程地质勘察。同时也介绍道路、桥梁和隧道的工程地质勘察的基本内容与方法。

§8.1 建筑工程地质勘察的内容和方法

8.1.1 工程地质勘察阶段

工程地质勘察阶段的划分是与设计阶段的划分相一致的。一定的设计阶段需要相应的工程地质勘察工作。在我国建筑工程中，建筑工程的工程地质勘察也称岩土工程勘察。勘察阶段可分为可行性研究勘察、初步勘察和详细勘察，可行性研究勘察应符合选址或确定场地要求；初步勘察应符合初步设计或扩大初步设计要求；详细勘察应符合施工图设计要求。对工程地质条件复杂或有特殊要求的重要工程，尚应进行施工勘察；对面积不大，且工程地质条件简单的场地或有建筑经验的地区，可简化勘察阶段。

每个工程地质勘察阶段都有该阶段的具体任务、应解决的问题、重点工作内容和工作方法以及工作量等。在各有关工程地质勘察规范或工作手册中都有明确规定。在这里重点介绍房屋建筑与构筑物各个工程地质勘察阶段的基本要求与内容。

1. 可行性研究勘察阶段

可行性研究勘察阶段，也是选址阶段，该阶段应对拟建场地的稳定性和适宜性做出评价。为此，在确定建筑场地时，在工程地质条件方面，宜避开下列地区或地段：

（1）不良地质现象发育且对场地稳定性有直接危害或潜在威胁的。
（2）地基土性质严重不良的。
（3）对建（构）筑物抗震危险的。
（4）洪水或地下水对建（构）筑场地有严重不良影响的。
（5）地下有未开采的有价值矿藏或未稳定的地下采空区的。

本阶段的工程地质工作要求：

（1）搜集区域地质、地形地貌、地震、矿产和附近地区的工程地质资料及当地的建筑经验。
（2）在搜集和分析已有资料的基础上，通过踏勘，了解场地的地层、构造、岩石和土的性质、不良地质现象及地下水等工程地质条件。
（3）对工程地质条件复杂，已有资料不能符合要求，但其他条件较好且倾向于选取的场地，应根据具体情况进行工程地质测绘及必要的勘探工作。

2. 初步勘察阶段

初步勘察阶段应对场地内建筑地段的稳定性作出岩土工程评价。本阶段的工程地质勘察工作有：

（1）搜集本项目的可行性研究报告、场址地形图、工程性质、规模等文件资料。
（2）初步查明地层、构造、岩土性质、地下水埋藏条件、冻结深度、不良地质现象的成因、分布及其对场地稳定性的影响和发展趋势。当场地条件复杂，尚应进行工程地质测绘与调查。
（3）对抗震设防烈度大于或等于 7 度的场地，应初步判定场地和地基效应。

初步勘察应在搜集分析已有资料的基础上，根据需要进行工程地质测绘或调查以及勘探、测试和物探工作。

3. 详细勘察与施工勘察阶段

详细勘察应密切结合技术设计或施工图设计，按不同建（构）筑物或建筑群提出详细工程地质资料和设计所需的岩土技术参数，对建筑地基做出岩土工程分析评价，为基础设计、地基处理、不良地质现象的防治等具体方案作出论证、结论和建议。详细勘察的具体内容应视建筑物的具体情况和工程要求而定。

施工勘察主要是与设计、施工单位相结合进行的地基验槽，桩基工程与地基处理的质量和效果的检验,施工中的岩土工程监测和必要的补充勘察,解决与施工有关的岩土工程问题,并为施工阶段地基基础设计变更提出相应的地基资料,具体内容视工程要求而定。

8.1.2 工程地质测绘

为顺利地实现工程地质勘察的目的、要求和内容,提高勘察成果的质量,必须有一套勘察方法来配合实施。

1. 工程地质测绘的内容和比例尺

工程地质测绘是早期工程地质勘察阶段的主要勘察方法,工程地质测绘实质上是综合性地质测绘,它的任务是在地形地质图上填绘出测区的工程地质条件。测绘成果是提供给其他工程地质工作如勘探、取样、试验、监测等的规划、设计和实施的基础。在山区和河谷地区,工程地质测绘是最主要的工程地质勘察方法。通过工程地质测绘可以大大地减少勘探和试验的工作量,并具有指导勘探和试验的作用。但是,工程地质测绘仅是在野外的地表进行填图,要完全掌握一个地区的工程地质条件,单靠地表测绘填图是不够的,要获得高质量的测绘图件尚须有勘探、试验等工作配合。

工程地质测绘的内容包括有工程地质条件的全部要素,即测绘拟建场地的地层、岩性、地质构造、地貌、水文地质条件、物理地质作用和现象、已有建筑物的变形和破坏状况和建筑经验、可利用的天然建筑材料的质量及其分布等。因而,工程地质测绘是多种内容的测绘,它有别于矿产地质或普查地质测绘。工程地质测绘是围绕工程建筑所需的工程地质问题而进行的。假如测区已进行过地质、地貌、水文地质等方面的测绘,则工程地质测绘可以此为基础以工程地质观点进行工程地质条件的综合。如尚缺一些内容,须做一些补充性的专门工程地质测绘工作。如没有上述的地质、地貌等等的基础材料,则须进行上述全部内容的测绘。这种测绘称为综合性工程地质测绘。

工程地质测绘的比例尺一般可有以下三种:

(1) 小比例尺测绘　比例尺 1:5000—1:50000,一般在可行性研究勘察(选址勘察)、城市规划或区域性的工业布局时使用,是为了了解区域性的工程地质条件。

(2) 中比例尺测绘　比例尺 1:2000~1:5000,一般在初步勘测阶段时采用。

(3) 大比例尺测绘　比例尺 1:100~1:1000,适用于详细勘察阶段或工程地质条件复杂和重要建筑物地段,以及需解决某一特殊问题时采用。

2. 工程地质测绘方法

工程地质测绘方法有像片成图法和实地测绘法,像片成图法是利用地面摄影或航空(卫星)摄影的像,在室内根据判释标志,结合所掌握的区域地质资料,把判明的地层岩性、地质构造、地貌、水系和不良地质现象等,调绘在单张像片上,并在像片上选择需要调查的若干地点和路线,然后据此做实地调查、进行核对修正和补充。将调查得到的资料,转绘在等高线图上而成工程地质图。

当该地区没有航测等像片时,工程地质测绘主要依靠野外工作,即实地测绘法。

实地测绘法有三种:

(1) 路线法。它是沿着一些选择的路线,穿越测绘场地,将沿线所测绘或调查到的地层、构造、地质现象、水文地质、地质和地貌界线等填绘在地形图上。路线形式可为直线形或折线形。观测路线应选择在露头及覆盖层较薄的地方。观测路线方向应大致与岩层走向、构造线方向及地貌单元相垂直,这样可以用较少的工作量而获得较多工程地质资料。

(2) 布点法。它是根据地质条件复杂程度和测绘比例尺的要求,预先在地形图上布置一定数量的观测路线和观测点。观测点一般布置在观测路线上,但观测点应根据观察目的和要求进行布点。例如为了研究地质构造、地质界线、不良地质现象,水文地质等不同目的。布点法是工程地质测绘的基本方法,常用于大、中比例尺的工程地质测绘。

(3) 追索法。它是沿地层走向或某一地质构造线或某些不良地质现象界线进行布点追索,主要目的是查明局部的工程地质问题。追索法常是在布点法或路线法基础上进行,它是一种辅助方法。

8.1.3 遥感技术在工程地质测绘中的应用

遥感是指根据电磁辐射的理论,应用现代技术中的各种探测器,对远距离目标辐射来的电磁波信息进行接收、传送到地面接收站加工处理成遥感资料(图像或数据),用来探测识别目标物的整个过程。将卫星照片和航空照片的解译应用于工程地质测绘,能很大程度上节省地面测绘的工作量,做到省时、高质、高效,减少劳动强度,节省工程勘察费用。

1. 应用方法

将遥感资料应用于工程地质测绘中需经过初步解译、野外踏勘和验证以及成图三个阶段。

在初步解译阶段,根据摄影像片上地质体的光学和几何特征,对航片和卫片进行系统的立体观测,对地貌及第四纪地质进行解译,划分松散沉积物与基岩界线,进行初步构造解译等工作。

第二步是野外踏勘和验证。由于气候、地形、植被等因素变化会使地质信息随地而异,同时由于视域覆盖的影响和遥感影像的特点,使一些资料难以获得,因此需在野外对遥感像片进行检验和补充。在这一阶段,需携带图像到野外,核实各典型地质体在照片上的位置,并选择一些地段进行重点研究,及在一定间距穿越一些路线，作一些实测地质剖面和采集必要的岩性地层标本。现场地质观测点数，宜为工程地质测绘点数的30%～50%。

最后是成图阶段。将解译取得的资料、野外验证取得的资料以及其他方法取得的资料，集中转绘到地形底图上，然后进行图面结构的分析。如有不合理现象，要进行修正，重新解译。必要时，到野外复验，直至整图面结构合理为止。

2. 遥感影像资料的比例尺

遥感影像资料比例尺，可按下列要求选用：

(1) 航片比例尺，宜采用1:25000～1:100000。

(2) 陆地卫星影像宜采用不同时间各个波段的1:250000～1:500000黑白像片和假彩色合成或其他增强处理的图像。

(3) 热红外图像的比例尺不宜小于1:50000。

8.1.4 工程地质勘探

工程地质勘探是在工程地质测绘的基础上，为了进一步查明地表以下工程地质问题，取得深部地质资料而进行的。勘探的方法主要有坑、槽探、钻探、地球物理勘探等方法，在选用时应符合勘察目的及岩土的特性。

1. 坑、槽探

坑、槽探就是用人工或机械方式进行挖掘坑、槽，以便直接观察岩土层的天然状态以及各地层之间接触关系等地质结构，并能取出接近实际的原状结构土样，它的缺点是可达的深度较浅，且易受自然地质条件的限制。

在工程地质勘探中，常用的坑、槽探主要有坑、槽、井、洞等几种类型，见表8-1。

工程地质勘探中坑、槽、洞的类型 表8-1

类型	特点	用途
试坑	深数十厘米的小坑，形状不定	局部剥除地表覆土，揭露基岩
浅井	从地表向下垂直，断面呈圆形或方形，深5～15m	确定覆盖层及风化层的岩性及厚度，取原状样，载荷试验，渗水试验
探槽	在地表垂直岩层或构造线挖掘成深度不大的（小于3～5m）长条形槽子	追索构造线、断层、探查残积坡积层，风化岩石的厚度和岩性
竖井	形状与浅井同，但深度可超过20m以上，一般在平缓山坡、漫滩、阶地等岩层较平缓的地方，有时需支护	了解覆盖层厚度及性质，构造线、岩石破碎情况、岩溶、滑坡等，岩层倾角较缓时效果较好
平洞	在地面有出口的水平坑道，深度较大，适用较陡的基岩岩坡	调查斜坡地质构造，对查明地层岩性、软弱夹层、破碎带、风化岩层时，效果较好，还可取样或作原位试验

2. 钻探

(1) 工程地质钻探的概念

工程地质钻探是获取地表下准确的地质资料的重要方法，而且通过钻探的钻孔采取原状岩土样和做现场力学试验也是工程地质钻探的任务之一。

钻探是指在地表下用钻头钻进地层的勘探方法。在地层内钻成直径较小并具有相当深度的圆筒形孔眼的孔称为钻孔。通常将直径达500mm以上的钻孔称为钻井。钻孔的要素如图8-1所示。钻孔上面口径较大，越往下越小，呈阶梯状。钻孔的上口称孔口；底部称孔底；四周侧部称孔壁。钻孔断面的直径称孔径；由大孔径改为小孔径称换径。从孔口到孔底的距离称为孔深。

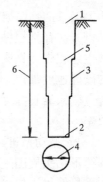

图 8-1 钻孔要素
1—孔口；2—孔底；
3—孔壁；4—孔径；
5—换径；6—孔深

钻孔的直径、深度、方向取决于钻孔用途和钻探地点的地质条件。钻孔的直径一般为75~150mm，但在一些大型建筑物的工程地质钻探时，孔径往往大于150mm，有时可达到500mm。钻孔的深度由数米至上百米，视工程要求和地质条件而定，一般的工民建工程地质钻探深度在数十米以内。钻孔的方向一般为垂直的，也有打成倾斜的钻孔，这种孔称之为斜孔。在地下工程中有打成水平的，甚至直立向上的钻孔。

(2) 钻探过程和钻进方法

钻探过程中有三个基本程序：

1) **破碎岩土**：在工程地质钻探中广泛采用人力和机械方法，使小部分岩土脱离整体而成为粉末、岩土块或岩土芯的现象，这叫做破碎岩土。岩土之所以被破碎是借助冲击力、剪切力、研磨和压力来实现的。

2) **采取岩土**：用冲洗液（或压缩空气）将孔底破碎的碎屑冲到孔外，或者用钻具（抽筒、勺形钻头、螺旋钻头、取土器、岩心管等）靠人力或机械将孔底的碎屑或样心取出于地面。

3) **保全孔壁**：为了顺利地进行钻探工作，必须保护好孔壁，不使其坍塌。一般采用套管或泥浆来护壁。

工程地质钻探可根据岩土破碎的方式，钻进方法有以下三种：

1) 冲击钻进。此法采用底部圆环状的钻头。钻进时将钻具提升到一定高度，利用钻具自重，迅猛放落，钻具在下落时产生冲击动能，冲击孔底岩土层，使岩土达到破碎之目的而加深钻孔。

2) 回转钻进。此法采用底部嵌焊有硬质合金的圆环状钻头进行钻进。钻进中施加钻压，使钻头在回转中切入岩土层，达到加深钻孔的目的。在土质地层中钻进，有时为有效地、完整地揭露标准地层，还可以采用勺形钻钻头或提土钻钻头进行钻进。

3) 综合式钻进。此法是一种冲击回转综合式的钻进方法。它综合了前两种钻进方法在地层钻进中的优点,以达到提高钻进效率的目的。其工作原理是:在钻进过程中,钻头克取岩石时,施加一定的动力,对岩石产生冲击作用,使岩石的破碎速度加快,破碎粒度比回转剪切粒度增大。同时由于冲击力的作用使硬质合金刻入岩石深度增加,在回转中将岩石剪切掉。这样就大大地提高了钻进的效率。

4) 振动钻进。此法采用机械动力所产生的振动力,通过连接杆和钻具传到圆筒形钻头周围土中。由于振动器高速振动的结果,圆筒形钻头依靠钻具和振动器的重量使得土层更容易被切削而钻进,且钻进速度较快。这种钻进方法主要适用于粉土、砂土、较小粒径的碎石层以及黏性不大的黏性土层。

上述各种钻进方法的适用范围列于表8-2中。

钻 进 方 法 的 适 用 范 围　　　　表 8-2

钻进方法		钻进地层					勘察要求		
		黏性土	粉土	砂土	碎石土	岩石	直观鉴别,采取不扰动试样	直观鉴别,采取扰动试样	不要求直观鉴别,不采取试样
回转	螺纹钻探	○	△	△	—	—	○	○	○
	无岩芯钻探	○	○	○	△	○	—	—	○
	岩芯钻探	○	○	○	△	○	○	○	○
冲击	冲击钻探	—	△	○	○	△	—	—	○
	锤击钻探	△	△	△	○	—	△	○	○
振动钻探		○	○	○	△	—	△	○	○

注:○代表适用;△代表部分情况适用;—代表不适用。

(3) 钻孔地质柱状图

钻孔地质柱状图是表示该钻孔所穿过的地层而综合成图表表示(图 8-2)。图中表示有地质年代、土层埋藏深度、土层厚度、土层底部的绝对标高、岩土的描述、柱状图、地面绝对标高、地下水水位和测量日期、岩土样选取位置等。柱状图的比例尺一般为 1:100~1:500。

8.1.5　土试样的采取

1. 原状土样的概念

工程地质钻探的主要任务之一是在岩土层中采取岩芯或原状土试样。在采取试样过程中应该保持试样的天然结构,如果试样的天然结构已受到破坏,则此试

孔号：K-1　　　　　　　　　　　　　　　　　　　　　　　　　　　　　　孔口高程 785.02

地质年龄	地层的埋藏深度(m) 从	到	土层厚度(m)	绝对标高土层底部的	岩石描述	柱状图 比例尺 1:100	水位和测量日期 出现的	稳定的	土样位置(m)
Q_{dl}	0	0.5	0.5	784.52	含腐植质的褐灰色耕土层-亚黏土				1.0
	0.5	2	1.5	783.02	褐灰色粉质亚黏土，含有砾石和小卵石(达30%)，夹有干砂窝子矿				2.1
	2	5	3	780.02	粗砂、混杂有黏土颗粒，带大量砾石、小卵石、碎石(达30%)		2.45 22 -92	2.42 4 -92	4.0
	5	6	1	779.02	尺寸在5~7cm以内的卵石，夹有砾石、碎石和各种粒径的砂土；含水层				6.1
	6	7	1	778.02	粗砂、小卵石、砾石和碎石(达30%)的黏土层				7.1
T_r	7	9	2	776.02	黄色的硬粒土，有单独的砂窝子矿，包含砾石和卵石(达10%)				8.0 / 9.1
	9	10	1	775.02	黄灰色亚黏土，包含有砂石和卵石(达20%)，高含水量				10.4
	10	13	3	772.02	黄色黏土，有单独的砂窝子矿，包含砾石、卵石和碎石(达10%)		13.0		12.0
	13	15	2	770.02	各种粒径的砂土，褐灰色，含有结晶岩的砾石、卵石以及碎石(达30%)含水层				15.1
	15	19	4	766.02	黄灰色黏土，有大量的砾石、小卵石和砂窝子矿，在深度16m以内是很湿的，从深度16m开始-没有砾石和卵石，稍湿的				

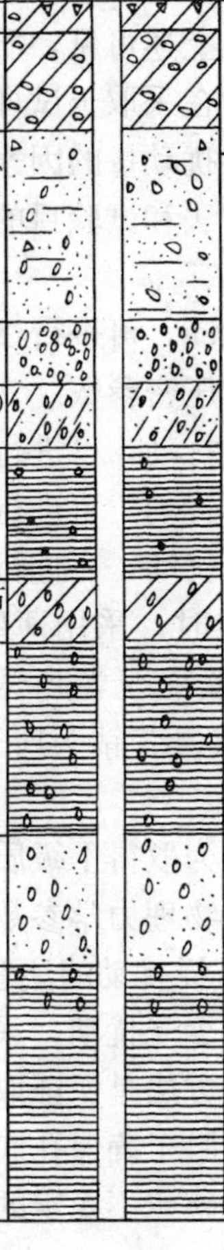

图 8-2　钻孔的地质柱状图

样已受到扰动，这种试样称为"扰动样"，在工程地质勘察中是不容许的。除非有明确说明另有所用，否则此扰动样作废。由于土工试验所得出的土性指标要保证可靠，因此工程地质勘察中所取的试样必须是保留天然结构的原状试样。原状试样有岩芯试样和土试样。岩芯试样由于其坚硬性，其天然结构难于破坏，而土试样则不同，它很容易被扰动。因此，采取原状土试样是工程地质勘察中的一项重要技术。但是在实际工程地质勘察的钻探过程中，要取得完全不扰动的原状土试样是不可能的。造成土样扰动有三个原因：一是外界条件引起的土试样的扰动，如钻进工艺、钻具选用、钻压、钻速、取土方法选择等。若在选用上不够合理时，都能造成其土质的天然结构被破坏。二是采样过程造成的土体中应力条件发生了变化，引起土样内的质点间的相对位置的位移和组织结构的变化，甚至出现质点间的原有黏聚力的破坏。三是采取土试样时，需用取土器采取。但不论采用何种取土器，它都有一定的壁厚、长度和面积。当切入土层时，会使土试样产生一定的压缩变形。壁愈厚所排开的土体愈多，其变形量愈大，这就造成土试样更大的扰动。从上述可见，所谓原状土试样实际上都不可避免地遭到了不同程度的扰动。为此，在采取土试样过程中，应力求使试样的被扰动量缩小，要尽力排除各种可能增大扰动量的因素。

按照取样方法和试验目的，岩土工程勘察规范对土试样的扰动程度分成如下的质量等级：

Ⅰ级—不扰动，可进行试验项目有：土类定名、含水量、密度、强度参数、变形参数、固结压密参数。

Ⅱ级—轻微扰动，可进行试验项目有：土类定名、含水量、密度。

Ⅲ级—显著扰动，可进行试验项目有：土类定名、含水量。

Ⅳ级—完全扰动，可进行试验项目有：土类定名。

在钻孔取样时，采用薄壁取土器所采得的土试样定为Ⅰ—Ⅱ级；对于采用中厚壁或厚壁取土器所采得的土试样定为Ⅱ—Ⅲ级；对于采用标准贯入器、螺纹钻头或岩芯钻头所采得的钻性土、粉土、砂土和软岩的试样皆定为Ⅲ—Ⅳ级。

从上可见，为取得Ⅰ级质量的土试样，普遍采用薄壁取土器来采取，以满足土工试验全部的物理力学参数的正确获得。

2. 减少土试样扰动的注意事项

为保证土样少受扰动，采取土试样的前后及过程中应注意如下事项：

合理的钻进方法是保证取得不扰动土样的第一个前提。也就是说，钻进方法的选用首先应着眼于确保孔底拟取土样不被扰动。这一点几乎对任何种土类都适用，而对结构敏感或不稳定的土层尤为重要。从国内外的经验看，主要有以下几点要求：

（1）在结构性敏感土层和较疏松砂层中需采用回转钻进，而不得采用冲击钻进；

（2）以泥浆护孔，可以减少扰动。并注意在孔中保持足够的静水压力，防止因孔内水位过低而导致孔底软黏性土或砂层产生松动或涌起；

（3）取土钻孔的孔径要适当，取土器与孔壁之间要有一定的间距，避免下放取土器时切削孔壁，挤进过多的废土。尤其在软土钻孔中，时有缩径现象，则更需加大取土器与孔壁的间隙。

钻孔应保持孔壁垂直，以避免取土器切刮孔壁；

（4）取土前的一次钻进不宜过深，以免下部拟取土样部位的土层受扰动。并且在正式取土前，把已受一定程度扰动的孔底土柱清理掉，避免废土过多，取土器顶部挤压土样；

（5）取土深度和进土深度等尺寸，在取土前都应丈量准确。

取土过程中，如提升取土器、拆卸取土器等每个操作工序，均应细致稳妥，以免造成扰动。

取出的土应及时用蜡密封，并注明上下，贴上标签，做好记录；

另外（即除了钻探过程的问题以外），在土样封存、运输和开土做试验时，都应注意避免扰动。严防振动、日晒、雨淋和冻结。

8.1.6 地球物理勘探

地球物理勘探简称物探，它是通过研究和观测各种地球物理场的变化来探测地层岩性、地质构造等地质条件。各种地球物理场有电场、重力场、磁场、弹性波的应力场、辐射场等。由于组成地壳的不同岩层介质往往在密度、弹性、导电性、磁性、放射性以及导热性等方面存在差异，这些差异将引起相应的地球物理场的局部变化。通过量测这些物理场的分布和变化特征，结合已知地质资料进行分析研究，就可以达到推断地质性状的目的。该方法兼有勘探与试验两种功能。和钻探相比，具有设备轻便、成本低、效率高、工作空间广等优点。但它由于不能取样，不能直接观察，故多与钻探配合使用。

物探宜运用于下列场合：

（1）作为钻探的先行手段，了解隐蔽的地质界线、界面或异常点；

（2）作为钻探的辅助手段，在钻孔之间增加地球物理勘察点，为钻探成果的内插、外推提供依据；

（3）作为原位测试手段，测定岩土体的波速、动弹性模量、特征周期、土对金属的腐蚀等参数。

就物探的方法上有：研究岩土电学性质及电场、电磁场变化规律的电法勘探；研究岩土磁性及地球磁场、局部磁异常变化规律的磁法勘探；研究地质体引力场特征的重力勘探；研究岩土弹性力学性质的地震勘探；研究岩土的天然或人工放射性的放射性勘探；研究物质热辐射场特征的红外探测方法；研究岩土的声波和超声波传递和衰减变化规律的声波探测技术等。工程地质物探采用上述方法解决了许多工程地质问题。但在工程地质物探方法上，采用得最多、最普遍的物探方法，首推电法勘探。它常在初期的工程地质勘察中使用初步了解勘察区的地下地质情况，配合工程地质测绘用；此外，常用于古河道、暗浜、洞穴、地下管线等勘测的具体查明。为此，在这里着重介绍有关电法勘探的基本知识。

1. 岩土的电阻率

电法勘探是以研究地下地质体电阻率差异的勘探方法，也称电阻率法。

电阻率是岩土的一个重要电学参数，它表示岩土的导电特性。不同的岩土有不同的电阻率，也就是说，不同岩土有不同的导电特性。电阻率在数值上等于电流在材料里均匀分布时，该种材料单位立方体所呈现的电阻。常用单位为欧姆·米，记作 Ω·m。1 欧姆·米表示 1 立方材料具有 1 欧姆的电阻值。岩土的电阻率变化范围很大，各种岩土有其自身的电阻率，但是它们之间仍存在着很大的差异。正是由于存在电阻率的差异，才有可能进行电阻率法勘探。其中火成岩的电阻率最高，变质岩次之，沉积岩最低。各类岩土的电阻率变化范围见表 8-3。

各类岩土电阻率变化范围表　　表 8-3

岩土类别		电阻率（欧姆·米） 0 10⁰ 10¹ 10² 10³ 10⁴ 10⁵ 10⁶
岩浆岩		
变质岩		
沉积岩	黏土	
	软页岩	
	硬页岩	
	砂	
	砂岩	
	多孔灰岩	
	致密灰岩	

影响岩土电阻率大小的因素很多，主要是岩土成分、结构、构造、孔隙裂隙、含水性等。如第四纪的松软土层中，干的砂砾石电阻率高达几百至几千欧姆·米，饱水的砂砾石电阻率显著降低。在同样饱水情况下，粗颗粒的砂砾石电阻率比细颗粒的细砂、粉砂高。潜水位以下的高阻层位反映粗颗粒含水层的存在，作为隔水层的粒土类电阻率远比含水层低。因而利用电阻率的差异可勘探砂砾石层与黏土层的分布。

2. 电探方法

在地面电阻率法工作中，将供电电极 A 和 B 与测量电极 M 和 N 都放在地面上（图 8-3）。A 和 B 极在观测点 M 上产生的电位为 u_M，在 N 点上产生的电位为 u_N，则 MN 两极的电位差为：

$$\Delta u_{MN} = u_M - u_N$$

则可求得该点的视电阻率 ρ 为：

$$\rho_s = \frac{2\pi}{\dfrac{1}{AM} - \dfrac{1}{AN} - \dfrac{1}{BM} + \dfrac{1}{BN}} \cdot \frac{\Delta u_{MN}}{I}$$

$$= K \frac{\Delta u_{MN}}{I} \qquad (8-1)$$

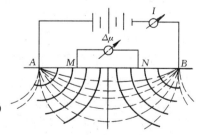

图 8-3　电法勘探原理示意图
虚线表示流线分布图，实线表示电位线

K 称为装置系数。I 为 A 极经过地层流到 B 极上的电流量，也就是供电回路的电流强度。Δu_{MN} 和 I 可以用电位计和电流计测得。

电法勘探利用图 8-3 所示的四极排列和极间

距离的变化而产生两种常用的电探法：电剖面法和电测深法。电剖面法的特点是采用固定极距的电极排列，沿剖面线逐点供电和测量，获得视电阻率剖面曲线，通过分析对比，了解地下勘探深度以上沿测线水平方向上岩土的电性变化。在工程地质中能帮助查明地下的构造破碎带、地下暗河、洞穴等不良地质现象。电测深法也称电阻率垂向测深法，它的原理是：当电源接到 AB 两点上（图8-3），电流从一个接地流出，进入岩土层中并流到第二个接地。电流密度由流线的密度决定。电流在接地附近最大，并且在某一深度处减少到最小。随着两个接地间距离的增加，电流密度重新改变分布情况，即流线分布得更深些。这样，当改变 A 和 B 两点间的距离时，就可以改变电测深的深度。这个深度一般为电极 A、B 间距离的 1/3～1/4。测量供电电极 A 与 B 之间的电流强度以及接收 M 与 N 之间的电位差，就可以求得岩土层的电阻率及其随着深度的变化，从而得到解译地下地质情况的依据。图 8-4 即为根据地下随深度增加的电阻变化情况而绘制的地层剖面。

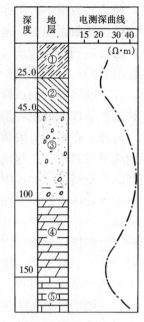

图 8-4　第四系含水层电测深曲线

①—粉质黏土；②—黏土；③—砂砾石；④—泥灰岩；⑤—灰岩

§8.2　建筑工程地质勘察的报告书和图件

工程地质勘察报告书和图件是工程地质勘察的成果，它是总结归纳该工程勘察资料而用书面方式来表达的。因而它是勘察成果的最终体现，并作为设计部门进行设计的最重要的基础资料。报告书和图件应该充分反映工程场址的客观实际且方便、实用。

工程地质勘察的内业整理是勘察工作的主要组成部分。它把现场勘察得到的工程地质资料和与工程地质评价有关的其他资料进行统计、归纳和分析，并编成图件和表格；将现场和各个方面搜集得来的材料，按工程要求和分析问题的需要进行去伪存真、系统整理，以适应工程设计和工程地质评价的实际需要。

勘察资料的内业整理一般是在现场勘察工作告一段落或整个勘察工程结束后进行。内业整理工作一般包括有：现场和室内试验数据的整理和统计、工程地质图件的编制以及工程地质报告书的编写。

8.2.1　勘察数据的整理与分析

在工程地质勘察的过程中，各项的勘察内容都有大量的地质数据和试验数据，而这些数据一般都是离散的。因而对这些离散数据需要进行分析和归纳整理，使这些数据能更好地反映岩土体性质和地质特征的变化规律。近代科技的发展，已普遍利用数理统计来揭露地质现象的岩土体性质的内在规律，确定具有代表性的数据；寻找数据的最佳值；确定地质条件的复杂程度、试验方法的准确性、合乎准确要求的试样数目以及各个影响因素的相关关系等，以达到真正如实反映地质条件和地质环境变化规律的本质。

另外，在整理有关数据之前，必须进行有关的工程地质单元的划分，所谓工程地质单元是指在工程地质数据的统计工作中具有相似的地质条件或在某方面有相似的地质特征（如成因、岩土性质、动力地质作用等）而将其作为一个可统计单位的单元体。因而在这个工程地质单元体中，物理力学性质指标或其他地质数据大体上是相同的，但又不是完全一致的。有时候，基于某一统计条件而将大体相近的数据统计，也可以作为一个统计单元。所以，工程地质单元的划分，不是绝对的，而是基于某一统计条件。只要有某些性质的大体一致性，就可以作为一个工程地质单元来对待。

在一般情况下，工程地质单元可按下列条件划分：

（1）具有同一地质时代、成因类型，并处于同一构造部位和同一地貌单元的岩土层。

（2）具有基本相同的岩土性特征：矿物成分、结构构造、风化程度、物理力学性能和工程性能的岩土性。

（3）影响岩土体工程地质的因素是基本相似的。

（4）对不均匀变形反映敏感的某些建（构）筑物的关键部位，视需要可划分更小的单元。

8.2.2 工程地质图的编制

工程地质图是针对工程目的而编制的。它既反映制图地区的工程地质条件，而又对建筑的自然条件给予综合性评价。它综合了通过各种工程地质勘察方法：测绘、勘探、试验等所取得的成果，并经过分析和综合编制而成。

1. 工程地质图的类型

工程地质图的编制首先要明确工程的需求。但工程建筑的类型多种多样、规模大小不同，而同一工程在不同设计阶段对勘察工作的要求也不一致，加上不同地区工程地质条件变化很大，所以工程地质图的内容、表现形式、编图原则及工程地质图的分类等很难求统一，因此编制出来的工程地质图的形式和内容各异。各生产部门根据工程建筑的类型、规模和要求，都形成自己的一套编图原则、编图方法和型式。但最终都编成适合工程用的平面图、剖面图和各种专门性图的一套图件。

工程地质图按工程要求和内容，可分为如下类型：

（1）工程地质勘察实际材料图：图中反映该工程场地勘察的实际工作，包括地质点、钻孔点、勘探坑洞、试验点、长期观测点等。从实际材料图上可得出勘察工作量、勘察点位置以及勘察工作布置的合理性等。

(2) 工程地质编录图：这是由一套图件构成，包括有钻孔柱状图、基坑编录图、平洞展视图及其他地质勘探和测绘点的编录。

(3) 工程地质分析图：图中突出反映一种或两种工程地质因素或岩土某一性质的指标的变化情况。例如天然地基持力层的埋深和厚度等值线图；基岩（或硬土层）埋深等深线及岩性变化图等。这种图所表示的内容多是对拟建工程具有决定性的意义，或为分析某一重大工程地质问题时作必需具备的图件。

(4) 专门工程地质图：这是为勘察某一专门工程地质问题而编制的图件。图中突出反映与该工程地质问题有关的地质特征、空间分布和其相互组合关系；评价地质问题有关的地质和力学数据。如分析边坡稳定时突出边坡岩土体与结构面、地下水渗流特征的关系，以确定滑移体的边界以及结构面组合和岩土体性能等的力学数据等，从而编制边坡工程地质图件。

(5) 综合性工程地质图和分区图：综合性工程地质图也称工程地质图。这种图是针对建筑类型把与之有关的地质条件和勘探试验成果综合地反映在图上。并对建筑地区的工程地质条件提出总的评价。这种图是作为建筑物总体布置、设计方案与处理措施的基本依据。

综合性工程地质分区图是在综合性工程地质图的基础上按建筑的适宜性和具体工程地质条件的相似性进行分区或分段。对各分区或分段还要系统地反映有关工程地质条件和分析工程地质问题最需用的资料，并附分区工程地质特征说明表。

2. 工程地质图的内容及编制原则

(1) 工程地质图的内容

工程地质图的内容主要反映该地区的工程地质条件；按工程的特点和要求对该地区工程地质条件的综合表现进行分区和工程地质评价。但是内容反映的详细程度视设计阶段、比例尺大小、工程特点和要求等不同而有差别。图中所反映的有关工程地质资料，只能是那些最主要的。一般工程地质图中反映有如下方面：

1) 地形地貌：包括地形起伏变化、高程和相对高差；地面切割情况，例如冲沟的发育程度、形态、方向、密度、深度及宽度；场地范围山坡形状、高度、陡度及河流冲刷和阶地情况等。地形地貌条件对建筑场地或线路的选择、对建筑物的布局和结构型式以及施工条件都有直接影响。地形地貌条件也对水文地质条件、物理地质现象的发育情况等起着控制性的作用。合理利用地形地貌条件常能在工程建设的经济合理性方面取得显著效果，尤其是在规划阶段，不同方案的比较，地形地貌条件往往成为首要因素。例如地形起伏变化及沟谷发育情况等对道路和运河渠道等工程的选线及建（构）筑物布置常具有决定性意义；斜坡的高度和形状影响到挖方边坡的土方量和稳定性；建筑场地的平整程度对一般建筑物的挖方、填方量以及施工条件都具有明显的意义。

2) 岩土类型及其工程性质：是工程地质条件中比较根本和重要的方面。作为编制工程地质原始图件之一的地质图、第四纪地质图提供了有关岩土的资料，其中应特别注重反映的是第四纪沉积物的年代、成因类型及岩相变化与分布方面，因为工程上最常涉及的第四纪沉积物的工程性质与其沉积环境、固结、成岩条件以及后生一系列变化有密切关系。正确地将岩土层按其形成年代及成因类型划分可以帮助我们找出相当广的范围内岩土层物理状态和力学性质的共同特征，以便在进一步布置取样及试验工作时有所依据。

土层单元体的划分按土质工程分类标准进行，并根据要求反映各种土类的有关物理力学指标的代表值或范围值。

3) 地质构造：在工程地质图上尤其对基岩地区或有地震影响的松软土层地区应反映地质构造。其内容一般包括，各种岩土层的分布范围、产状、褶曲轴线。断层破碎带的位置、类型及其活动性等，在图上应准确地加以表示，在大比例尺图上需按比例尺表示其实际宽度。对某些工程（如边坡、洞室工程），岩石的裂隙性具有很大的意义，还有些岩石的构造特征如各种岩石劈理，变质岩的剥理、片理，岩浆岩的流线和流面的发育程度与分布方向等在有关专门工程地质图上应表现出来。

4) 水文地质条件：工程地质图上所反应的水文地质条件一般有地下水位，包括潜水水位及对工程有影响的承压水测压水位及其变化幅度；地下水的化学成分及侵蚀性。

5) 物理地质现象：包括各类物理地质现象的形态、发育强度的等级及其活动性。各种物理地质现象的形态类型一般用符号在其主要发育地带笼统表示，例如岩溶、滑坡、岩堆等，冲沟的发育深度、岩石风化壳的厚度等可在符号旁用数字表示。在较大比例尺的图上对规模较大的主要物理地质现象的形态，可按实际情况绘在图上，并对其活动性专门说明。

(2) 综合工程地质图上的分区

首先应紧密结合编图的目的，即图的用途。其次要考虑场地的具体条件，正确地反映场地的客观规律。因此在分区时应进行全面的深入的分析综合工作，切忌片面性。

分区之是否正确，决定于分区所依据的准则，亦即分区标志。各种工程地质图的分区标志一般是不相同的，在同一幅图上各区级的划分也有不同的分区标志，但它们之间应当相互联系的，而且是逐步深入的。

分区标志有两方面：工程地质条件和工程地质评价。这两类标志的选用，与图的服务目的和具体地质条件有密切关系。工程地质图的服务对象有两种：普通的和专门的。普通工程地质图是为各种建筑工程服务的，不是专为某一工程对象服务，即没有专一的服务对象，因而其分区标志只着重于工程地质条件，图中缺乏工程地质评价这方面的标志。所谓工程地质评价，是从工程地质观点出发来评估在一定工程地质条件下的建筑适宜性，指出有利的和不利的因素及其可利用性和危害性,以及克服不利因素的难易程度。由此看来,工程地质评价必须结合具体建筑的类型和规模来评价。普通工程地质图是为各种建筑工程服务的,不是为专一的建筑工程服务,因而在工程地质图的类型上编制有专门工程地质图。这种图单一的目的性较强,一般比例尺较大,分区标志是在工程地质条件基础上,结合具体建筑工程的工程地质评价。

3. 工程地质图的编制方法

工程地质图系根据工程地质条件各个方面的相应比例尺的一套图件编制的,这些基本图件为:

(1) 第四纪地质图或地质图;
(2) 地貌及物理地质现象图;
(3) 水文地质图;
(4) 各种剖面图、钻孔柱状图及各种原位测试与室内试验成果图表。

此外,在编制某些专门工程地质图时还需要其他图件和资料,如相应的成果整理图表及工程地质分析图等,图的比例尺愈大、场地条件愈复杂或工程要求愈高,这类资料的种类愈多。

前述工程地质综合分区图上所表示的内容,就是从这些基本图件上移绘上去的。但是在移绘时须从分析研究着手,根据编图的目的,对基本图件上的资料加以选择,把对反映工程地质条件、分析工程地质问题最有用的资料移绘上去,舍掉用处不大的资料。否则无法突出主要特征,只能使图面拥挤不堪,杂乱无章,妨碍图的实际应用。移绘的各种资料应加以系统化、并须重点突出。同时,在利用资料时,往往还需按工程要求经过综合整理后,再编绘到工程地质图上,例如第四纪地质图上划分的土层,与土的工程分类不全相符时就需适当调整组合。因此,工程地质图上的土层界线并不完全与第四纪地质图上的界线相同。

除了不同年代、或成因类型和土性的土层界线外,复杂条件下的工程地质图上还有许多界线,例如地貌分区界线、物理地质现象分布界限及各级工程地质分区界线等。但界线虽然很多但往往是彼此相合的,因为工程地质条件各方面之间是密切联系的。如地貌界线常常与地质构造线、岩层界线是相合的,尤其是与松软土的成因类型有着一致性。而工程地质分区界线无论分区标志如何,都必然与其主要的工程地质条件密切相关,因而往往与这些界线也是相合的。在这种情况下,在工程地质图上绘制这些界线时应首先保证工程地质分区界线完整地表示出来。

各种界线的绘制方法,一般是肯定者用实线,不肯定者用虚线绘制。工程地质分区的区级之间可用线的粗细相区别,由高级区向低级区由粗变细。

除了分区界线之外,工程地质图上还可用各种花纹(如表示岩性者)、线条(如断层线等)、符号(如物理地质现象、坑孔、原位测试点、井、泉等)、代号(如土的成因类型代号等)以及等值线等等,均可按现行勘察规范统一图例绘制。另外,在工程地质图上为了反映土层在一定深度范围内的变化,往往用小柱状图表示，在小柱状图的左边用数字表明各土层的厚度或深度。

在工程地质图上一般用颜色表示工程地质分区（有时表示岩性）图上的最大一级单元可用的颜色表示，同一最大单元内的各区则用该最大单元颜色的不同色调相区别，更进一步的划分则用同一色调的深浅来分别。用工程地质评价来分区时，一般用绿色表示建筑条件最好的区，用黄色表示差一些的区，而条件最差的区则用红色表示。有些线条、符号等也可用颜色表示，如活动的断层、活动性的冲沟、滑坡及最高洪水淹没界线等，可用相应的红色符号表示。

复杂条件下的工程地质图所综合的内容是比较多的，有时虽经系统分析、选择，图面上的线条、符号仍会相当拥挤，因而必须注意恰当地利用色彩、各种花纹、线条、粗细界线、符号及代号等，妥善地加以安排，分出疏密浓淡，使工程地质图既能充分说明工程地质条件，又能清晰易读、整洁美观。

8.2.3 工程地质报告书和附件

1. 工程地质报告书

工程地质报告书是工程地质勘察的文字成果。工程地质报告书必须有明确的目的性，结合场地自然条件、建筑类型和勘察阶段等规定其内容和格式。不能强求统一。总的来说，报告书应该简明扼要，切合主题；所提出的论点，应有充分的实际资料作为依据，并附有必要的插图、照片及表格，以助文字说明。有些报告书采用表格形式列举实际资料，能起到节省文字、加强对比的作用。但对论证问题来说，文字说明仍应作为主要形式。因此，报告书"表格化"的做法，也须根据实际情况而定，不可强求一律。当然，对于工程地质条件简单，勘察工作量小，且无特殊的设计、施工要求的工程，整个勘察报告可以采用图表形式，再附以简要的文字说明。

报告书的任务在于阐明工作地区的工程地质条件，分析存在的工程地质问题，并作出工程地质评价，得出结论。所以对较复杂场地的大规模或重型工程的工程地质报告书在内容结构上一般分为绪言、一般部分、专门部分和结论。

绪论的任务主要是说明勘察工作的任务、采用的方法及取得的成果。勘察任务应以上级机关或设计、施工单位提交的任务书为依据。为了明确勘察的任务和意义，在绪论中应先说明建筑的类型、拟定规模及其重要性、勘察阶段，需要解决的问题等。

一般部分的任务是阐述勘察场地的工程地质条件。对影响工程地质条件的因素，如地势、水文等也应作一般介绍。阐述的内容应既能表明建筑地区工程地质条件的特征及一般规律，又须结合工程要求择其有关者述之。

专门部分是整个报告书的中心内容，其任务是结合具体工程要求对涉及的各种工程地质问题进行论证，并对任务书中所提出的要求和问题给予尽可能圆满的回答。例如对规划阶段的选定建筑地点各可能方案的工程地质条件对比评价，适宜的建筑与基础结构类型的建议，不利条件及存在的工程地质问题的深入分析，以及为解决这些问题所应采取的合理措施等。当然，在论述时应当列举勘察所得的各种实际资料，进行必要的不同途径与方法的计算，在定性评价基础上作出定量评价。

结论部分是在上述各部分的基础上对任务书中所提出的以及实际工作中所发现的各项工程地质问题作出简短明确的答案。因而内容必须明确具体，措词必须简练正确。此外，在结论中还应指出存在的问题及今后进一步研究方向的建议。

2. 工程地质图和其他附件

工程地质报告书应附有各种工程地质图，如分析图、专门图、综合图等等。这些图件对说明工程地质报告书是最基本的。工程地质报告书赖以这些图件来说明和评价。

如前所述，工程地质图是由一套图组成的，平面图是最主要的，但是没有必要的附件，平面图将不易了解，也不能充分反映工程地质条件。这些附件有：

（1）勘探点平面位置图

当地形起伏时，该图应绘在地形图上。在图上除标明各勘探点（包括探井、探槽、钻孔等）的平面位置、各现场原位测试点的平面位置、和勘探剖面线的位置外，还应绘出工程建筑物的轮廓位置。并附场地位置示意图、各类勘探点、原位测试点的坐标及高程数据表。

（2）工程地质剖面图

以地质剖面图为基础，反映地质构造、岩性、分层、地下水埋藏条件、各分层岩土的物理力学性质指标等。

工程地质剖面图的绘制依据是各勘探点的成果和土工试验成果。工程地质剖面图用来反映若干条勘探线上工程地质条件的变化情况。由于勘探线的布置是与主要地貌单元的走向垂直、或与主要地质构造轴线垂直、或建筑主要轴线相一致，故工程地质剖面图能最有效地揭示场地工程地质条件。

（3）地层综合柱状图（或分区地层综合柱状图）

反映场地（或分区）的地层变化情况，并对各地层的工程地质特征等作简要的描述，有时还附各土层的物理力学性质指标。

（4）土工试验图表

主要是土的抗剪强度 $s\text{-}p$ 曲线，及土的压缩曲线（$e\text{-}p$ 曲线），一般由土工试验室提供。

（5）现场原位测试图件

如载荷试验、标准贯入试验、十字板剪力试验、静力触探试验等的成果图件。

（6）其他专门图件

对于特殊性土、特殊地质条件及专门性工程，根据各自的特殊需要，绘制相应的专门图件，如各种分析图等。

§8.3 道路工程地质勘察

道路路基包括路堑和半路堤、半路堑等，路基的主要工程地质问题是：路基边坡稳定性，路基基底稳定性问题，公路冻害问题以及天然建筑材料问题等。

8.3.1 道路工程地质问题

路基边坡稳定性问题：路基边坡包括天然边坡，傍山路线的半填半挖路基边坡以及深路堑的人工边坡等。具有一定的坡度和高度的边坡在重力作用下，其内部应力状态也不断变化。当剪应力大于岩土体的强度时，边坡即发生不同形式的变化和破坏。其破坏形式主要表现为滑坡、崩塌和错落。土质边坡的变形主要决定于土的矿物成分，特别是亲水性强的黏土矿物及其含量。除受地质、水文地质和自然因素影响外，施工方法是否正确也有很大关系。岩质边坡的变形主要决定于岩体中各种软弱结构面的性状及其组合关系。它们对边坡的变形起着控制作用。只有同时具备临空面、滑动面和切割面三个基本条件，岩质边坡的变形才有发生的可能。

由于开挖路堑形成的人工边坡，加大了边坡的陡度和高度，使边坡的边界条件发生变化，破坏了自然边坡原有应力状态，进一步影响边坡岩土体的稳定性。另一方面路堑边坡不仅可能产生工程滑坡，而且在一定条件下，还能引起古滑坡复活。由于古滑坡发生时间长，在各种外营力的长期作用下，其外表形迹早已被改造成平缓的边坡地形，很难被发现。若不注意观测，当施工开挖形成滑动的临空面时，就可能造成边坡失稳。

路基基底稳定性问题：一般路堤和高填路堤对路基基底要求要有足够的承载力，基底土的变形性质和变形量的大小主要取决于基底土的力学性质，基底面的倾斜程度，软土层或软弱结构面的性质与产状等。它往往使基底发生巨大的塑性变形而造成路基的破坏。

道路冻害问题：根据地下水的补给情况，路冻胀的类型可分为表面冻胀和深源冻胀。前者是在地下水埋深较大地区，其冻胀量一般为 30～40mm，最大达 60mm。其主要原因是路基结构不合理或养护不周，致使道渣排水不良造成。深源冻胀多发生在冻结深度大于地下水埋深或毛细管水带接近地表水的地区，地下水补给丰富，水分迁移强烈，其冻胀量较大一般为 200～400mm，最大达 600mm。公路的冻害具有季节性，冬季在负气温长期作用下，使土中水分重新分布，形成平行于冻结界面的数层冻层，局部尚有冻透镜体，因而使土体积增大（约 9%）而产生路基隆起现象；春季地表面冰层融化较早，而下层尚未解冻，融化层的水份难以下渗，致使上层土的含水量增大而软化，在外荷作用下，路基出现翻浆现象。

建筑材料问题：路基工程需要的天然建筑材料不仅种类较多，而且数量较大。同时要求各种材料产地沿线两侧零散分布。这些材料品质的好坏和运输距离的远近，直接影响工程的质量和造价，有时还会影响路线的布局。

8.3.2 基本内容

道路工程勘察的具体任务是：

（1）与路线、桥梁和隧道专业人员密切配合，查清路线上的地质、地貌条件以及动力地质现象，阐明其演变规律，明确各条路线方案的主要工程地质条件，为各方案的比较提供依据。在地形、地质条件复杂的地段，确定路线的合理布设，以减少失误。

（2）特殊岩土地段及不良地质现象，诸如盐渍土、多年冻土、岩溶、沼泽、积雪、滑坡、崩塌、泥石流等，往往影响路线方案的选择、路线的布设和构造物的设计，应重点查明其类型、规模、性质、发生原因、发展趋势和危害程度。对严重影响路线安全而数量多、整治困难的各种工程地质问题，如发展中的暗河岩溶区、深层滑坡地段、深层沼泽、有沉陷的深源冻胀地段等，一般均以绕避为原则。但对技术切实可行，可彻底整治而费用不高，对今后运营无后患的地段，应合理通过，绝不盲目避绕。

（3）充分发掘、改造和利用沿线的一切就地材料，满足就地取材的要求。当就近材料不能满足要求时，则应由近及远扩大调查范围，以求得足够数量的品质优良、适宜开采和运输方便的筑路材料产地。

8.3.3 勘察要点

在可行性研究阶段的工程地质勘察工作是收集资料、现场核对和概略了解地质条件，为此着重介绍初步勘察阶段和详细勘察阶段的工作内容。并示于表8-4中。

1. 初步勘察阶段

本勘察阶段的基本任务主要是对已确定的路线范围内所有路线摆动方案进行勘察对比。确定路线在不同地段的基本走法，并以比选和稳定路线为中心，全面查明路线最优方案沿线的工程地质条件。工程地质测绘是这一阶段中的一项重要手段。勘察范围沿路线两侧各宽 150～200m。测绘比例尺是 1：50000～1：200000，勘探工作主要用于查明重大而复杂的关键性工程地质问题与不良地质现象的深部情况。

2. 详细勘察阶段

是根据已批准的初步设计文件中所确定的修建原则、设计方案、技术要求等资料，对各种类型的工程建筑物（桥、隧、站场等）位置有针对性地进行详细的工程地质勘察。最终确定道路路线和构造物的布设位置，查明构造物地基的地质构造、工程地质及水文地质条件，准确提供工程和基础设计，施工必需的地质参数。

道路工程勘察要点 表 8-4

工作内容		初勘内容	详勘内容
道路选线		1. 按不同地形、地貌条件进行工程地质选线； 2. 按不良地质路段进行工程地质选线； 3. 按特殊岩土进行工程地质选线	对有价值的局部方案，新发现的不良地质条件和特殊性岩土地段，增设的大型工程的场地和新增沿线筑路材料场地，进一步核实、补充和修正初勘资料，进一步查明沿线的工程地质条件
路基	一般路基	调查与地基稳定和边坡稳定及设计有关的地质问题，重点为土质路基段	按地貌特征分段，查明各段的地质结构、岩土体性质、基岩风化情况及地下水变化规律，划分土石工程等级
	高路堤	调查地层层位、层厚、土质类别，调查地下水埋深分布，确定土的承载力、抗剪指标和压缩指标。判定路堤的地基沉降和滑移的稳定性	对已确定存在的沉降和滑移问题，初拟处理方案，对有关地层进行测试，特别是固结和抗剪指标
	陡坡路堤	调查斜坡上覆盖土层的类别和层厚，斜坡下卧基岩的倾斜度、岩性产状、风化程度，斜坡地下水情况，确定土层和岩土界面的抗滑、抗剪指标	对已确定存在的不稳定问题初拟方案。对有关地层可能滑动的岩土界面进行测试，重点是抗剪、抗滑指标
	深路堑	调查边坡岩土体岩性、产状、结构面的抗滑、抗剪指标	对可能滑动的边坡土体和岩体的结构面进行测试，掌握对设计所需的各种物理力学指标，重点是抗剪、抗滑指标
	支挡工程	构筑物处地基的物理力学指标、岩性、地质构造，探查下卧软弱层的存在及分布	对已定支挡工程位置的承重地层的岩性、地质构造和设计所需物理力学指标进行核实
	河岸防护工程	调查岸坡地层岩性、地质构造、地形、地貌、不良和特殊地质现象的现状和发展趋势，调查河段的水文特征，冲淤变化规律	对已定的河岸防护和导流工程的地基地层岩性、地质构造和承重地层的物理力学指标，进一步勘察核实
	改河（沟渠）工程	调查原河段的水流、水力特征、冲刷淤积规律，评价改移河道地段的工程地质与水文条件	对已定工程的位置进一步核实其所涉及的开挖区段和构造物地基的地层岩性，进一步查明地质构造和水文条件以及地基岩土的物理力学指标等
	小桥涵	勘察地层岩性、地质构造，重点是查明地基覆盖层厚度及承载力，基岩埋深、风化程度及承载力	对存在不良地质问题的地基地层岩性、地质构造及承载力进行补充勘探
	互通式立交工程	调查工程区段内的地层岩性、地质构造、地形地貌、水文地质条件和特殊不良地质问题，确定有关地层的物理指标	对已确定的工程位置中桥梁墩台、特殊路段、不良地质路段、重点工程段，进一步查明地层岩性、地质构造和设计所需各类岩土物理力学指标

§8.4 桥梁工程地质勘察

大、中桥桥位多是路线布设的控制点，桥位变动会使一定范围内的路线也随之变动。因此桥梁工程地质勘察一般应包括两项内容：首先应对各比较方案进行调查，配合路线、桥梁专业人员，选择地质条件比较好的桥位；然后再对选定的桥位进行详细的工程地质勘察，为桥梁及其附属工程的设计和施工提供所需要的地质资料。影响桥位的选择的因素有路线方向、水文地质条件与工程地质条件。工程地质条件是评价桥位好坏的重要指标之一。桥梁、涵洞按跨径不同可区分为五种类型见表8-5。

桥梁涵洞按跨径分类　　　　　　　　表 8-5

桥涵分类	多孔跨径总长 $L(m)$	单孔跨径 $L_0(m)$	桥涵分类	多孔跨径总长 $L(m)$	单孔跨径 $L_0(m)$
特大桥	$L \geqslant 500$	$L_0 \geqslant 100$	小桥	$8 \leqslant L \leqslant 30$	$5 \leqslant L_0 < 20$
大桥	$100 \leqslant L < 500$	$40 \leqslant L_0 < 100$	涵洞	$L < 8$	$L_0 < 5$
中桥	$30 < L < 100$	$20 \leqslant L_0 < 40$			

注：1. 单孔跨径系指标准跨径而言。
　　2. 多孔跨径总长仅作为划分特大桥、大、中、小桥及涵洞的一个指标；梁式桥、板式桥涵为多孔标准跨径的总长；拱式桥涵为两岸桥台内起拱线间的距离；其他型式桥梁为桥面系车道长度。
　　3. 圆管涵及箱涵不论管径或跨径大小、孔数多少，均称为涵洞。

桥涵标准跨径规定为：

0.75m、1.0m、1.25m、1.5m、2.0m、2.5m、3.0m、4.0m、5.0m、6.0m、8.0m、10m、13m、16m、20m、25m、30m、35m、40m、45m、50m、60m。

　　注：标准跨径：梁式桥、板式桥涵以两桥（涵）墩中线间距离或桥（涵）墩中线与台背前缘间距为准；拱式桥涵、箱涵、圆管涵以净跨径为准。

8.4.1 桥梁工程地质问题

桥梁是公路建筑工程中的重要组成部分，由正桥、引桥和导流等工程组成。正桥是主体，位于河岸桥台之间。桥墩均位于河中。引桥是连接正桥与路线的建筑物，常位于河漫滩或阶地之上，它可以是高路堤或桥梁；导流建筑物，包括护岸、护坡、导流堤和丁坝等，是保护桥梁等各种建筑物的稳定，不受河流冲刷破坏的附属工程。桥梁结构可分为梁桥、拱桥和钢架桥等，不同类型的桥梁，对地基有不同的要求，所以工程地质条件是选择桥梁结构的主要依据。包括以下两方面的主要工程地质问题。

桥墩台地基稳定性问题：桥墩台地基稳定性主要取决墩台地基中岩土体承载力的大小。它对选择桥梁的基础和确定桥梁的结构形式起决定作用。当桥梁为静定结构时，由于各桥孔是独立的，相互之间没有联系，对工程地质条件的适应范围较广，但对超静定结构的桥梁，对各桥墩台之间的不均匀沉降特别敏感；拱桥受力时，在拱脚处产生垂直和向外的水平力，因此对拱脚处地基的地质条件要求较高，地基承载力的确定取决于岩土体的力学性质及水文地质条件。应通过室内试验和原位测试综合判定。

桥墩台的冲刷问题：桥墩和桥台的修建，使原来的河槽过水断面减少，局部增大了河水流速，改变了流态。对桥基产生强烈冲刷，威胁桥墩台的安全，因此，桥墩台基础的埋深，除决定于持力层的部位外还应满足：

（1）桥位应尽可能选在河道顺直，水流集中，河床稳定的地段。以保护桥梁在使用期间不受河流强烈冲刷的破坏或由于河流改道而失去作用。

（2）桥位应选择在岸坡稳定，地基条件良好，无严重不良地质现象的地段，以保证桥梁和引道的稳定、减低工程造价。

（3）桥位应尽可能避开顺河方向及平行桥梁轴线方向的大断裂带，尤其不可在未胶结的断裂破碎带和具有活动可能的断裂带上建桥。

8.4.2 勘察要点

1. 初步勘察阶段

在工程可行性研究地质勘察资料的基础上，初步查明场地地基的地质条件，即对桥位处进行工程地质调查或测绘、物探、钻探、原位测试，进一步查明工程地质条件的优劣。特别应查明与桥位方案或桥型方案比选有关的主要工程地质问题。

对一般地区的桥位选择应查明两个方面的内容：一是地形、地貌、地物等方面对桥位选择的制约内容，二是工程地质条件对桥位选择的制约。对特殊地质地区的桥位选择，应针对泥石流、岩溶、滑坡、沼泽、黄土等特殊地区的特点认真研究比选，而不要盲目避绕。工程地质测绘比例尺用 $1:500 \sim 1:10000$ 编制，调查范围包括桥轴线纵向的河床和两岸谷坡或阶地（约 $500 \sim 1000m$），以及横向河流上、下游各 $200 \sim 500m$。

在此阶段中，应对各桥位方案进行工程地质勘察，并对建桥的适宜性和稳定性有关的工程地质条件作出结论性评价。对工程地质条件复杂的特大桥和中桥，必要时增加技术设计阶段勘察。还应包括环境介质对混凝土腐蚀的评价。

2. 详细勘察阶段

在初步设计阶段勘察测绘基础上进行补充、修正。查明桥梁墩台地基基础岩体风化和软弱层特征，测试岩土体物理力学性能，提供地基承载力基本值、桩壁极限摩阻力，并结合基础类型作出定量评价。随着二级以上公路的发展，在大江、大河上以及跨海的公路工程逐渐增多，特大桥梁工程需对工程地质勘察工作特别重视。对重要的特大桥，测绘应针对与桥梁墩（台）、锚固基础、引道、调治构造物等处岩体进行大比例尺工程地质测绘（或进行专题研究），所以把塔墩锚锭部位作为勘察重点。并采用综合勘测手段，进行钻探、原位测试（静探、标贯、旁压试验、十字板剪切试验）、声波测井及抽水、压力试验等。查明地基基础的承载力、极限摩阻力，给设计提供可选择的基础类型和施工方案，并提出存在的问题及处理措施建议等。勘察重点是：

（1）查明桥位区地层岩性、地层构造、不良地质现象的分布及工程地质特性。

（2）探明桥梁墩台和调治构造物地基的覆盖层及基岩风化层的厚度、墩台基础岩体的风化及构造破碎程度、软弱夹层情况和地下水状况。

（3）测试岩土的物理力学特性，提供地基的基本承载力，桩壁摩阻力，钻孔桩极限摩阻力，作出定量评价。

（4）对边坡及地基的稳定性、不良地质的危害程度和地下水对地基的影响程度做出评价。

（5）对地质复杂的桥基或特大的塔墩、锚锭基础应采用综合勘探。

§8.5 隧道工程地质勘察

公路隧道有山岭隧道与河底隧道之分，山岭隧道又可分为越岭隧道与山坡隧道两种，越岭隧道是穿越分水岭或山岭垭口的隧道，这种隧道可能有较大的深度和长度，山坡隧道是为避让山坡上的悬崖峭壁以及雪崩、山崩、滑坡等不良地质现象而修建的隧道，这种隧道长短不一。

隧道多是路线布设的控制点，隧道按长度不同，可划分为四种类型，见表8-6。长隧道可影响路线方案的选择。勘察工作通常包括两项内容：一是隧道方案与位置的选择；一是隧道洞口与洞身的勘察。前者除隧道方案的比较外，有时还包括隧道展线或明挖的比较；后者是对选定的方案进行详细的工程地质勘察。

隧道按长度分类　　　　　　　表8-6

隧道分类	特长隧道	长隧道	中隧道	短隧道
隧道长度 L (m)	$L>3000$	$3000 \geqslant L \geqslant 1000$	$1000 > L > 250$	$L \leqslant 250$

注：隧道长度系指进出口洞门端墙面之间的距离，即两端墙墙面与路面的交线同路线中线交点间的距离。

对重点隧道或工程地质和水文地质条件复杂的隧道，应进行区域性的工程地质调查、测绘。当地下水对隧道影响较大时，应进行地下水动态观测，并计算隧道涌水量。

下面介绍隧道勘察中的一些主要工程地质问题。

8.5.1 隧道工程地质问题

1. 隧道位置选择的一般原则

（1）选择地质构造简单、地层单一、岩性完整、无软弱夹层、工程地质条件较好的地段，在倾斜岩层中，以隧道轴线垂直岩层走向为宜。

（2）选择在山体稳定、山形较完整、山体无冲沟、山洼等次地形切割不大、岩层基本稳定的地段通过。

（3）选择地下水影响小、无有害气体、无矿产资源和不含放射性元素的地层通过。

隧道通过工程地质及水文地质条件极复杂地段，一般伴随有特殊不良地质问题发生，而这些问题的发生有一个漫长变化的过程，在一般勘察阶段的短短几个月中是难以对这些问题有深入的了解，所以对其变化规律的认识和预测它的发展，需要安排超前工程地质和水文地质工作。

（4）对低等级公路隧道选址，原则上应尽量避让各种不良地质现象地段；但对于高等级公路，往往受路线等级的限制，不可避免地经过各种不良地质现象地段。在不良地质现象区选择隧道位置总的原则是：

1）尽量避让，以免对隧道造成毁灭性、破坏性影响。

2）尽量选择在影响范围小，影响距离短，影响时间短的地段。

3）通过各方面因素综合发现考虑，把不良地质的影响减少到最低限度。

2. 洞口位置选择

洞口位置选择应分清主次，综合考虑，全面衡量。在保证隧道稳定性、安全性、没有隐患的前提下再考虑造价、工期等因素。一般应根据周围的地质环境、地表径流、人工构造物、地表和地下水体对隧道的影响等因素综合考虑。有以下几点：

（1）确保洞口、洞身的稳定，不留地质危害。

（2）便于施工场地布置，便于运输和弃渣处理，少占或不占可耕地。

（3）洞口外接线工程数量少、里程短、工程造价低等。

（4）对于水下隧道，主要应考虑地表水对洞口倒灌的影响。

3. 隧道围岩的稳定性

隧道围岩系指隧道周围一定范围内，对隧道稳定性能产生影响的岩体。山岩压力是评定隧道围岩稳定性的主要内容。也是隧道衬砌设计的主要依据。

围岩分类是初步设计阶段勘察工程地质评价的主要内容。围岩分类采用多因素、多指标、定性、定量相结合的原理，以使围岩分类定性准确，且具有定量指标。隧道围岩分类仍然采用了铁道部的围岩分类方案，见表 8-7。该分类是以围岩结构完整状态及其稳定性为基本因素，并考虑了围岩岩石的强度、风化程度、围岩组合特征及地下水作用等因素。

隧 道 围 岩 分 类 表　　　　　表 8-7

类别	围岩主要工程地质条件 主要工程地质特征	结构特征和完整状态	围岩开挖后的稳定状态（坑道跨度 5m 时）
Ⅵ	硬质岩石［饱和抗压极限强度 $R_b>60$MPa（600kgf/cm²）］；受地质构造影响轻微，节理不发育，无软弱面（或夹层）；层状岩层为厚层，层间结合良好	呈巨块状整体结构	围岩稳定，无坍塌，可能产生岩爆
Ⅴ	硬质岩石［$R_b>30$MPa（300kgf/cm²）］；受地质构造影响较重，节理较发育，有少量软弱面（或夹层）和贯通微张节理，但其产状及组合关系不致产生滑动；层状岩层为中层或厚层，层间结合一般，很少有分离现象；或为硬质岩石偶夹软质岩石	呈大块状砌体结构	暴露时间长，可能会出现局部小坍塌，侧壁稳定，层间结合差的平缓岩层，顶板易塌落
	软质岩石［$R_b\approx30$MPa（300kgf/cm²）］；受地质构造影响轻微，节理不发育；层状岩层为厚层，层间结合良好	呈巨块状整体结构	
Ⅳ	硬质岩石［$R_b>30$MPa（300kgf/cm²）］；受地质构造影响严重，节理发育，有层状软弱面（或夹层），但其产状及组合关系尚不致产生滑动；层状岩层为薄层或中层；层间结合差，多有分离现象，或为硬、软质岩石互层	呈块（石）碎（石）状镶嵌结构	拱部无支护时可产生小坍塌，侧壁基本稳定，爆破震动过大易坍
	软质岩石［$R_b=5$MPa～30MPa（50kgf/cm²～300kgf/cm²）］；受地质构造影响较重，节理较发育；层状岩层为薄层、中层或厚层；层间结合一般	呈大块状砌体结构	
Ⅲ	硬质岩石［$R_b>30$MPa（300kgf/cm²）］；受地质构造影响很严重，节理很发育；层状软弱面（或夹层）已基本被破坏	呈碎石状压碎结构	拱部无支护时可产生较大的坍塌，侧壁有时失去稳定
	软质岩石［$R_b=5$MPa～30MPa（50kgf/cm²～300kgf/cm²）］；受地质构造影响严重，节理发育	呈块（石）碎（石）状镶嵌结构	
	土：1. 略具压密或成岩作用的黏性土及砂性土 2. 一般钙质、铁质胶结的碎、卵石土、大块石土 3. 黄土（Q_1、Q_2）	1. 呈大块状压密结构； 2、3. 呈巨块状整体结构	
Ⅱ	石质围岩位于挤压强烈的断裂带内，裂隙杂乱，呈石夹土或土夹石状	呈角（砾）碎（石）状松散结构	围岩易坍塌，处理不当会出现大坍塌，侧壁经常小坍塌，浅埋时出现地表下沉（陷）或坍至地表
	一般第四系的半干硬～硬塑的黏性土及稍湿至潮湿的一般碎、卵石土圆砾、角砾土及黄土（Q_3、Q_4）	非黏性土呈松散结构黏性土及黄土呈软结构	
Ⅰ	石质围岩位于挤压极强烈的断裂带内，呈角砾、砂、泥松软体 软塑状黏性土及潮湿的粉细砂等	黏性土呈易蠕动的松软结构 砂性土呈潮湿松散结构	围岩极易坍塌变形、有水时土砂常与水一齐涌出，浅埋时易坍至地表

8.5.2 勘察要点

1. 初步勘察阶段

主要是通过对地表露头的勘察或采用简单的揭露手段来查明隧道区地形、地貌、岩性、构造等以及他们之间的关系和变化规律，从而推断不完全显露或隐埋深部的地质情况。通过测绘主要弄清对隧道有控制性的地质问题（如地层、岩性、构造），进而对隧道工程地质与水文地质条件作出定性的评价。

对不良地质现象地区隧道应充分利用现有的地质资料和航片、卫片等遥感信息资料，通过大量的野外露头调查或人工简易揭露等手段来发现、揭露不良地质现象的存在，找出它们之间的关系以及变化规律。

根据对各种勘察资料进行的综合分析、论证，按比选结果推荐隧道最佳方案。

2. 详细勘察阶段

详勘内容主要有三个方面：一是核对初勘地质资料，二是勘探查明初勘未查明的地质问题，三是对初勘提出的重大地质问题做深入细致的调查。具体做法是：

（1）地质调查与测绘的范围、测点；物探网的点线范围和布设，物探方法的运用和钻探孔、坑、槽探数量与位置等，应与初勘时未能查明的地质条件相适应，但对隧道有影响的大构造和复杂地质地段、勘察追踪范围可适当放大；

（2）重点调查隧道通过的严重不良地质、特殊地质地段，以确定隧道准确位置的工程地质条件。

（3）实地复核、修改、补充初勘地质资料，对初勘遗漏、隐蔽的工程地质问题，应适当加大调绘范围和工作量。

§8.6 港口工程地质勘察

海港有水域和陆域两大部分。水域是供船舶航行、运转和停泊装卸之用，它的工程有防波堤、防潮砂堤、灯塔等建筑。陆域部分是指水面相毗连、与港务工作直接有关的港区，要有码头、船坞、船台、仓库、道路、车间、办公楼等建筑。由于海港工程建筑物种类繁多，对于工程地质勘察来说，陆域中的工程有与水相连的工程如码头、护岸工程等以水域中的防波堤等皆称为海港水工建筑物，它的工程地质勘察有特殊要求。而离开水面影响的工程是属非水工建筑物，它的工程地质勘察与一般的建筑工程勘察相同。

8.6.1 港口水工建筑工程的特点

1. 建筑场地地质条件一般较复杂，表现在：

(1) 地形上有一定坡度；

(2) 地貌上，一个工程往往跨越两个或两个以上的微地貌单元；

(3) 地层较复杂，层位不稳定，常分布有高压缩性软土、混合土、层状构造（交错层）土，和各种基岩及风化带；

(4) 由于长期受水动力作用的影响，这些地段不良地质现象发育，多滑坡、岸边坍塌、冲淤、潜蚀、管涌等。

2. 作用在水工建筑物及基础上的外力频繁、强烈、且多变，影响很大。这些力主要有：

(1) 由水头差产生的水平推力，对水工建筑物的稳定性十分不利；

(2) 水流（力）及所携带的泥砂，对水工建筑物及基础具有冲刷、捣蚀破坏作用；

(3) 水的浮托力和渗透压力不仅会降低水工建筑物和地基的稳定性，而且可能引起物理、化学作用对水工建筑物及基础的侵蚀和腐蚀；

(4) 波浪力、浮冰撞击力、船舶挤靠力，系缆力以及地震时引起的动水压力等，垂直或水平地作用在水工建筑物上，可引起水工建筑物的水平位移，垂直沉降。

3. 施工条件较复杂，表现在：

(1) 在大多数情况下，要采用水下施工方法。因此，施工常受风浪、流冰及其他水力作用的影响；

(2) 建筑物水下部分常需要将预制的物件沉放在地基上，或采用浮式打桩，或利用建成部分进行施工等；

(3) 有的还需要采用围堰法施工，工程量大，周期长，且受自然（气候、潮水和洪水等）条件的影响。

4. 水工建筑物的自身特点和对地基的要求

由于水工建筑物的尺寸、结构类型和工作条件与建筑场地的地形、地貌、地质和水文地质条件密切相关，尤其地质条件往往是决定其结构类型、尺寸及造价的主要因素；自然界中，这些条件的综合几乎都是不重复的，所以差不多的每一水工建筑物都具有各自的特点。

港口水工建筑物对地基的要求有：

(1) 码头：各类码头的特点和对地基的要求见表 8-8。

(2) 防波堤：防波堤主要由堤头、堤干（身）和堤根组成。

各类防波堤对地基的要求见表 8-9。

(3) 护岸（坡）：护岸（坡）有斜坡式护坡和重力式护坡等，它们的特点和对地基的要求分别与相应结构类型的码头、防波堤相同。

码头的特点和对地基的要求 表 8-8

类别		特点	对地基的要求
重力式码头		靠自重抵抗滑动和倾倒,地基受到的压力大,沉降大,对不均匀沉降敏感	稳定性、均匀性好的地基,如基岩、砂、卵石或硬黏土
板桩码头		板桩墙起着挡土的作用,主要荷载是土的侧压力	有沉桩可能,在桩尖处有强度较高的土层
高桩码头		垂直荷载和水平荷载都通过桩传递给地基	岸坡地基稳定性好,有沉桩可能,适用于软土较厚,且有较好的土作桩尖持力层
实体	斜坡码头	利用天然岸坡加以修整填筑而成	岸坡地基稳定性好,强度能满足要求即可
架空		类似倾斜的桥,荷载通过墩台和桩(墩)传至地基	重力式墩台要求地基土强度较高、变形小,桩(柱)式墩台要求桩尖处有较好的土作持力层
混合式码头		由不同结构类型组合而成	按采用的主要结构类型考虑

防波堤对地基的要求 表 8-9

类别		对地基的要求	适用情况
重力式防波堤		与重力式码头相同	
板桩式防波堤	双排板桩	荷载与重力式防波堤同,但自重较小	水深 6~8m
	格形钢板桩		水深较大,波浪较强
斜坡式防波堤		对地基要求不高,如土质较好,一般可不设置基床;如土质较差,则需设置垫层	地基土较差,水深较浅,且盛产石料

8.6.2 海港工程地质勘察的特点

(1) 海港工程地质勘察,实际上是陆上、海岸和海洋三类工程地质勘察的组合,在组织实施、方法技术配置和海陆配合上,特别需要统筹兼顾,有机结合。

(2) 海岸地貌调查在海港工程地质勘察中占重要地位,解决与未来海岸发育有关的海岸侵蚀、淤积、海岸线变迁,海岸带稳定等问题。解决沿岸泥沙运动及其与风、浪、流等因素的关系、海滩剖面的发育和平衡剖面。海平面升降影响,以及港口构筑物对海岸地貌发育的影响等问题。海岸地貌学的方法,包括静力论和动力论方法,已成为海港工程地质勘察的重要组成部分。海岸地貌调查贯穿于海港工程地质调查的整个过程。

(3) 海港工程构筑物的地基几乎涉及残积、坡积、冲积和海相沉积以及基岩等各种岩、土类型。同时即使在一个港区的范围内,甚至在一个断面上都可能遇到多类土层。因此,在海港工程地质勘察中,土性的试验研究十分重要,特别是对含水率高,压缩性高而承载力低,常处于欠压密状态的海洋土等具特殊性状的土需重点试验。

(4) 海港水域工程地质勘察,由于海床为海水淹没无法直接进行观测,因而在很大程度上依赖钻探和物探,而水上钻探成本高、技术难度大,又制约水上钻探难以像陆上那样大量进行。随着海洋观测技术的发展，特别是高分辨率地球物理勘探技术和原位测试技术的发展及其高效、经济、快速的优越性，使得这些技术成为海洋工程地质勘察的重要手段而被越来越广泛的采用。

在海洋高分辨率地球物理勘探技术中，高分辨率傍侧扫描声纳和浅地层剖面具特别的重要性。前者对海底地质、地貌及障碍物的探查有独特的优越性，并可据此了解海底的动态、冲刷、淤积、变形；后者在不断发展的地震地层学和层序地层学的理论支持下，能得到海底下浅层清晰的沉积结构图像，据此可以得到海底地层、构造、岩性，各种潜在不稳定因素，浅层剖面发育，海平面变化和海岸过程等多方面资料，已成为海洋工程地质勘察的主要手段。原位测试技术可于海上现场直接测定未扰动原状土样的各种参数，特别是避免了在采样至陆上实验室搬运过程中土样扰动，使获得的参数更接近其原始状态值，其意义十分重大。同时原位测试可在一般海洋调查船上操作不必动用专门钻井设备，其效能、经济均十分突出。但亦应该注意，尽管海洋高分辨率地球物理勘探技术和原位测试技术有上述优越性，并在海港工程勘察中得到广泛应用，但目前还不能代替传统的钻探。

（5）水工模拟试验在海港工程中已广为采用，可以提供构筑物模式与水动力环境相互作用及其效果的可靠数据，并可据此修改模式，反复试验直到取得理想的结果。它同样使用于海岸运动和泥沙运动的研究，成为海洋工程和海洋工程地质勘察中的重要手段。但模型试验成本高，周期较长。随着计算机技术的开发和发展，数学模拟也得到很大的发展，各种数学模式相继建立和不断完善，如波浪数学模式、二维潮流模式、岸线数学模式等。数学模拟在计算机上操作，不受比例相似和试验场地的限制，具有灵活快速的优点，已得到越来越广泛的应用，解决实际问题和工程地质问题。但由于一些规律未完全掌握，特别是边界条件较复杂时，仍受到一定的限制。物理模拟和数值模拟相结合，将是海港工程地质勘察的重要方法。

8.6.3 海港工程地质勘察

1. 一般规定

（1）对于大、中型水上工程的工程地质勘察，一般应按与设计阶段相适应的三个阶段，即选址勘察，初步勘察和详细勘察进行。根据工程的重要性、规模、场地条件的复杂性，勘察阶段可适当调整、简并或细分。

（2）对于工程地质条件熟悉地区的工程或中小型工程、位置已经确定的单项建筑物，以及老厂扩建，改造工程，可简化勘察阶段，进行一次性的勘察。

2. 选址勘察

海港选址是港口建设的第一步。选址勘察主要通过资料收集，现场踏勘，工程地质调查及少量的勘探工作，了解候选港址的地形、地貌、地层、构造、地震、潜在灾害地质现象以及水文、气象等场地条件,并据此对候选场地的稳定性和建港的适宜性作出评价。对影响港址取舍的不稳定问题,应有明确的结论。

3. 初步勘察

初步勘察是在港址选定以后,为确定港区总平面布置,主要港口建筑物的结构形式,基础类型和施工方法提供工程地质资料而实施的。通过工程地质测绘、勘探和室内试验,划分地貌单元的界限,判断其成因类型,初步查明土层性质、分布规律、形成时代、成因类型、风化程度、埋藏条件及露头产状、地下水类型、水位变化和补给条件,以及与工程建设有关的地质构造,潜在灾害地质因素的分布范围、发育程度和可能的成因。然后根据上述勘察成果,分析场地各区段工程地质条件,判断潜在灾害地质因素对工程建设的影响,并推荐适宜的地段和基础持力层。

在初步勘察阶段,必须进行工程地质测绘、测绘的范围视具体情况而定,比例尺一般采用1:2000~1:5000。勘探工作应在充分考虑港址特点,建筑物类型,已有工程地质资料的基础上来布置。

8.6.4 详 细 勘 察

详细勘察的主要目的是为建筑物的地基基础设施和施工及防治潜在灾害地质因素影响的措施提供工程地质资料。详细勘察要求查明各个建筑物地基影响范围内岩土的分布、埋藏情况及其物理力学性质、地下水类型、水文地质条件及对施工和运行中建筑物的影响,建筑物附近潜在灾害地质因素的影响范围及其危害程度,并取得对其防治及建筑物稳定性评价等所需的试验数据。

在详细勘察中,要根据工程类型、建筑物的特点、基础类型、荷载情况、岩土性质并结合所需查明问题的特点,在工程类型分区的基础上,分别按不同工程结构和基础形式确定勘察线点的布置、数量和深度。

思 考 题

8.1 工程地质勘察的主要任务是什么?可分为哪几个阶段?每个阶段的工作有什么具体要求?

8.2 工程地质测绘的内容及主要方法有哪些?

8.3 何为原状土?何为扰动土?分析土样扰动的主要原因。

8.4 岩土工程勘察规范(GB 50021—2001),是如何根据扰动程度来区分土试样的质量等级的?不同的质量等级可进行的试验项目有哪些?

8.5 工程地质勘察报告包括哪几部分?附件应包括哪些?

8.6 道路工程主要有哪些地质问题?

8.7 简述道路工程勘察的任务及勘察要点。

8.8 桥梁及隧道的勘察要点分别是什么?

8.9 隧道位置选择及洞口选择的一般原则有哪些？

8.10 海港水工建筑工程有哪些特点，它对工程地质勘察要求、内容和方法有哪些？

附录　工程地质学实验内容与要求

矿物岩石的实验与地质图的认识课是《工程地质学》整个教学过程中一个主要的环节。课堂上所学的有关矿物、岩石和地质构造以及工程地质的理论知识必须通过直接的观察、鉴定、阅读、分析，即通过感性认识，才能加深理解，得以巩固和提高。为此，根据土木工程专业需要，安排一定数量的矿物岩石实验和地质图件的阅读是非常必要的。本附录的实验内容可根据不同需要适当增减。

对于非地质专业类的同学，工程地质学的实验目的与要求有以下几点：

（1）学会较全面地观察矿物形态及物理性质等特征，初步掌握肉眼鉴定的基本方法。

（2）认识和掌握三大类岩石的特征，熟悉各类岩石的命名原则，基本学会岩石肉眼鉴定方法。

（3）初步学会运用地质术语，并适当配合素描图，示意图来描述矿物和各类岩石。

（4）初步掌握地质图的阅读和分析方法。

实验的用具一般有小刀，硬度计，放大镜，毛瓷板，稀盐酸等，有条件的情况下实验室还应提供显微镜供同学进行镜下鉴定。

实验一　主要造岩矿物的认识和鉴定

一、实验的目的与要求

矿物的肉眼鉴定是一种简便、迅速而又易掌握的方法，是野外地质工作的基本功之一。

矿物的形态和矿物的物理性质，乃是肉眼鉴定矿物的两项主要依据，必须学会使用简便工具，认识、鉴别、描述矿物的这些性质。

本次实验的目的是全面地观察矿物形态及物理性质等特征；初步掌握肉眼鉴定的基本方法；学会常见矿物的鉴定并写出简单的鉴定报告。

二、实验方法与步骤

肉眼鉴定矿物的大致过程是从观察矿物的形态着手，然后观察矿物的光学性质、力学性质，进而参照其他物理性质或借助于化学试剂与矿物的反应，最后综合上述观察结果，查阅有关矿物特征鉴定表，即可查出矿物的定名。但对常见矿物的鉴定特征还需要记忆。

矿物的形态有晶体形态和集合体形态两类：

晶体形态：同种物质同一构造的所有晶体，常具一定的形态，一般常见的造岩矿物形态有纤维状、柱状、板状、片状、鳞片状、粒状等。

集合体形态：矿物在自然界中多呈集合体产出，故集合体形态的描述具有实际意见。常见的有：晶簇状，结核状，鲕状，肾状，钟乳状，葡萄状，放射状等。

矿物的物理性质是多种多样的。为便于运用肉眼鉴别常见的造岩矿物，这里要求掌握下面几方面特征：

（1）颜色：矿物的颜色极为复杂；是矿物对可见光波的吸收作用产生的。按成色原因有自色、他色、假色等。

（2）光泽：矿物的光泽是矿物表面的反射率的表现，按其强弱程度可分为金属光泽、半金属光泽和非金属光泽。常见有玻璃光泽、珍珠光泽、丝绢光泽、油脂光泽、蜡状光泽、土状光泽等。

用人为方法严格划分光泽等级是困难的，要多观察、慢慢体会、逐步掌握。

（3）解理：解理为矿物重要鉴定特征，解理等级及区分的办法如下：

极完全解理：极易裂开成薄片，片大而完整，平滑光亮；

完全解理：易成解理块，面平难，见断口；

中等解理—碎块可见小面，既有解理又有断口，呈阶梯状；

不完全解理—碎块难见小面，断口贝壳状，参插不齐。

后二者难分，有时可写成中等—不完全解理。矿物解理的完全程度和断口是互相消长的。

（4）硬度：常用的确定矿物硬度方法为刻划法，刻划工具除摩氏硬度计外，常可借助指甲（2.5）、小刀（5.5～6）、石英（7），在野外使用时较方便。

污染手的为1，不污染手而指甲能划动时为2，指甲划不动而刀刻极易者为3，刀刻中等者为4，刀刻费力者为5，刀刻不动而石英能刻动为6，石英为7。

硬度常因集合体方式及后期变化而降低，所以刻划时要先找到矿物的单体及新鲜面。

三、实验内容安排

（1）实验标本：黄铁矿、石英、正长石、方解石、角闪石、辉石、橄榄石、白云母、黑云母、高岭石。

（2）实验举例：

黄铁矿（FeS_2）

形状：立方体或块状。颜色：铜黄色。条痕：绿黑。光泽：金属光泽。硬度：5～6。解理：无。断口：参差状。

主要鉴定特征：形状、光泽、颜色、条痕。

石英（SiO_2）

形状：柱状或块状。颜色：乳白或无色。条痕：无色。光泽：玻璃、油脂光泽。硬度：7。解理：无。断口：贝壳状。

主要鉴定特征：形状、光泽、颜色、条痕、断口。

方解石（$CaCO_3$）

形状：菱形粒状或块状。颜色：白或无色。条痕：无。光泽：玻璃光泽。硬度：3。解理：三组完全。

主要鉴定特征：形状、解理、硬度、与稀盐酸起泡。

正长石（$KAlSi_3O_8$）

形状：短柱状或板状。颜色：肉红色。条痕：白。光泽：玻璃光泽。硬度：6。解理：中等，解理面成直角。

主要鉴定特征：解理、光泽、颜色。

黑云母 $[K(MgFe)_3(OH)_2(AlSi_3O_{10})]$

形状：片状鳞片状。颜色：黑或棕黑色。条痕：无。光泽：珍珠光泽。硬度：2~3。解理：一组完全。

主要鉴定特征：形状、光泽、颜色、解理。

角闪石（$Ca_2Na(Mg、Fe)_4(AlFe)[(Si、Al)_4O_{11}]_2(OH)_2$）

形状：长柱状。颜色：绿黑色。条痕：淡绿。光泽：玻璃光泽。硬度：6。解理：两组解理交成124°（56°）。

断口：锯齿状。

主要鉴定特征：形状、光泽、颜色。

实验二 常见岩浆岩的认识和鉴定

一、实验目的与要求

岩浆岩的认识和鉴定是野外地质工作的基本功之一。本次实验的目的是通过实验加强课程中有关内容的理解；帮助同学全面地观察岩浆岩的矿物成分和结构构造；初步掌握肉眼鉴定岩浆岩的基本方法；学会常见岩浆岩的鉴定并能做出简单的鉴定报告。

二、实验方法与步骤

肉眼描述和鉴定岩浆岩的基本内容为矿物成分和结构构造，这是岩浆岩分类命名的基础。拿到一块岩石，一般描述的顺序是：首先是颜色，其次为结构、矿物成分、构造及次生变化等。

现将描述各种特征的方法及注意要点简述如下：

（一）颜色

这里所指的颜色就是岩石整体颜色，不是指岩石中某一种矿物的颜色，特别要注意那些矿物颗粒比较粗大的岩石，很容易着眼于其中个别矿物的颜色，而忽略对整块岩石颜色的观察。颜色不是孤立的，它与岩石所含的矿物种类，含量及岩石的化学成分有内在的联系。因此，颜色也能大致反映出岩石成分和性质。我们观察岩石的颜色是指从深色到浅色这个变化范围的大体色调。岩浆岩常见的颜色有黑色-黑灰色-暗绿色（超基性岩），灰黑色-灰绿色（基性岩），灰色-灰白色

（中性岩），肉红色-淡红色（酸性岩）等。

因此，可以根据颜色的深浅初步判断此种岩石是基性的，还是中性的，或是酸性的。以此作为综合鉴定的一个因素。

（二）结构与构造

岩浆岩的结构，是指组成岩石的矿物的结晶程度、晶粒大小、形状及其相互结合情况。通过观察岩浆岩的结构可以判断岩石是深成岩、浅成岩还是喷出岩。如果是结晶质的岩石，矿物颗粒一般较为粗大，肉眼可以清楚地分辨出各种矿物颗粒，一般有等粒结构、不等粒结构及似斑状结构都是属于深成岩类的结构特征，不论它是深色还是浅色的岩石都基本上是这样。如果岩石中矿物颗粒微细致密不易辨认，只见到斑状结构、隐晶质结构及玻璃质结构，也不论颜色的深浅，一般都是属于喷出岩的结构特征。而浅成岩的结构特征，介于深成岩与喷出岩之间，常常为细粒状、微晶粒状及斑状结构。

岩浆岩的构造特征，大多数具有致密块状构造，尤以深成岩类最为普遍，但深成岩有时也有流线流面构造，一般出现于岩浆岩体边缘部分，反映岩浆岩形成时的相对流动方向。喷出岩常具有流纹状构造、气孔构造、杏仁构造，特别是流纹状构造是酸性喷出岩的显著标志。浅成岩的构造特征也介于两者之间。

通过岩石的结构与构造特征的辨别，可以区分出岩石是属于深成的、浅成的或喷出的，可以逐步缩小它的鉴定范围。

（三）矿物成分

进一步观察组成岩石的矿物成分特征，这是最关键最本质的方面，应努力将岩石中的全部造岩矿物鉴定出来（可根据各种矿物的形态及其物理性质、利用简单工具如小刀、放大镜等去进行鉴定）。并且大致目测估计各种矿物的颗粒大小和百分含量。以分出那些是主要矿物，哪些是次要矿物，逐一加以记录描述，作为岩石特征综合分析与定名的依据。

观察矿物成分时应首先鉴定浅色矿物，然后鉴定暗色矿物。具体来说先看岩石是否存在石英，含量多少，含量多的应属酸性岩类，也必然属浅色岩的范围。再看是否有长石存在，如果不含长石。即为无长石岩应属超基性岩类，必然属于深色岩的范围（此时，若暗色矿物以橄榄石为主的为橄榄岩，以辉石为主的则为辉岩。）如果岩石含有长石，必须仔细观察定出是正长石还是斜长石，那种量多，那种量少，确定其主次，以区分酸性岩、中性岩或基性岩。如果以正长石为主，又同时含多量石英，则可确定为酸性岩类。如果以斜长石为主，然后再看暗色矿物。再次观察暗色矿物，如果暗色矿物含量多，且以辉石为主的则属基性岩类，如以角闪石为主则应属中性岩类。

对所观察的岩石如果已从岩石的结构上已确定为喷出岩，一般应先鉴定其基质，再看是否存在斑晶，并确定斑晶的矿物成分。如斑晶为石英或长石，而岩石颜色又浅，则应属酸性喷出岩。如肯定为斜长石斑晶或暗色矿物斑晶，则应属中、基性的喷出岩,其中以角闪石斑晶为主的属中性岩,以辉石斑晶为主的属基性岩。

(四) 综合分析及岩石定名

按照上述步骤鉴定所获得的全部特征,还必须作全面的综合分析。如果发现在各项特征中存在某些特征不协调的矛盾现象,则应对所出现的特殊矛盾现象进行仔细的复查工作。是否由于鉴定的错误而产生矛盾。如果经过复查认为肉眼鉴定上没有差错,则应考虑是否其他原因的影响(如岩石遭受风化、蚀变等)。并应作出一定的解释再送到室内作其他仪器的鉴定与分析。最后根据综合分析的结果,对被鉴定的岩石进行定名。

三、实验内容与安排

(1) 实验标本:闪长岩、花岗岩、玄武岩、玢岩、花岗斑岩、辉长岩、流纹岩

(2) 实验提示:根据岩浆岩的生成条件和组成岩浆岩的矿物成分不同,岩浆岩特征具有以下规律:

超基性————→基性————→中性————→酸性

颜色: 深————————→浅

石英:(含量)   无——少量————→多

暗色矿物: 橄榄石——→辉石——→角闪石——→黑云母

长石: 基性斜长石→中性斜长石→正长石

对于深成岩浆岩一般为等粒结构,部分为似斑状结构,但基质都是显晶质。

浅成岩结晶颗粒较细,颗粒呈隐晶质结构,常见斑状结构。

喷出岩的结晶一般较细,大都是隐晶质或玻璃质。

深成岩、浅成岩的手标本呈致密块状构造,喷出岩具有流纹状构造及杏仁状构造等。

(3) 实验举例

花岗岩:肉红色、灰色。全晶质等粒结构,块状构造,有时为斑状构造,矿物成分主要为石英和正长石,其次有黑云母、角闪石。

辉长岩:灰黑至黑色,全晶质等粒结构,块状构造暗色矿物为黑色的辉石、橄榄石、黑云母,浅色矿物为斜长石。

玄武岩:暗紫褐色,斑状结构,基质为隐晶质,有气孔构造,气孔呈圆形至椭圆形,孔壁一般比较光滑没有次生矿物充填。成分与辉长岩相似。

实验三 常见沉积岩的认识和鉴定

一、实验目的与要求

沉积岩的认识和鉴定是野外地质工作的基本功之一。本次实验的目的是通过实验加强课程中有关内容的理解;帮助同学全面地观察沉积岩的矿物成分和结构构造;初步掌握肉眼鉴定沉积岩的基本方法;学会常见沉积岩的鉴定并能做出简

单的鉴定报告。

二、实验方法与步骤

沉积岩分为碎屑岩、黏土岩、化学岩和生物化学岩三类。在对沉积岩进行鉴定时，应着重注意其颜色、矿物成分、结构和胶结物与胶结类型及生物化石等。肉眼鉴定时，同岩浆岩鉴定一样可借助放大镜、小刀、条痕板等用具外，对碳酸盐岩石的鉴定还需用稀盐酸（HCL）滴试。实验时应耐心细致、认真观察，做到实事求是地分析描述。

（1）颜色　指岩石的整体颜色，如成分复杂颜色多样时，则应远离眼睛（0.5～1m）做整体观察，表示时用复合名称，次要的颜色放在前面，后面才是主要颜色，还常加上形容词说明颜色的深浅、浓淡、亮暗程度。如：深紫红色、浅蓝灰色、灰绿色、褐红色等。

（2）物质成分　碎屑岩中碎屑物质是碎屑岩的特征组分，常作为划分类型的定名依据，碎屑成分主要为石英、长石、云母等矿物碎屑和各种岩屑。

黏土岩是一种颗粒十分微小的岩石，成分又较复杂，其矿物成分往往肉眼无法区分，多借助于差热分析、X射线分析、电子显微镜分析及薄片鉴定、光谱分析等实验室方法进行研究。

化学岩和生物化学岩在形成时经过了严格的分异作用，故多是单矿物岩石，成分较为单一。以硅质岩、碳酸盐岩及盐岩较常见。

（3）结构　对于碎屑岩首先要观察碎屑的大小、形状和各碎屑的相对含量，其次要观察碎屑的分选性、滚圆度、排列是否规则及表面特征（粗糙、光滑、有无光泽、擦痕）等。结构还包括胶结物的成分和特征，火山碎屑岩的胶结物主要为火山灰；碎屑岩的胶结物主要有钙质、铁质、泥质和硅质胶结。碎屑岩可分为角砾状结构、粒状结构、砂砾结构、粉砂结构等。

黏土岩多呈肉眼不易区分颗粒的显微结构，矿物成分为高岭石、蒙脱石、水云母等，一般为泥质结构。

化学岩和生物化学岩一般为结晶结构及生物结构。

（4）构造　碎屑岩中对能够观察到的层理，特别是薄层及微层状岩石要尽可能描述其层面的厚度，形态类型，还应注意层面有无波痕、泥裂等层面构造，以及含结核情况。

黏土岩构造观察除应注意层理类型、有无页状层理外，还应注意有无干裂，雨痕、虫迹等层面构造，黏土岩还常有斑点构造和瘤状构造等。此外黏土岩中常含生物化石。

生物化学岩、化学岩种类甚多，但以硅质、碳酸岩较为常见，而且多为单矿物岩石，成分单一，具有致密块状结构。

三、实验内容与安排

（1）实验标本：火山角砾岩、凝灰岩、砾岩、砂岩、石灰岩、白云岩、泥灰岩、泥岩、页岩。

（2）实验举例：

火山角砾岩：暗紫色，火山角砾主要为紫红色的斑状安山岩岩块，其次为石英及少量黑云母晶屑，角砾含量约70％，棱角状、无分选性，铁质和硅质胶结。

石灰岩：深灰、浅灰色，矿物成分以方解石为主，其次含有少量的白云石和黏土矿物。由纯化学作用生成的灰岩具有结晶结构。晶粒极细。由生物化学作用生成的灰岩，含有一定的有机物残骸。

长石砂岩：黄红色，碎屑成分主要为正长石。（含量40％）、石英（含量50％），可见少量云母片，中砂为主、含少量粗砂，铁、泥质，孔隙式胶结，块状构造。

页岩：由黏土脱水胶结而成，以黏土矿物为主，大部分有明显的薄层理，呈页片状。按胶结方式不同又可分为硅质页岩、黏土质页岩、砂质页岩、钙质页岩及碳质页岩。遇水易软化。

实验四　常见变质岩的认识和鉴定

一、实验目的与要求

变质岩的认识和鉴定是野外地质工作的基本功之一。本次实验的目的是通过实验加强课程中有关内容的理解；帮助同学全面地观察变质岩的矿物成分和结构构造；初步掌握肉眼鉴定变质岩的基本方法；学会常见变质岩的鉴定并能做出简单的鉴定报告。

二、实验方法与步骤

变质岩是由原先已经形成的岩浆岩、沉积岩或变质岩，经过变质作用使岩石的矿物成分和结构、构造等发生改变而形成的新的岩石。

变质岩同岩浆岩一样多为结晶质岩石，其描述和鉴定方法略同于岩浆岩的侵入岩。变质岩的结构、构造反映变质作用的类型、变质作用因素及作用方式、变质程度等；而变质岩的矿物成分可反映原岩的性质及变质时的物理化学条件，特别是那些新生成的变质矿物有特殊的指示意义。

肉眼鉴定和描述变质岩时应着重观察变质岩的结构、构造和矿物成分等方面特征，步骤是先根据岩石构造进行大致划分，再结合结构特征和矿物成分确定岩石名称。

1. 矿物成分

变质岩的矿物成分，除保留有原来的矿物，如石英、长石、云母、角闪石、辉石、方解石、白云石等外，由于发生变质作用而产生了一些变质矿物如石榴子石、滑石、绿泥石、蛇纹石等。根据变质岩特有的变质矿物，可把变质岩与其他岩石区别开来。

2. 结构、构造

变质岩按结构和岩浆岩类似，全部是结晶结构，但变质岩的结晶结构主要经过重结晶作用形成的。一般在描述时称为变晶结构，如粗粒变晶结构、斑状变晶结构等。

如果变质作用进行的不彻底时，原岩变质后仍保留有原来的结构特征，称变余结构。命名时一般仍以原岩名称命名只需加上"变质"二字即可，再进一步可加上主要的新生成矿物名称作为修饰，如：变质砾岩，变质流纹岩，变质石英砂岩等。

变质岩的构造主要是片理状构造和块状构造，其中片理状构造又可细分为片麻状构造、片状构造、千枚状构造和板状构造。

一般具有定向构造的，可按岩石结构进行命名，如千枚岩为千枚状构造，片岩为片状构造。不具有定向构造的，可再按结构和矿物成分进行命名，如大理岩、石英岩等。

三、实验内容与安排

（1）实验标本：板岩、千枚岩、黑云母片岩、绿泥石片岩、花岗片麻岩、大理岩、石英岩。

（2）实验举例

绢云母千枚岩：黄褐色，千枚状构造，肉眼观察为致密结构，显微镜下为显微鳞片变晶结构，主要成分为绢云母，含少量石英细晶。

片麻岩：灰白色，片麻状构造，中粒鳞片、粒状变晶结构，主要成分为石英、正长石及黑云母等。片状矿物与岩石、石英相间呈断续的条带状排列组成片麻状构造。

大理岩：由石灰岩或白云岩经重结晶变质而成，等粒变晶结构，块状构造，主要矿物成分为方解石、白云石，遇盐酸强烈气泡。大理岩常呈白色、灰白色。

实验五　地质图的阅读与分析

地质图是反映一定范围内地质构造的平面图件。因此，图中应包括下列内容：图名、图例、比例尺、岩层的性质、地质年代及其分布规律；地质构造形态特征（向斜、背斜、断层等）；岩层的接触关系以及地形特征等。

下面我们对明山寨地质图（附图一）进行较全面地分析，分析步骤如下：

（1）地质图的比例尺：明山寨地质图是 1：50000，即 1cm=500m（书上的图已相应的缩小）；据此，明山寨地质图的范围为：$7km \times 5km = 35km^2$ 面积。

（2）仔细阅读图右边的图例，这是为了了解该区共出现哪些地质年代的岩层，而其岩性特征又是如何？从明山寨地质资料可知：出现的地层由早到晚为：早泥盆纪（D_1）的粗砂岩；中泥盆纪（D_2）的细砂岩；晚泥盆纪（D_3）的石灰质页岩；早石炭纪（C_1）的细砂岩；中石炭纪（C_2）的石灰岩；晚二叠纪（P_2）的泥质灰岩；早三叠纪（T_1）页岩；中三叠纪（T_2）的硅质灰岩；晚三叠纪

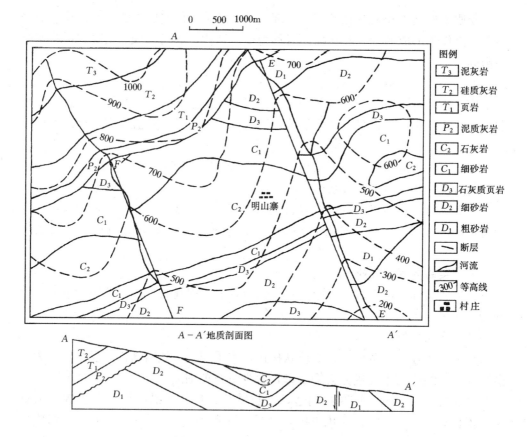

附图一　明山寨地质图

(T_3)的泥灰岩。这些资料不但清楚地告诉我们出露在该区的岩层全是沉积岩层,而且说明该区在其地史发展过程中,在晚石炭纪及早二叠纪地史时期为一上升隆起时期,遭受风化剥蚀,故缺失了这两个地史时期的沉积岩系。这一客观的历史事实又告诉我们:中石炭纪与上二叠纪之间的接触关系为一角度不整合的接触关系。

(3) 对明山寨地区地质图的阅读与具体分析如下:

1) 地形特征:本区地形最高点为1000m位于西北部,最低处为200m位于本区的东南角,除东部有一个600m高度的小山岗外,地势由西北向东南逐渐低缓,呈一单面坡的地形特征。

2) 地层分布情况:从地质图中可知,地质年代较晚的中生代地层均分布在本区的西北部,值得我们注意的是晚二叠纪的地层界线除与 EE、FF 两断层线接触外,还与 D_2、D_3、C_1 等地层界线相交,这一有意义的地质现象就进一步说明了中石炭纪地层与上覆的晚二叠纪地层呈角度不整合的接触关系。其他地层的接触关系是整合的。

3) 地质构造形成的分析

褶曲分析：从所出露的岩层来看，中部较大面积出露 C_2 的石灰岩，而其两侧又对称地出露 C_1、D_3、D_2 等地层，尽管地质图中没标明岩层的产状，但从核部地层的地质年代比两翼部岩层的地质年代为晚，就说明是向斜构造，这一构造特征又可从 EE、FF 两断层的两侧岩层的特点得到证实。若进一步联系起来，就可得出向斜的轴向是近 $NE\text{-}SW$ 向的。用同样的分析方法又可发现在向斜的南面是一个背斜构造。

断层分析：本区共出露两条断层（EE、FF）并都横切向斜和背斜的轴部，从断层两侧核部岩层出露的宽度来看，EE 断层右边的 C_2 及 C_1 岩层宽度较左边窄，说明了 EE 断层的右盘为上升盘，相应地其左边为下降盘。至于断层发生在哪一地史时期，只要我们看一看断层线穿过哪些地层而又终止于哪一地史时期，就能得到正确的答案，根据明山寨地质图的资料可知，断层是发生在中石炭纪之后、晚二叠纪之前的。

为了更好地反映其深部构造情况，我们又通过 AA' 方向作一剖面，它的内容同样反映了平面图中的主要内容。

主要参考文献

1. 长春地质学院. 水文地质工程地质物探教程. 北京：地质出版社，1980.
2. 长春地质学院. 工程岩土学. 北京：地质出版社，1980.
3. 同济大学，重庆建筑工程学院，哈尔滨建筑工程学院. 工程地质. 北京：中国建筑工业出版社，1981.
4. 华南工学院，南京工学院，浙江大学，湖南大学. 地基及基础. 北京：中国建筑工业出版社，1981.
5. 王思敬等. 地下工程岩体稳定性分析. 北京：科学出版社，1984.
6. 孙更生，郑大同. 软土地基与地下工程. 北京：中国建筑工业出版社，1984.
7. （苏）B·Д洛姆塔泽（1977）. 工程动力地质学. 李生林译. 北京：地质出版社，1985.
8. 冯桂炎. 道路选线. 长沙：湖南大学出版社，1986.
9. 钱鸿缙，王继唐，罗宇生等. 湿陷性黄土地基. 北京：中国建筑工业出版社，1987.
10. （美）James K. Mitchell（1976）. 岩土工程土性分析原理. 高国瑞等译. 南京：南京工学院出版社，1988.
11. 王钟琦等. 岩土工程测试技术. 北京：中国建筑工业出版社，1988.
12. 张咸恭，李智毅，郑达辉，王日国. 专门工程地质学. 北京：地质出版社，1988.
13. 褚元勋. 工业民用建筑工程地质钻探. 北京：中国建筑工业出版社，1988.
14. 膨胀土地区建筑技术规范（GBJ 112—87）. 北京：中国计划出版社，1989.
15. 建筑抗震设计规范（GB 50011—2001）. 北京：中国建筑工业出版社，2002.
16. 陆兆溱. 工程地质学. 北京：水利电力出版社，2001.
17. 建筑地基基础设计规范（GB 50007—2002）. 北京：中国建筑工业出版社，2002.
18. 罗国煜，李生林. 工程地质学基础. 南京：南京大学出版社，1990.
19. F·G·贝尔(1980). 工程地质与岩土工程. 汪时敏等译. 北京：中国建筑工业出版社，1990.
20. 湿陷性黄土地区建筑规范（GB 50025—2004）. 北京：中国计划出版社，2004.
21. 工程地质手册编委会. 工程地质手册（第四版）. 北京：中国建筑工业出版社，2006.
22. 软土地区工程地质勘察规范（JBJ 83—91）. 北京：中国建筑工业出版社，1992.
23. （英）R·威尔逊等. 工程结构的振动. 周正威译. 上海：同济大学出版社，1992.
24. 张剑锋等. 岩土工程勘测设计手册. 北京：水利电力出版社，1992.
25. 史如平等. 土木工程地质学. 南昌：江西高校出版社，2004.
26. 岩土工程手册编委会. 岩土工程手册. 北京：中国建筑工业出版社，1994.
27. 岩土工程勘察规范（GB 50021—2001）. 北京：中国建筑工业出版社，2002.
28. 铁道部第一勘测设计院. 工程地质试验手册（修订版）. 北京：中国铁道出版社，1995.
29. 朱小林，杨桂林. 土体工程. 上海：同济大学出版社，1996.
30. 李智毅，杨裕云. 工程地质学概论. 武汉：中国地质大学出版社，1996.
31. 孔宪立，胡德富，杨桂林，胡展飞. 工程地质学. 北京：中国建筑工业出版社，1997.

32 李斌. 公路工程地质. 北京：人民交通出版社，1999.
33 刘春原，朱济祥，郭抗美. 工程地质学. 北京：中国建材工业出版社，2000.
34 张咸恭，王思敬，张倬元等. 中国工程地质学. 北京：科学出版社，2000.
35 南京水利科学研究院. 土工试验方法标准（GB/T 50123—1999）. 北京：中国计划出版社，2000.
36 华北水利水电学院研究生部. 土的分类标准（GBJ 145—90）. 北京：中国计划出版社，1990.
37 张忠苗. 工程地质学. 北京：中国建筑工业出版社，2007.

高校土木工程专业指导委员会规划推荐教材
（经典精品系列教材）

征订号	书　名	定价	作者	备注
V16537	土木工程施工（上册）（第二版）	46.00	重庆大学、同济大学、哈尔滨工业大学	21世纪课程教材、"十二五"国家规划教材、教育部2009年度普通高等教育精品教材
V16538	土木工程施工（下册）（第二版）	47.00	重庆大学、同济大学、哈尔滨工业大学	21世纪课程教材、"十二五"国家规划教材、教育部2009年度普通高等教育精品教材
V16543	岩土工程测试与监测技术	29.00	宰金珉	"十二五"国家规划教材
V18218	建筑结构抗震设计（第三版）（附精品课程网址）	32.00	李国强 等	"十二五"国家规划教材、土建学科"十二五"规划教材
V22301	土木工程制图（第四版）（含教学资源光盘）	58.00	卢传贤 等	21世纪课程教材、"十二五"国家规划教材、土建学科"十二五"规划教材
V22302	土木工程制图习题集（第四版）	20.00	卢传贤 等	21世纪课程教材、"十二五"国家规划教材、土建学科"十二五"规划教材
V21718	岩石力学（第二版）	29.00	张永兴	"十二五"国家规划教材、土建学科"十二五"规划教材
V20960	钢结构基本原理（第二版）	39.00	沈祖炎 等	21世纪课程教材、"十二五"国家规划教材、土建学科"十二五"规划教材
V16338	房屋钢结构设计	55.00	沈祖炎、陈以一、陈扬骥	"十二五"国家规划教材、土建学科"十二五"规划教材、教育部2008年度普通高等教育精品教材
V15233	路基工程	27.00	刘建坤、曾巧玲 等	"十二五"国家规划教材
V20313	建筑工程事故分析与处理（第三版）	44.00	江见鲸 等	"十二五"国家规划教材、土建学科"十二五"规划教材、教育部2007年度普通高等教育精品教材
V13522	特种基础工程	19.00	谢新宇、俞建霖	"十二五"国家规划教材
V20935	工程结构荷载与可靠度设计原理（第三版）	27.00	李国强 等	面向21世纪课程教材、"十二五"国家规划教材

续表

征订号	书　名	定价	作者	备注
V19939	地下建筑结构（第二版）（赠送课件）	45.00	朱合华 等	"十二五"国家规划教材、土建学科"十二五"规划教材、教育部2011年度普通高等教育精品教材
V13494	房屋建筑学（第四版）（含光盘）	49.00	同济大学、西安建筑科技大学、东南大学、重庆大学	"十二五"国家规划教材、教育部2007年度普通高等教育精品教材
V20319	流体力学（第二版）	30.00	刘鹤年	21世纪课程教材、"十二五"国家规划教材、土建学科"十二五"规划教材
V12972	桥梁施工（含光盘）	37.00	许克宾	"十二五"国家规划教材
V19477	工程结构抗震设计（第二版）	28.00	李爱群 等	"十二五"国家规划教材、土建学科"十二五"规划教材
V20317	建筑结构试验	27.00	易伟建、张望喜	"十二五"国家规划教材、土建学科"十二五"规划教材
V21003	地基处理	22.00	龚晓南	"十二五"国家规划教材
V20915	轨道工程	36.00	陈秀方	"十二五"国家规划教材
V21757	爆破工程	26.00	东兆星 等	"十二五"国家规划教材
V20961	岩土工程勘察	34.00	王奎华	"十二五"国家规划教材
V20764	钢-混凝土组合结构	33.00	聂建国 等	"十二五"国家规划教材
V19566	土力学（第三版）	36.00	东南大学、浙江大学、湖南大学、苏州科技学院	21世纪课程教材、"十二五"国家规划教材、土建学科"十二五"规划教材
V20984	基础工程（第二版）（附课件）	43.00	华南理工大学	21世纪课程教材、"十二五"国家规划教材、土建学科"十二五"规划教材
V21506	混凝土结构（上册）——混凝土结构设计原理（第五版）（含光盘）	48.00	东南大学、天津大学、同济大学	21世纪课程教材、"十二五"国家规划教材、土建学科"十二五"规划教材、教育部2009年度普通高等教育精品教材
V22466	混凝土结构（中册）——混凝土结构与砌体结构设计（第五版）	56.00	东南大学 同济大学 天津大学	21世纪课程教材、"十二五"国家规划教材、土建学科"十二五"规划教材、教育部2009年度普通高等教育精品教材
V22023	混凝土结构（下册）——混凝土桥梁设计（第五版）	49.00	东南大学 同济大学 天津大学	21世纪课程教材、"十二五"国家规划教材、土建学科"十二五"规划教材、教育部2009年度普通高等教育精品教材

续表

征订号	书名	定价	作者	备注
V11404	混凝土结构及砌体结构（上）	42.00	滕智明 等	"十二五"国家规划教材
V11439	混凝土结构及砌体结构（下）	39.00	罗福午 等	"十二五"国家规划教材
V21630	钢结构（上册）——钢结构基础（第二版）	38.00	陈绍蕃	"十二五"国家规划教材、土建学科"十二五"规划教材
V21004	钢结构（下册）——房屋建筑钢结构设计（第二版）	27.00	陈绍蕃	"十二五"国家规划教材、土建学科"十二五"规划教材
V22020	混凝土结构基本原理（第二版）	48.00	张誉 等	21世纪课程教材、"十二五"国家规划教材
V21673	混凝土及砌体结构（上册）	37.00	哈尔滨工业大学、大连理工大学等	"十二五"国家规划教材
V10132	混凝土及砌体结构（下册）	19.00	哈尔滨工业大学、大连理工大学等	"十二五"国家规划教材
V20495	土木工程材料（第二版）	38.00	湖南大学、天津大学、同济大学、东南大学	21世纪课程教材、"十二五"国家规划教材、土建学科"十二五"规划教材
V18285	土木工程概论	18.00	沈祖炎	"十二五"国家规划教材
V19590	土木工程概论（第二版）	42.00	丁大钧 等	21世纪课程教材、"十二五"国家规划教材、教育部2011年度普通高等教育精品教材
V20095	工程地质学（第二版）	33.00	石振明 等	21世纪课程教材、"十二五"国家规划教材、土建学科"十二五"规划教材
V20916	水文学	25.00	雒文生	21世纪课程教材、"十二五"国家规划教材
V22601	高层建筑结构设计（第二版）	45.00	钱稼茹	"十二五"国家规划教材、土建学科"十二五"规划教材
V19359	桥梁工程（第二版）	39.00	房贞政	"十二五"国家规划教材
V19938	砌体结构（第二版）	28.00	丁大钧 等	21世纪课程教材、"十二五"国家规划教材、教育部2011年度普通高等教育精品教材